すしの調理技術

日式寿司全书

日本
旭屋出版
主编

李芳洁
译

中国轻工业出版社

图书在版编目（CIP）数据

日式寿司全书 / 日本旭屋出版主编；李芳洁译. —北京：中国轻工业出版社，2017.10

ISBN 978-7-5184-1434-5

Ⅰ. ①日… Ⅱ. ①日… ②李… Ⅲ. ①食谱－日本
Ⅳ. ①TS972.183.13

中国版本图书馆CIP数据核字（2017）第131200号

策划编辑：高惠京
责任编辑：高惠京　斯琴托娅　　责任终审：劳国强　　封面设计：锋尚设计
版式设计：锋尚设计　　责任校对：晋　洁　　责任监印：张京华

出版发行：中国轻工业出版社（北京东长安街6号，邮编：100740）
印　　刷：北京博海升彩色印刷有限公司
经　　销：各地新华书店
版　　次：2017年10月第1版第1次印刷
开　　本：787×1092　1/16　印张：10
字　　数：200千字
书　　号：ISBN 978-7-5184-1434-5　定价：58.00元
著作权合同登记　图字：01-2010-3055
邮购电话：010-65241695
发行电话：010-85119835　传真：85113293
网　　址：http：//www.chlip.com.cn
Email：club@chlip.com.cn
如发现图书残缺请与我社邮购联系调换
091153S1X101ZYW

目录

CONTENTS

前言 PREFACE

本书根据日本近代食堂别册《寿司杂志》中所收录的内容进行了摘要，并以此为基础，加入新的内容编写而成。

本书的内容构成是按照握寿司原料的不同，收录了金枪鱼、白身鱼、发光鱼类、乌贼、虾、炖煮类、贝类、蔬菜、玉子烧、海胆及咸鲑鱼子等握寿司，加上散寿司饭、生金枪鱼盖饭及紫菜卷寿司等烹饪技术，介绍了握寿司的基本技术、精美的紫菜卷寿司及精美寿司的烹饪技术，主要围绕江户派寿司这一主线展开。

作为寿司原料的鱼贝类的名称据悉是沿用当时在江户派寿司中心地日本东京使用的通称。

关于原料栏的原料及分量取材于日本寿司店的配方。但是，有些未标明分量的情况，请根据个人喜好适量添加即可。

从原料的前期准备到寿司的制成可参考烹饪步骤图，但对反复出现的类似烹饪步骤及相对简单的步骤，则会省略步骤图说明。

日式

握寿司的烹饪技术

江户派握寿司的诞生距今大约有两百年之久。伴随江户派握寿司历史的发展，握寿司原料的种类也有了飞跃性的增加，原料本身也发生了很大变化。进一步来说，因为第二次世界大战后出生的人口占了压倒性的大多数，所以客人的口味也发生了很大变化。为了应对如此巨变的时代要求，重新调研日本各家寿司店烹饪技术的优缺点、原料的品质以及新鲜程度等变得至关重要。不管是选择能够在寿司上充分发挥原料美味的生加工，还是用盐和醋加工，抑或利用炖煮或烤制等烹饪方法加工，甚至连握寿司做法等一连串的寿司技术都要进一步地加强。

寿司的烹饪技术——传统与现代

引起寿司革命的江户派握寿司

关于握寿司诞生的时间，一般认为是日本江户时代的文化及文政年间（1804年~1829年）。

但遗憾的是，握寿司到底是由谁、又是怎么制作出来的，至今没有明确的答案。

概括地从日本寿司的历史变迁来讲，首先是鱼贝类的肉经过腌渍后制成的寿司，再慢慢从熟寿司开始形成寿司，再向柿叶寿司、箱寿司发展，其中关西寿司浓墨重彩地继承了日本寿司的传统。相比拥有超过千年历史传统的鲫鱼寿司，握寿司的历史不过只有区区两百多年。但如今说起寿司，占主导地位的一定是江户派握寿司。哪怕是在关西，很少有只卖押寿司和箱寿司的寿司店,而不卖握寿司的寿司店几乎没有。

可以说，江户派握寿司的出现在寿司历史上可被称为“革命性”的事件。

震灾、“二战”后的委托加工制度保护了江户派握寿司的发展

那么，仅在日本江户这一地域内诞生的握寿司，为何会慢慢地普及至全日本呢?

江户派握寿司得到很大发展的契机是日本大正十二年（1923年）的关东大震灾。

在那场震灾中，日本东京平民区变成一片火海，多数江户派握寿司店都遭受了毁灭性的破坏。眼看着等待震灾后复兴店铺的重建计划落空了，此时包括路边摊的手艺人在内的很多寿司烹饪师傅都以关西为中心，慢慢地分散到了日本各地。

这一事件促进了江户派握寿司在日本的普及。震灾前很少有江户派握寿司的专卖店，但是震灾以后日本全国各地开始相继出现售卖握寿司的店。

日本地方上老字号的寿司店中，也有不少都是在那次震灾中从东京搬来开业的。

因震灾以及“二战”后的委托加工制度，江户派握寿司得以在全日本普及，并获得了人气。

作为传统的江户派握寿司没有一成不变的固定概念，而是具有各种各样自由的想法。现今，仍可从江户派握寿司中发现新的魅力。

而且，因为太平洋战争的战败带来的混乱，也使江户派握寿司一下子就在全日本普及了。

因为从战时开始持续的粮食统制法，使得日本大多数饭店渐渐不能公开做生意。一些店，或转业或歇业，再不济就避开官府的耳目偷偷地做黑市买卖。

其中，不知是谁想出一个办法，就是若客人自己带一合（0.18千克）大米来，寿司店会给他换成相应分量的握寿司，只收取原料费和一点加工费，这样逐渐产生了被称为委托加工制度的买卖体系。此法可拿到政府颁发的经营许可，因此在多数饭店中就只有寿司店才能堂堂正正地重新营业。

当然，海鱼也被限制，所以开始将鲻鱼、密点东方鲀、鳢鱼、蛤蜊肉、文蛤、蛤仔、香菇、葫芦干及奈良酱瓜等作为寿司原料来使用。用一合大米兑换的一人份寿司，包括紫菜卷寿司在内，规定可换10个，这附带决定了一个寿司的大小和基本个数。即便在当时，也被认为是一人份寿司的基本标准。

而且，因为委托加工制度规定仅适用于江户派握寿司，所以日本各地的寿司店为了迎合这一制度，即便是在关西的押寿司店里也逐渐开始推出握寿司，从此江户派握寿司走上了风靡全日本的道路。

与时代一同改变的技术和未曾改变的技术

这之后的江户派握寿司的发展状况就无需赘述了。伴随装有电冰箱和冷却装置的原料玻璃柜的登场和普及、远洋渔业和速冻技术飞跃性的发展，使江户派握寿司的实际面貌发生了进一步改观。

首先，必须放在首位举例说明的就是寿司原料变得多样化。从握寿司诞生至“二战”后昭和三十年代前期，在这样很长的一段时间里，握寿司的原料基本没有发生变化。但在“二战”后，尤其伴随经济的高速发展，寿司原料的种类开始激增。

占据寿司原料首位的金枪鱼，是在日本江户时代末期才开始作为一种所谓的新原料登场的。最初，金枪鱼被当作一种低等鱼而被人们敬而远之，仅在路边摊有售，一流的寿司店不会用它。跟当时一样，那时的人们一般也不吃金枪鱼的脂肪部位，而是专门将其瘦肉部位以酱油腌渍后，当作握寿司的“腌料”来使用。金枪鱼作为寿司原料是从日本明治末期开始的。

当时寿司店里被当成主流使用的印度金枪鱼（也称为南金枪鱼），是在远洋渔业发达的日本昭和三十五年至三十六年左右登场的。

作为夏天不可缺少的寿司原料，白身鱼中的红甘鲹和拟鲹鱼也是在“二战”后才被确定下来的。用咸鲑鱼子和海胆制成的军舰寿司从历史上来说是出现较晚的食物。

而且，北方长额虾也有这种情况，其以前只在日本北陆和新潟一带地区才被用来制作寿司，但是随着其使用日益广泛，就逐渐超过了原来地区的食用范围，并开始在全日本范围内普及。

如此一来，握寿司的原料得以激增，这时的原料不仅有来自东京湾和日本海捕获的新鲜鱼类，还有来自于全世界各地海域捕获的鱼类。当然，这里也有很多原料只是在短期内受到了大众的欢迎，最后并没有固定下来作为寿司原料使用。

如今再回顾这种变化，可以发现握寿司一般都会加入新的原料。事实上，强而有力地支持这一发展的不是别的因素，也不是仅把鱼肉放到寿司饭上就可以，而是对能创造出浑然一体的寿司味道的烹饪技术的不断探索。

握寿司在诞生之初，使用的寿司原料中，几乎没有像当时一样生的、没有经过任何加工就被握成寿司的原料。它们一般都会经过重要的加工步骤，如有的是用醋蘸，有的是用甜醋烫，还有的是进行腌渍。原因或许是从无法保鲜原料中萌生的智慧，或许是要探索如何烹饪这些鱼才能让寿司变得更加美味的技术。而且，每家店都在炖煮的原料、玉子烧、寿司饭、鱼肉松的种类等方面下了很大工夫来烹饪。也就是说，每家店在寿司烹饪技术上都有其独有的个性，而这也正是其吸引客人之处。

回过头来看现代的寿司店，会发现很多店都在出售用生的、没有经过任何加工的原料制成的寿司，让人感觉他们缺乏能够体现自家店个性的烹饪技术。

本来，烹饪技术不是绝对的东西，而是一种随着时代不断变化并跨越时代的、生生不息的事物。尝试重新认识寿司烹饪技术，一边扎实实践基础技术，一边进一步探究每家店的特点，那么握寿司持续而飞速的发展就指日可待了。

金枪鱼握寿司

首先举例说明作为寿司第一原料的金枪鱼。在尽可能了解基于不同的种类其肉质的特性和各部位的特征会不同等基本知识的前提下，准确地把握金枪鱼的处理方法。

有关金枪鱼的知识

金枪鱼的种类

在日本能捕获到的金枪鱼有本鲔（蓝鳍金枪鱼）、印度金枪鱼（南金枪鱼）、大目鲔（大眼金枪鱼）、长鳍鲔（长鳍金枪鱼）和黄鳍鲔（黄鳍金枪鱼）五种。加上世界上已确认的金枪鱼长腰鲔、大西洋黑鲔共七种。总之，这些金枪鱼都属于鲭科，但后面两种金枪鱼的捕捞量非常少，所以市面上很少见。在这里，我们主要对在寿司店里出售的本鲔、印度金枪鱼、大目鲔和黄鳍鲔这四种金枪鱼的特征进行解说。

本鲔

学名为蓝鳍金枪鱼，也称为金枪鱼或鲔鱼，日本很多地方将金枪鱼幼鱼称为“メジ”或“ョコヮ（日本以西地区多使用此说法）”等。其体型一般为纺锤形，背部为青黑色，腹部为白色，肉质为深红色。

食用金枪鱼的旺季主要为冬季，这时捕获的金枪鱼最为肥美，因而深受大家喜爱。相反地，夏季它被称为“魔芋金枪鱼”，此时，虽然鱼肉的颜色也很好，但是鱼身紧绷，味道和脂肪含量较差且较低。

印度金枪鱼

印度金枪鱼是从远洋渔业发达的1960年左右，才开始登上人们餐桌的金枪鱼。这种金枪鱼的渔场一直扩展至南半球，因此也称为南金枪鱼。

从脂肪含量来看，印度金枪鱼在所有金枪鱼中最为肥美，即使是从肉色和肉质两点来看，印度金枪鱼也毫不逊色于本鲔。因此在现代的寿司店里，印度金枪鱼已成为主流金枪鱼。相对地，其也有很多缺点：如有些渔场的印度金枪鱼肉质颜色较差；与本鲔相比，印度金枪鱼鱼肉更易碎；腹部的骨头也埋得很深，在去骨时就非常地费事；鱼肉很快就变色等。所以，在掌握这些特性的前提下，处理方法就显得很重要。

大目鲔

鱼如其名，因为眼睛睁得大大的，所以取名为大目鲔。慢慢地，大家都广泛地使用这一称呼。

大目鲔的肉质和本鲔相似，都很柔软，颜色为漂亮的鲜红色，且大目鲔的肉很少变色，所以很多人都说，在所有的瘦肉里面只有这种金枪鱼的肉是最适合的。但是，其肥肉部分很少。其旺季刚好和本鲔相反，是从晚春至夏季。

黄鳍鲔

因其背鳍和臀鳍呈黄色而得名。在日本关西以西的地区，比起本鲔，有些店反倒将黄鳍鲔当作金枪鱼的代表。有些人认为，在黄鳍鲔还没有像现在这样广泛流通的时代，被送到日本关西市场的是在山阴处捕捞到的处在夏季产卵期的本鲔，与此相比较的正好是在这个时期吃起来最肥美的黄鳍鲔。黄鳍鲔肉质呈漂亮的粉红色，鱼身的紧实程度也刚刚好，脂肪的含量也比较有保证。

而且，在有些地方一般称为“四鳍枪鱼”的在分类上并不属于鲭科，而是属于四鳍旗鱼科和箭鱼科。金枪鱼分很多种类，而四鳍枪鱼这一名称严格来说是错误的。

似乎是因为旗鱼类的肉质一般呈鲜红色，主要作为生鱼片来食用，而且在本鲔的淡季夏季，旗鱼类也很美味。正是在这些背景之下，人们才经常将旗鱼类作为金枪鱼的替代品来使用。旗鱼类里按照味道来排名的话，四鳍枪鱼最好吃，其次是立翅旗鱼、黑皮旗鱼及箭鱼。

金枪鱼的切法和部位

寿司店采购金枪鱼时买整条是不合适的。

在市场上，将金枪鱼掐头去尾，去除内脏后切成四块，以背一丁和腹一丁作为基本单位。将半片鱼肉分成背部和腹部，这两个部位就被称为背一丁和腹一丁，这样一条金枪鱼就可以分成四块。

而且，半片鱼肉也有上身和下身的区别。将一条金枪鱼的头部向左放，鱼腹部面向自己放，在上侧的一面就叫做上身，下侧的一面就叫做下身。也就是说，将金枪鱼分为上身的腹部、上身的背部、下身的背部及下身的腹部这四部分。

当然了，在切下身那面的鱼肉时由于肉身易碎，所以价格也会便宜点。

另外，有时将一块金枪鱼鱼肉分成长度相等的三份（三等分）鱼块，我们将其称为肥肉。

然后，从金枪鱼肥肉部分的鱼头处开始，我们称其为上段背部、中段背部、下段背部、上段腹部、中段腹部和下段腹部。

通常说的金枪鱼最肥美的肥肉部分为各个部位连着鱼皮的部分，而靠近脊柱的部分（下图中剖视图的中心部分）就是瘦肉。

根据金枪鱼脂肪含量的不同，将其区分为大肥和中肥。大肥仅指取自上段腹部到中段腹部下侧的一部分鱼肉，其他的都称为中肥。

金枪鱼的价值经常是以（其）肥肉含量为基准进行估计的，实际上一条金枪鱼能取得的肥肉含量少得惊人。除去不能食用的头部和骨头的金枪鱼的可食用比率（出肉率）大致在 50% 以下，其中肥肉部分仅占 15% ~ 20%。何况，能成为大肥的部分极其稀少，即使是 100 千克的金枪鱼其大肥的含量还不足 5 千克。可以说，正是因为这一稀少性，让它成为寿司原料的王者，同时这也很直观地反映在了金枪鱼的价格上。

金枪鱼的部位

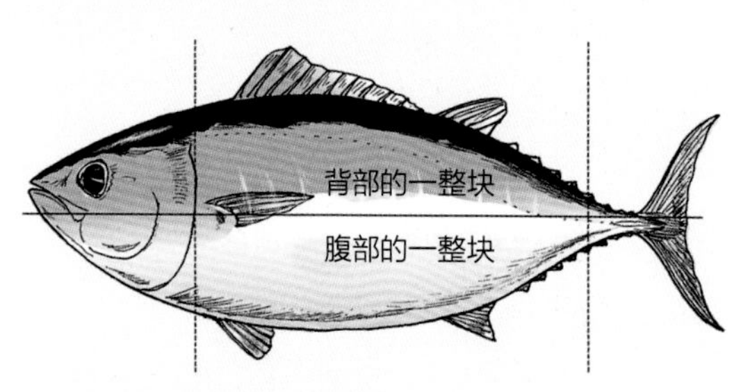

再将背部和腹部的一整块切成三等分大小的鱼块，人们经常以这一小块为单位采购。

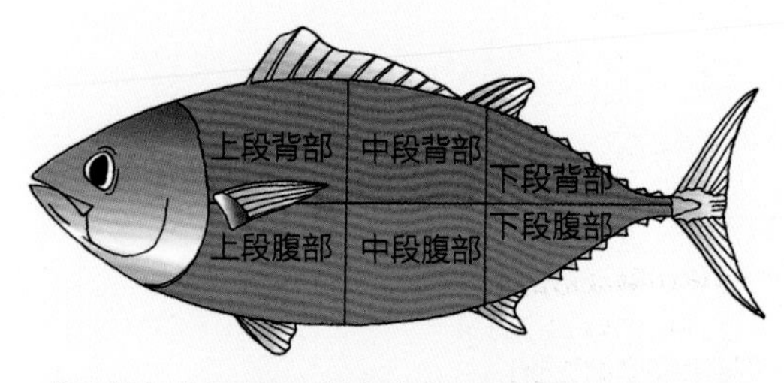

将金枪鱼掐头去尾，把鱼肉分为叫作背一丁、腹一丁的部分，作为金枪鱼的基本单位，再将这两部分分成上身和下身共四块。

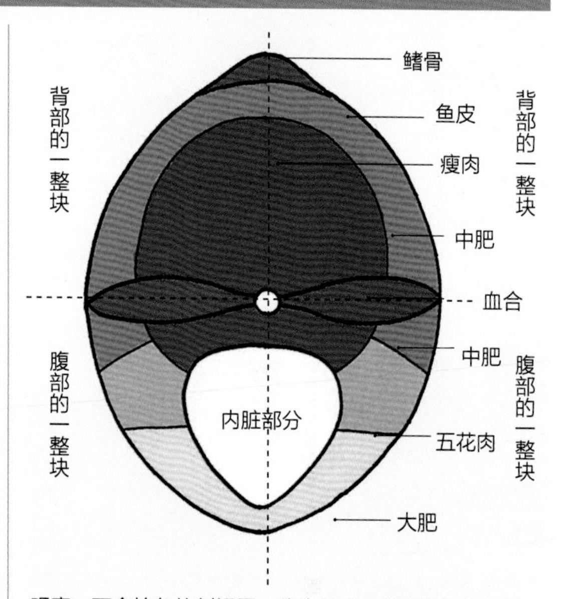

观察一下金枪鱼的剖视图，称为肥肉的最肥美的鱼肉是连着鱼皮的那部分，靠近脊柱的部分是瘦肉。能称为大肥的，只能是取自上段腹部到中段腹部下侧的鱼肉。相对于金枪鱼可食用的部分，肥肉的比例大致为 15% ~ 20%。

烹饪金枪鱼的基本技术

本鲔的大肥

/ 长条状 /

临海产本鲔的大肥，即使是腹一丁部位的脂肪含量也非常好，将与肌肉较少的上段腹部的镰刀状鱼骨相连的部位切割成形后制作握寿司。一般金枪鱼的肥肉部分是和鱼筋交叉在一起切下的，同一家寿司店会将鱼筋和鱼肉一片一片地割下，只选用柔软的鱼肉制作握寿司。

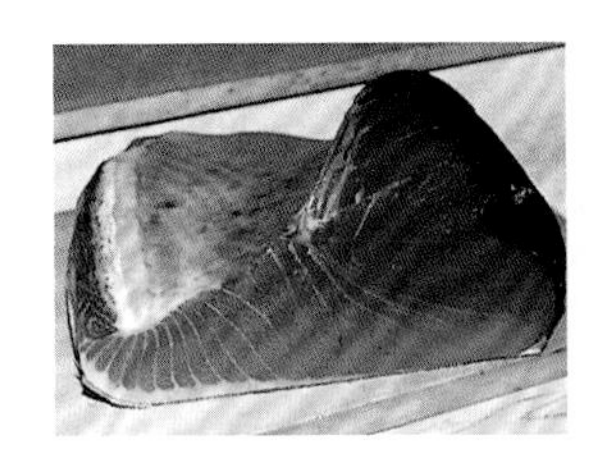

图为临海产本鲔中段腹部的肥肉。其血合（血合指金枪鱼等靠近脊柱部位带血的部分，呈暗红色）和瘦肉部分很少，以鱼筋排列非常清晰的肥肉为主体，靠近镰刀状鱼骨左侧的部分为大肥。图中的重量约为 7.5 千克。

切割成形　从中段腹部处将金枪鱼大肥切成长条状

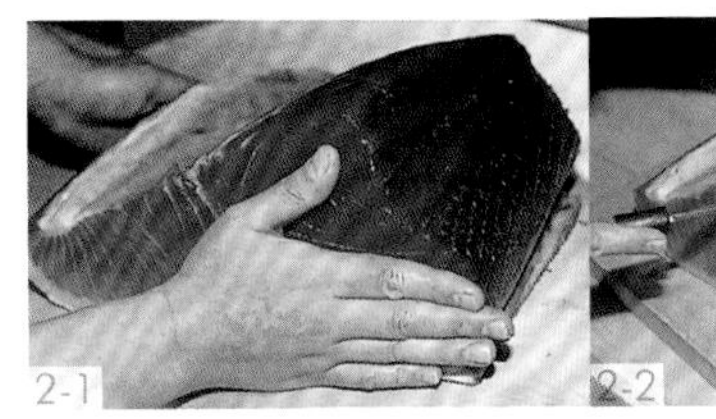

1 将金枪鱼带皮一面朝下放，血合部分用菜刀切除。

2 将连接血合的这一边换个方向朝右，将下面残留的卷曲的（瘦肉）部分切除。

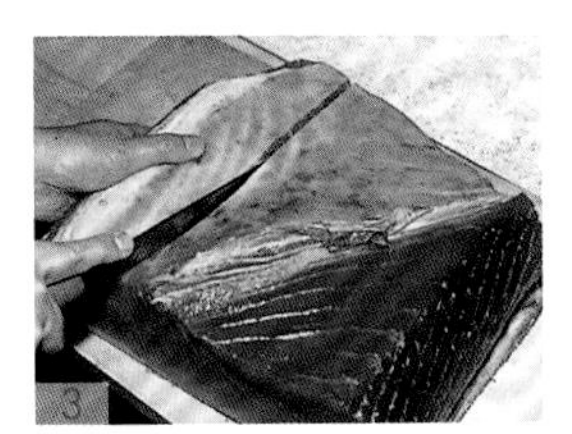

3 将朝上的左侧大肥切割成形。作为寿司原料，除了要考虑长度之外，还要考虑必要的宽度，要将菜刀笔直地切下去。

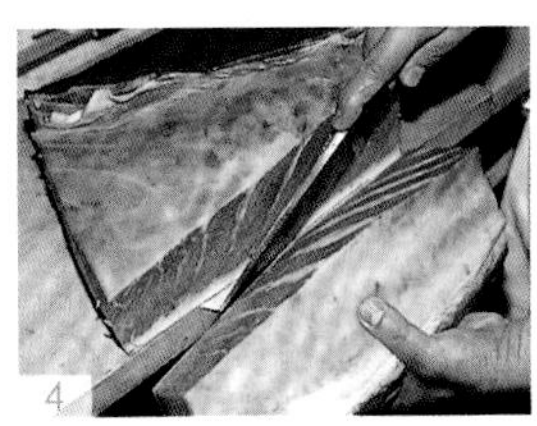

4 若连同鱼皮一起切下，可将切割成形的切口处和砧板的一端对齐，将鱼皮切断。利用此法顺次切成长条状。

5 要将切割成形的大肥部分放到砧板上，仔细地去除表面多余的油脂。

切片·握寿司　与长在脂肪里的鱼筋平行切片后制成握寿司

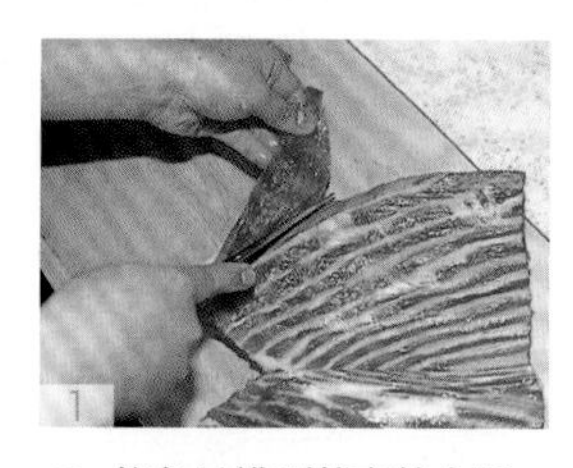

1 将鱼骨排列整齐的大肥，一边剔除鱼筋，一边平行地切去鱼肉上残留的鱼筋。

2 将切下的一整块大肥再次漂亮地修整形状后，将其斜切成片作为寿司原料使用。

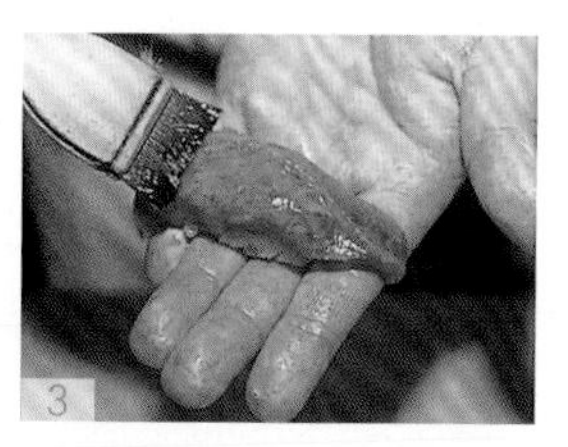

3 制成握寿司后，涂上以酱油、味醂、清酒制成的煮制酱油。

印度金枪鱼的瘦肉 / 手掌大小 /

印度金枪鱼的中肥 / 长条状 /

在现代的寿司店内购买一条主流的速冻印度金枪鱼，市场上会将其切成四份，之后冷冻保存，仅拿出需要的部分来用。在处理速冻金枪鱼时，掌握防止肉质变色和不渗出肉汁的技巧是非常重要的。

图为速冻金枪鱼的中段腹部，流水冲 1 小时 30 分钟 ~2 小时 30 分钟解冻后，达到瘦肉与肥肉部分全部切开的状态。总重量约为 15 千克。

去鱼腥味　去除瘦肉部分的鱼骨和血合

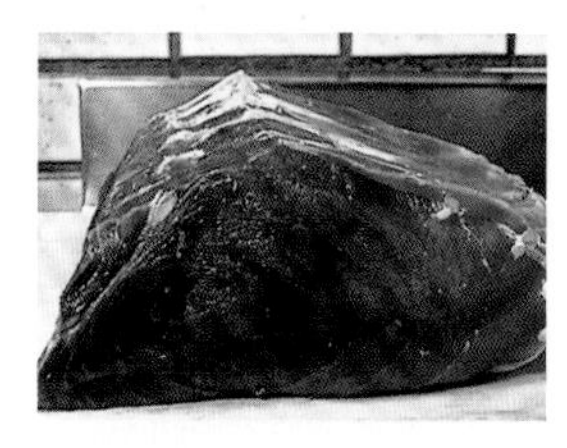

中段腹部的瘦肉部分，用流水解冻后，肉身表面变为白色。

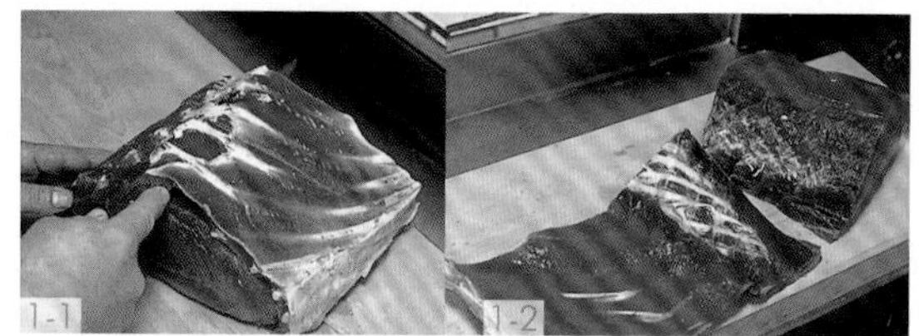

1 切下附在瘦肉上的鱼骨。诀窍是将菜刀尽可能地贴着鱼骨处。

2 剃骨后，切下横长在鱼身上的血合，若连着血合不处理，鱼身易变色。

切下碎掉的肥肉部分

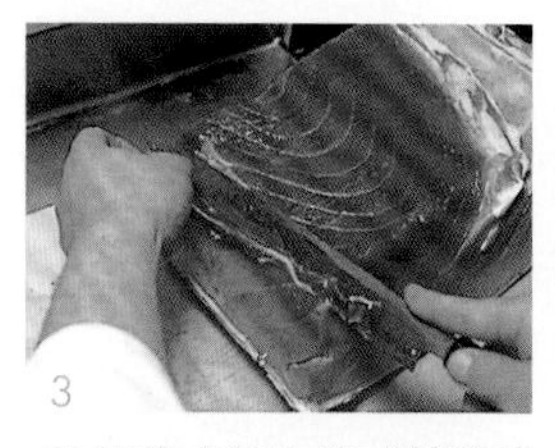

3 因流水解冻造成的碎掉的肥肉部分，连着鱼皮一齐切下。

放入冰箱调色

4 将瘦肉和肥肉部分放到铺有油纸的铁盘上，放入0 ~ 2℃的冰箱内冷藏。

5 经过约2小时的冷藏后，鱼肉表面的白色消失了，又变回自然的红色。

为金枪鱼去鱼腥味

用流水冲洗金枪鱼，其表面的颜色会消失，会呈现出肉的色素特有的肌红蛋白的颜色。但是，这个颜色并不漂亮。这种肌红蛋白和空气中的氧气结合后形成氧合血红蛋白，且变成非常鲜艳的红色。之所以要将用流水解冻的金枪鱼仔细擦掉水分后再放入冰箱冷藏，就是因为这样做有给金枪鱼调色的意思，而从很早以前开始寿司店就将这一步骤称为“去鱼腥味”。

切割成形 将瘦肉部分切成手掌大小的鱼块

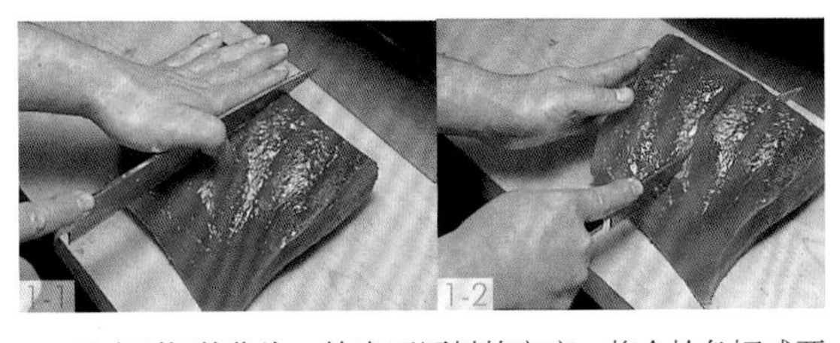

1 量出刚好能作为一块寿司原料的宽度，将金枪鱼切成两份。

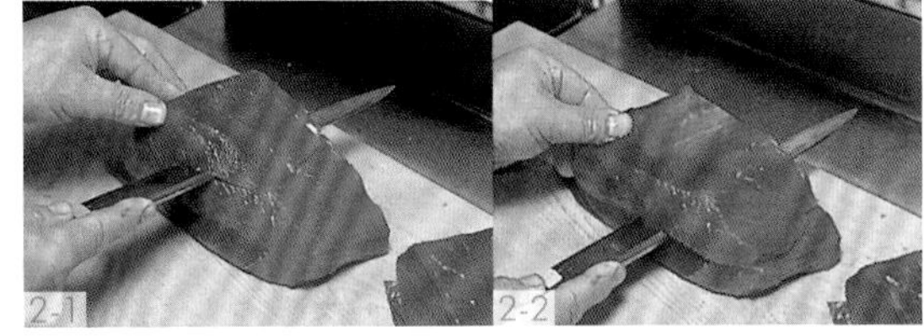

2 取刚切下的一块瘦肉，将其切成板状的肉块。另一块瘦肉也以同样的方法切割成形。

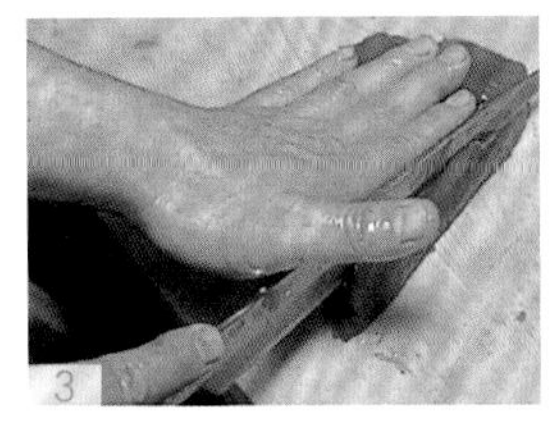

3 将切割成形的金枪鱼肉块的四个边切平整。切下的边可用来做金枪鱼紫菜寿司卷和下酒菜等。

4 将金枪鱼的瘦肉切成手掌大小的块状后，以吸水纸卷好并放入冰箱冷藏。

将肥肉部分切成长条状

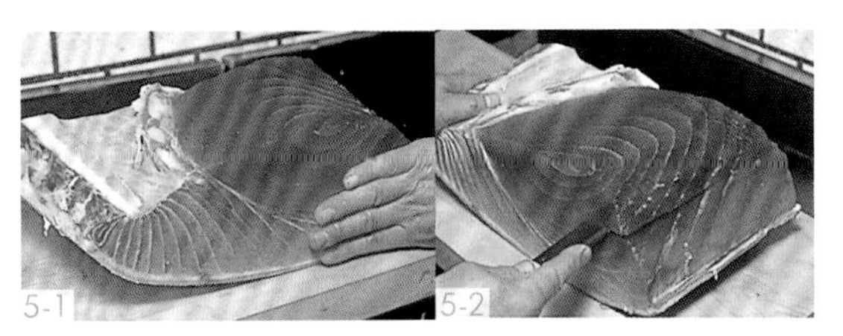

5 保留下侧一半左右的肥肉，将上侧的肥肉切下。将切下的这一部分金枪鱼切成长条状。

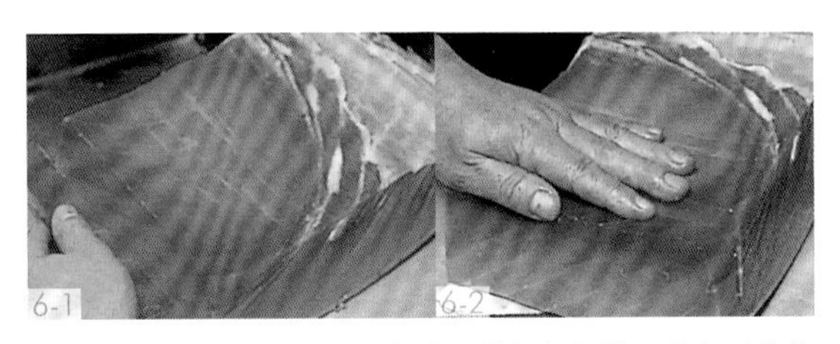

6 将金枪鱼翻面，从中肥部分开始切长条状，注意要将整块金枪鱼肥肉换个方向去鱼皮。长条状鱼肉的厚度是根据整块鱼肉来计算的，注意不要造成浪费。

7 切下的鱼肉上若附有多余的油脂或肉内残留鱼骨，要注意全部去除。

8 右侧是大肥的长条状金枪鱼鱼肉，中间和左侧的为中肥。盖上吸水纸后放入冰箱冷藏即可。

切割·手握 将金枪鱼瘦肉切成厚厚的片状

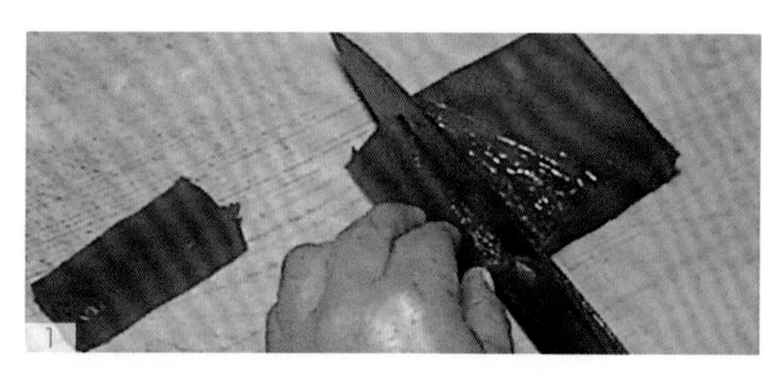

1 切瘦肉时，菜刀要笔直地下去，且与刀口平行，可切得稍微厚一点。

与鱼筋交叉并切下中肥

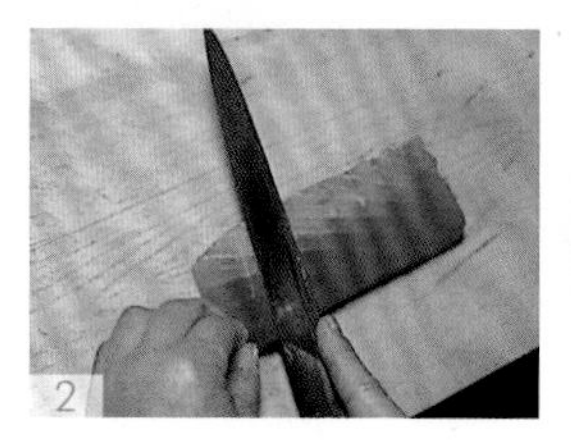

2 与鱼筋交叉并以最小横截面斜着切下中肥。

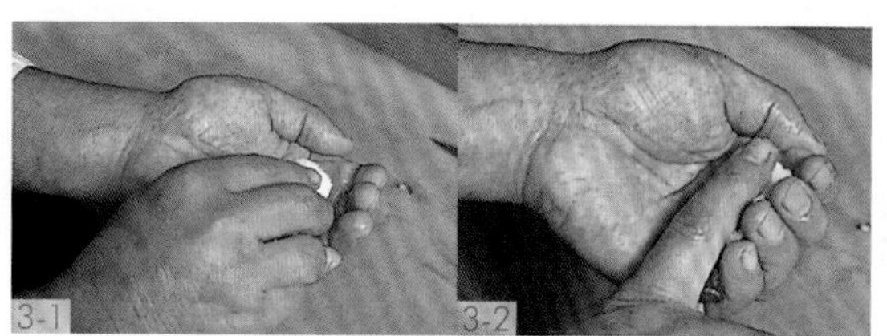

3 将金枪鱼放在左手的关节处，轻轻地放上搓圆的寿司饭后，再用右手食指从上往下压实，这样金枪鱼和寿司饭就可完美结合。

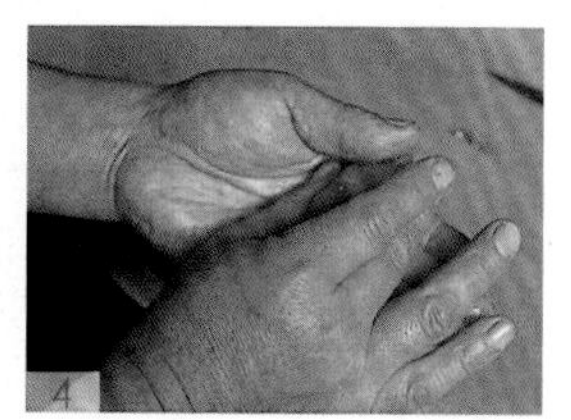

4 将整块寿司轻轻地翻过来握在手里，注意不要破坏寿司的形状，用左手大拇指一边按压寿司，一边修整其形状。

金枪鱼的腌渍

整块腌渍的握寿司

在传统的江户派握寿司的制作过程中，有一种叫做“腌渍”的方法。为了便于保存，会用酱油腌渍金枪鱼。这么做，去除了金枪鱼自身的水分，使味道更加浓缩。而金枪鱼在酱油内含有的酶的作用下，大大增加了美味程度。在一些日本寿司店仍然保留了这一传统工艺，将本鲔或大目鲔的瘦肉腌渍后制成握寿司。一般腌渍方法分为两种：一种是将切割成形的金枪鱼肉直接腌渍的“整块腌渍”；另一种就是将切好的鱼片进行腌渍的“片状腌渍”。腌渍这一方法可令寿司变得更加美味无穷。

金枪鱼的准备工作 用热水焯长条状的金枪鱼瘦肉

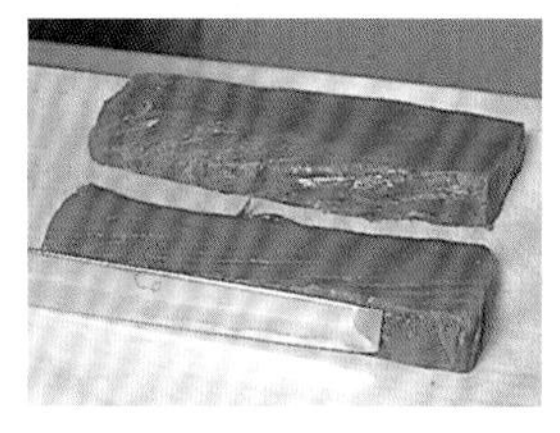

宽度为一个手掌宽，厚度为棱角刀（切生鱼片专用刀）的刀背宽度。

1 在锅内撒一小撮盐，待水煮沸后，轻轻地放入长条状的瘦肉，其表面会有轻微的结霜现象。

2 待整块金枪鱼瘦肉全部变白之后，放入冰水内激一下。

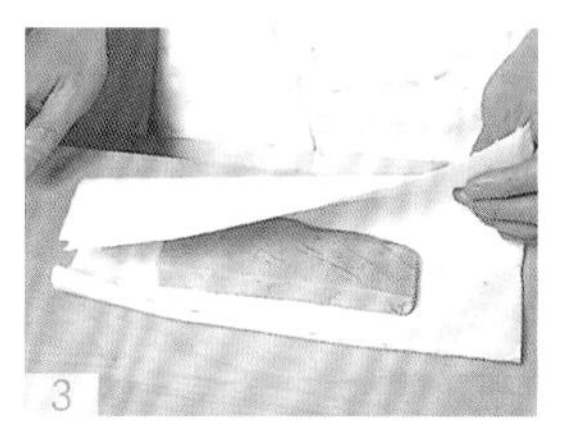

3 冷却后，用吸水纸将金枪鱼瘦肉包好，用手轻轻地按压以吸干全部水分。

金枪鱼的腌渍入味 用酱油和味醂腌渍入味后制成握寿司

1 将煮制酱油（3 汤匙）和味醂（1 汤匙）混合。

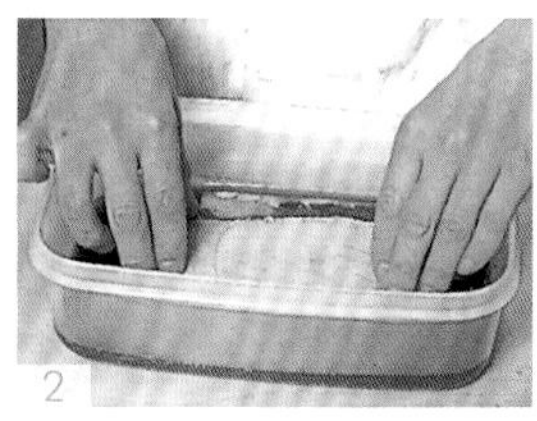

2 浸入金枪鱼后盖上吸水纸，之后放入冰箱冷冻 10 小时。

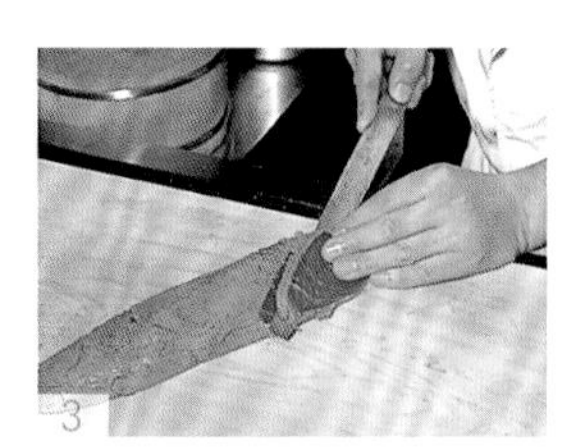

3 腌渍后的金枪鱼要用刀斜着来切，之后即可制成握寿司。

片状腌渍的方法

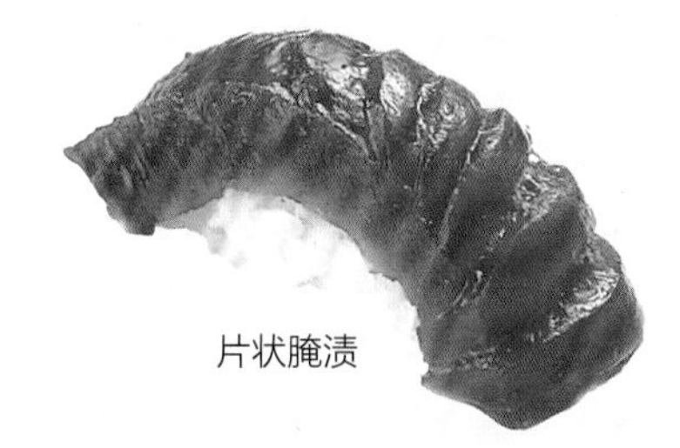

片状腌渍

以下为能直接当作寿司原料的金枪鱼鱼块腌渍的方法。与整块腌渍的方法相比，此法能够在短时间内加工完成。

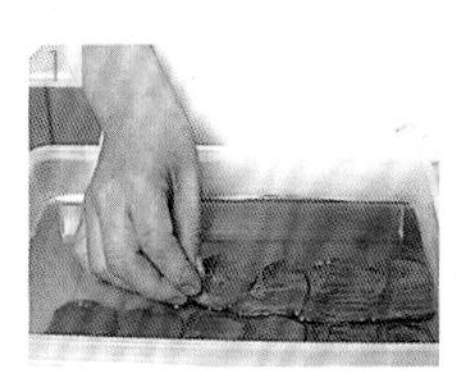

1 倒入煮制酱油，分量刚好能浸没切好的鱼片。

2 注意排列金枪鱼鱼片时不要叠在一起，其表面也要涂上煮制酱油。

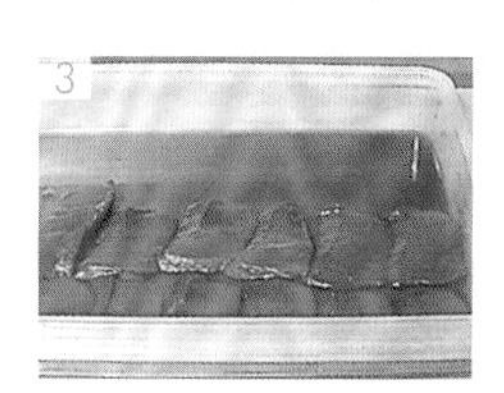

3 为金枪鱼盖上吸水纸后，放入冰箱冷冻 6 小时后可取出制作寿司。

各种各样的
金枪鱼寿司

烤至半熟的大肥

右图为从牛排的烤制方法中得到启发的现代金枪鱼寿司。将单面的大肥烤制后握成寿司，加入芥末、盐及橙子的酸味。这样抑制了脂肪浓重的味道，因为是半生的鱼肉，所以口感非常柔软。

1 将切成大小可用来当作寿司原料的本鲔的大肥的单面直接用火迅速地烤制。

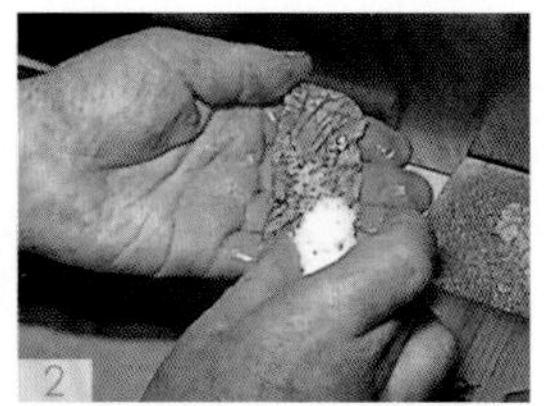

2 将经过烤制的那面鱼肉朝上并涂上芥末，之后迅速地握成寿司，注意不要将鱼肉弄碎。

3 撒盐、细香葱后再挤上橙汁，即可装盘。

南金枪鱼的镰刀状鱼骨附近的肉

一条金枪鱼只能取出两块镰刀状鱼骨附近的肉，这里的肉脂肪丰富，且肉质很紧实，是非常珍贵的部位。

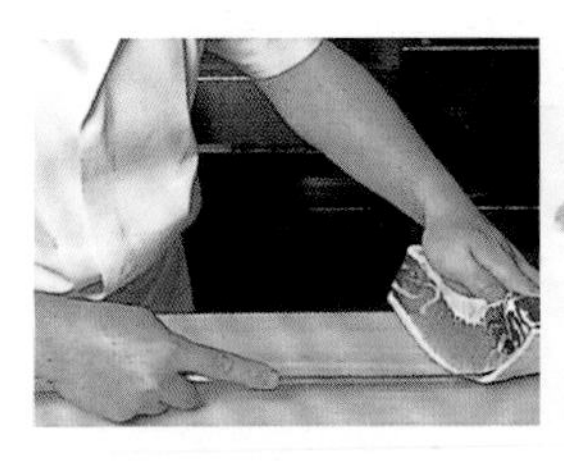

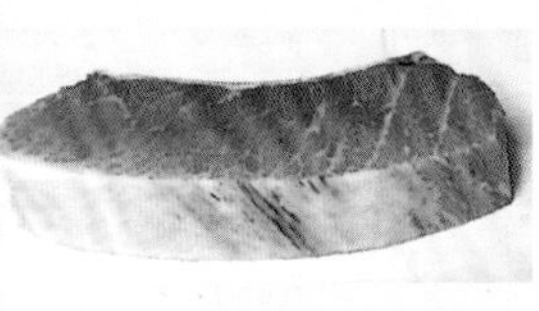

将南金枪鱼的镰刀状鱼骨附近的肉切割成形后去除鱼皮。脂肪部位纹路非常清晰，肉质也很紧实。

腌渍脊柱部位

右图为使用经过腌渍的长在本鲔脊柱部位的瘦肉握成的寿司。因为是很稀有的部位，所以在寿司店里一般都很受欢迎。

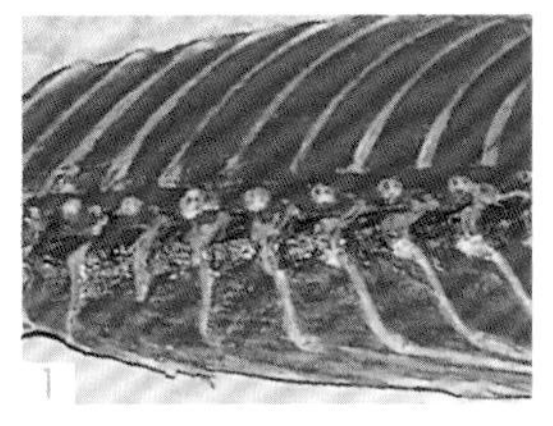

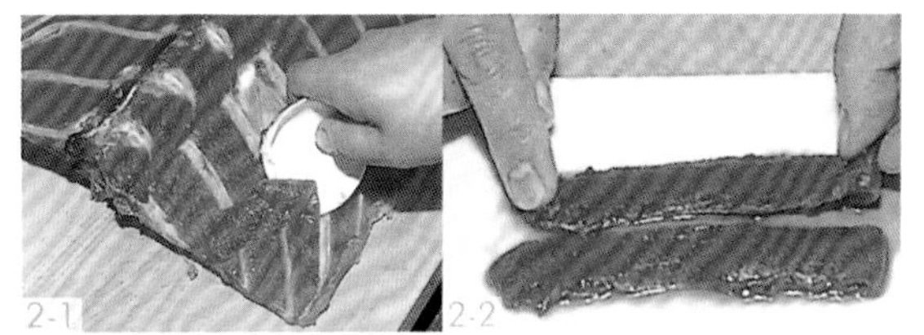

1 本鲔的脊柱部位完全没有鱼筋，且呈现漂亮的鲜红色。

2 选取可直接作为寿司原料长度的部位，以贝壳的边缘切下这块鱼肉，再用酱油腌渍二三分钟后握成寿司。

南金枪鱼去鱼筋后的部位

被称为“去鱼筋后的部位”的是指用靠近南金枪鱼尾部后段部位的瘦肉。此部位的鱼筋非常强健有力，所以一般只选用剔下的有厚度的部分制作寿司。比起普通的瘦肉，其味道更浓郁。

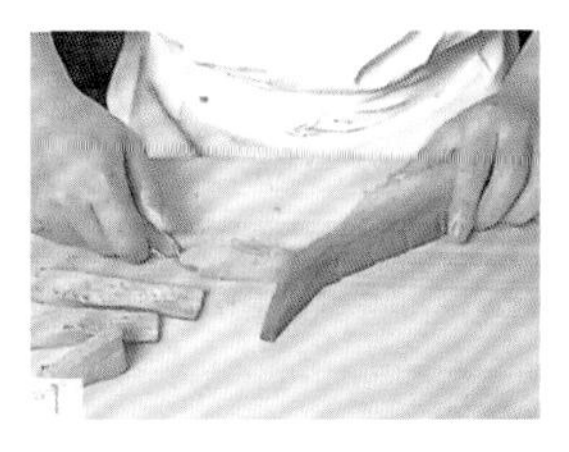

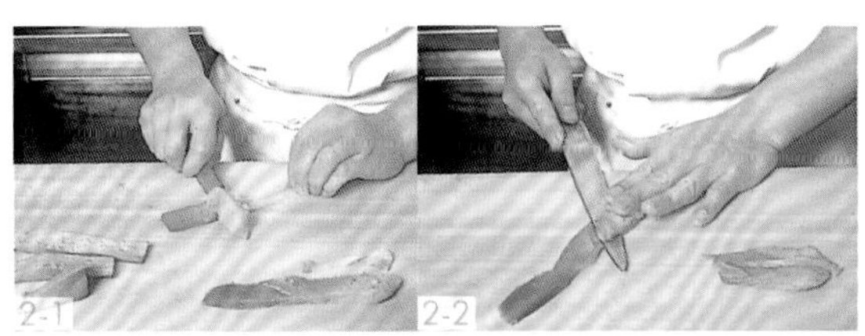

1 靠近鱼尾部位的金枪鱼鱼肉，去骨后将鱼筋一片一片地剔下，肉很厚的部分用刮刀剔下。

2 剔下的瘦肉斜切时要切成作为寿司原料所需的长度后再握成寿司。

长鳍金枪鱼的肥肉

作为“Sea Chicken”（金枪鱼等其他加工食品的商标名）的原料而被人们所熟知的金枪鱼。其鱼肉的瘦肉部分很少，味道也过于清淡，作为寿司原料的用途非常窄。如果用在寿司里的话，一般会选择腹部的肥肉。在日本静冈以西的地方，也将其称为“tonbo 金枪鱼”。

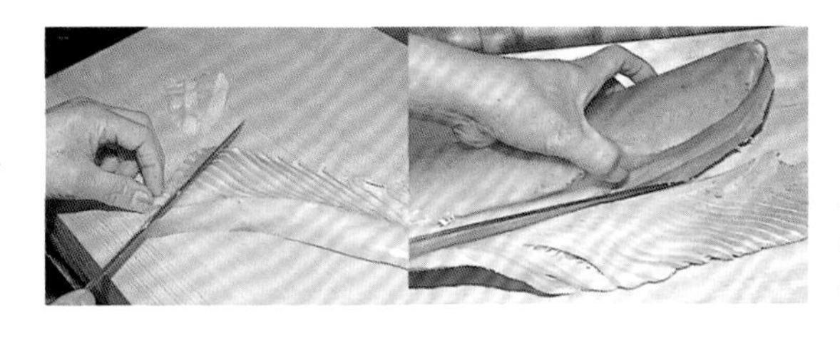

长鳍金枪鱼的腹部脂肪适中，可将此部位的肥肉切下作为寿司原料使用。

四鳍枪鱼

旗鱼类从根本上来说与金枪鱼属于不同种类的鱼，但是很多寿司店都将四鳍枪鱼作为寿司原料使用。这里则是把最肥美的四鳍枪鱼的腹部当作冬季配料来制作寿司。

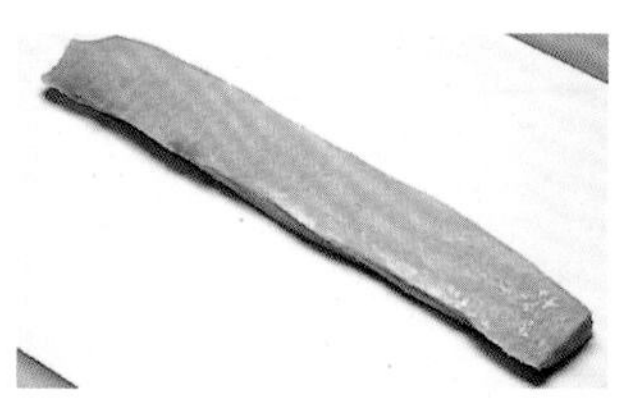

将生的四鳍枪鱼的腹部切割成形。鱼肉为淡淡的粉红色，脂肪呈淡白色。

大肥的鱼筋

像介绍烹饪金枪鱼的基本技术那样，要将金枪鱼的大肥去掉鱼筋，并给剥下的鱼筋涂上酱油和味醂制作的酱汁，烤制后握成寿司，这样下工夫才做出了香喷喷的寿司。以上为既不浪费原料，又巧妙制作寿司的灵活技巧。

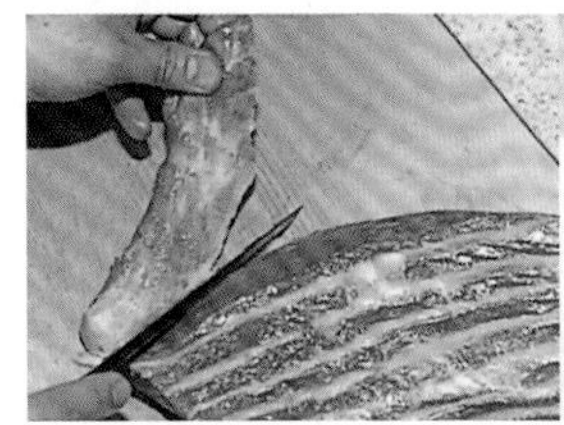

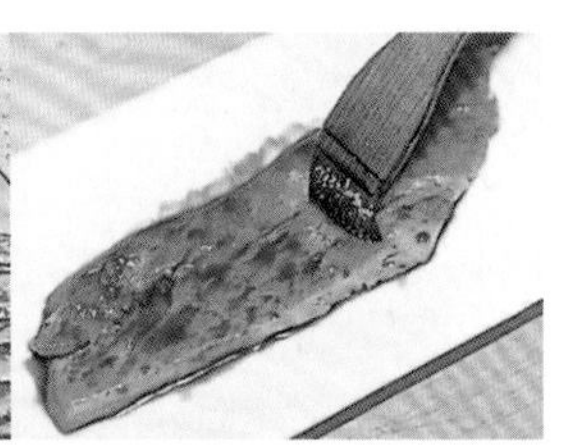

将鱼筋一点一点地剔下，再涂上酱汁进行烤制。

鱼筋的肉

这款寿司也是巧妙减少金枪鱼浪费的一款高明的寿司。将肥肉切割成形时多余的、连着油脂的鱼筋的肉刮下后收集起来，握成军舰寿司并以低价卖出。

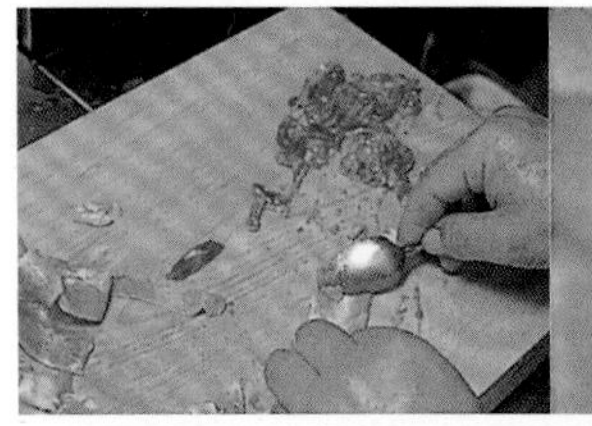

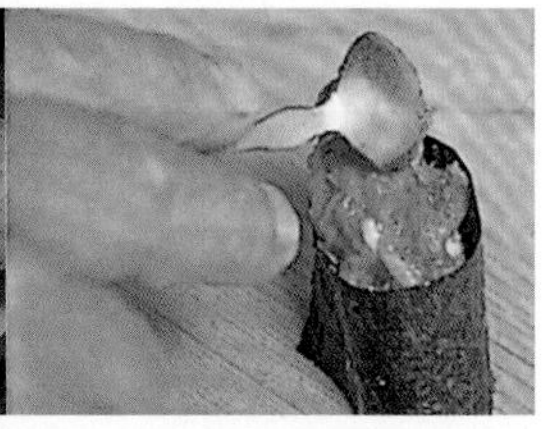

将用汤匙刮下的、连在鱼筋上的肉作为军舰寿司的原料，撒上细香葱后以天盛式摆盘即可。

金枪鱼拌生牛肉寿司

将用菜刀敲打的金枪鱼的脊柱部位、拍碎的苹果和蒜末制成的酱油酱汁及蛋黄混合后，可做出非常独特的军舰寿司。这是以韩国料理中的生牛肉片料理为灵感开发的，在日本的年轻人中相当有人气。

白身鱼握寿司

寿司里基本的白身鱼是加吉鱼和比目鱼。除此之外，还会介绍在“二战”后慢慢固定下来的红甘鲹、比较新潮的海鳗以及带鱼。

加吉鱼

处理加吉鱼时为了避免破坏鱼肉，注意切块时尽量不要用手抓鱼肉。除了可制成寿司生吃之外，还有巧妙地利用美味的鱼皮结合用热水焯过的海带的吃法。

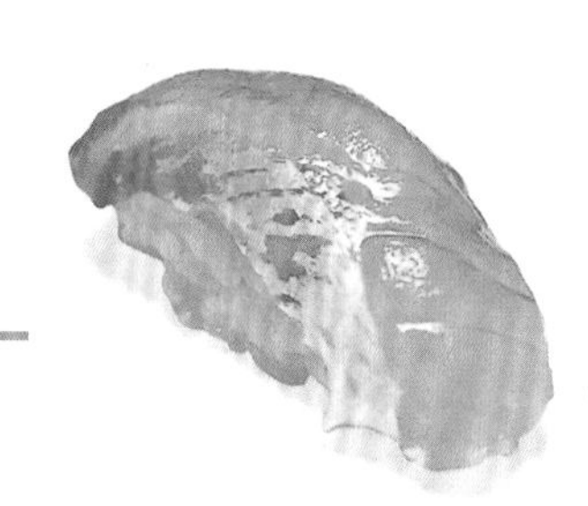

加吉鱼 / 生的 /

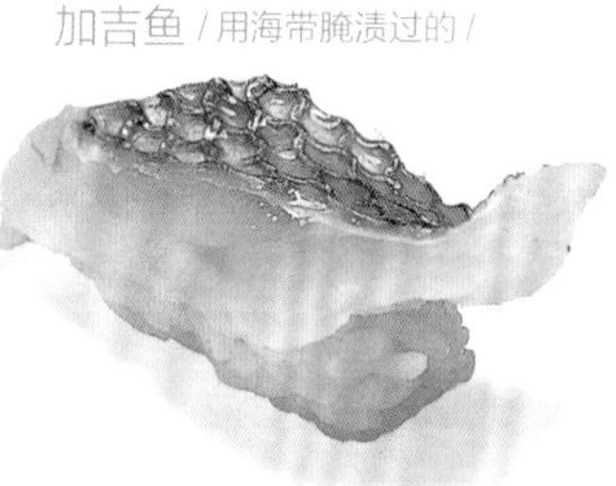

加吉鱼 / 用海带腌渍过的 /

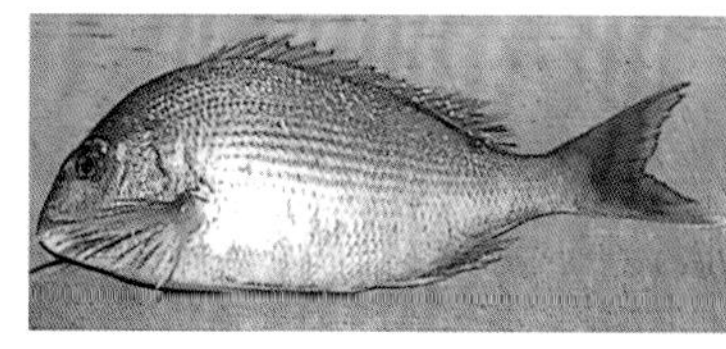

图为产自日本千叶及大原的天然雌性加吉鱼。鱼皮很有光泽，重量约 2 千克。

加吉鱼的切块方法

刮掉鱼鳞，去除内脏，切下鱼头

1 刮鱼鳞时注意不要弄破鱼皮，从鱼尾刮向鱼头。

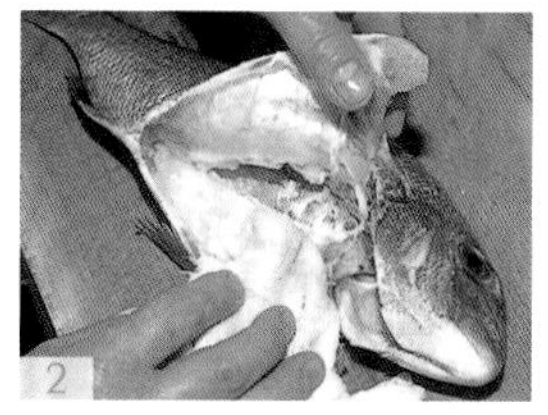

2 将鱼的下侧（鱼横放时）朝上，从鳃盖的下方切开鱼腹，取出内脏后洗净鱼肚，抽出血合。

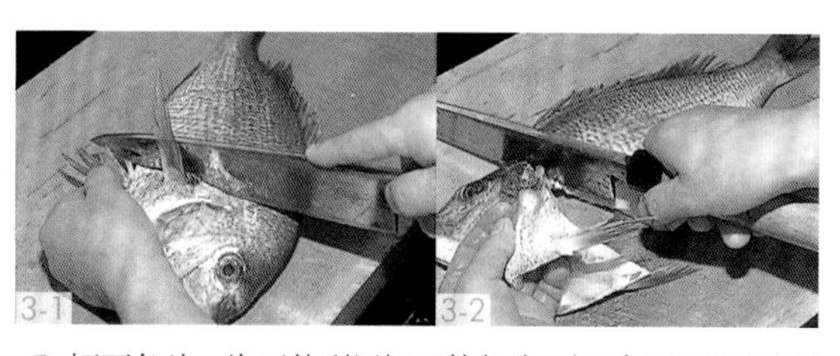

3 切下鱼头。为了能利用切下的鱼头，切时要用“斜着交叉切割”的方法连着胸鳍和腹鳍一起将鱼头切下。

切成三片后，再将每一片切分为腹部和背部

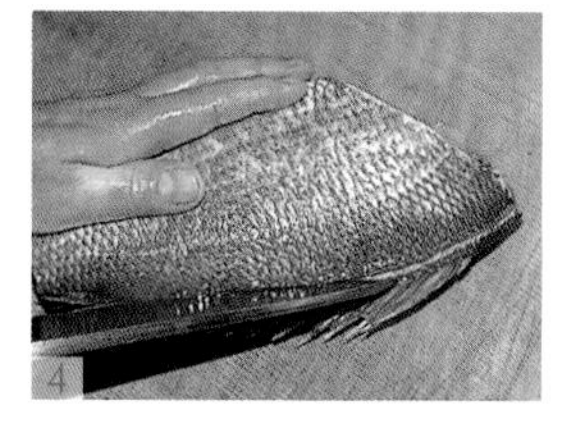

4 切掉鱼尾后将鱼块切成三片。开始因要切上侧的鱼肉，需将鱼尾朝向自己，沿着背鳍割出切口。

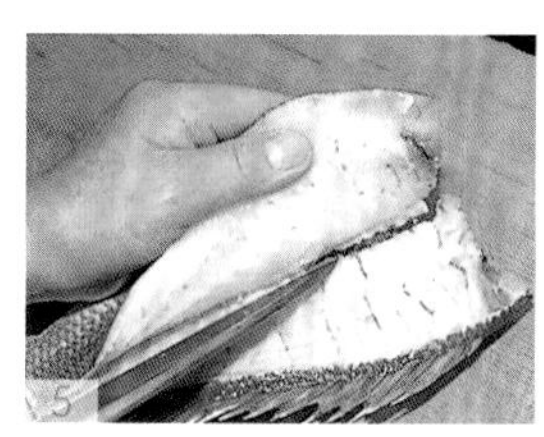

5 将菜刀沿着切口处贴着中间的鱼骨切入，一直切开至中间部位。

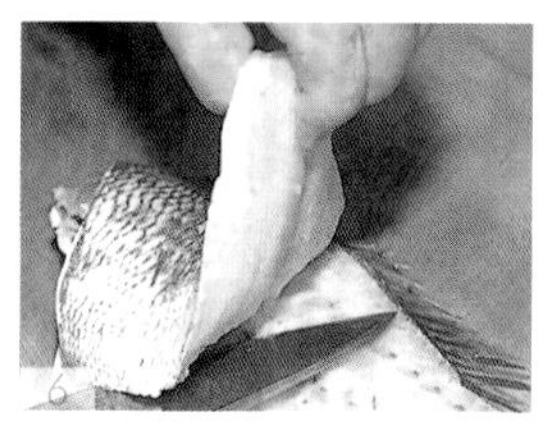

6 将鱼块换个方向，从腹部开始切，并从鱼尾处入刀。

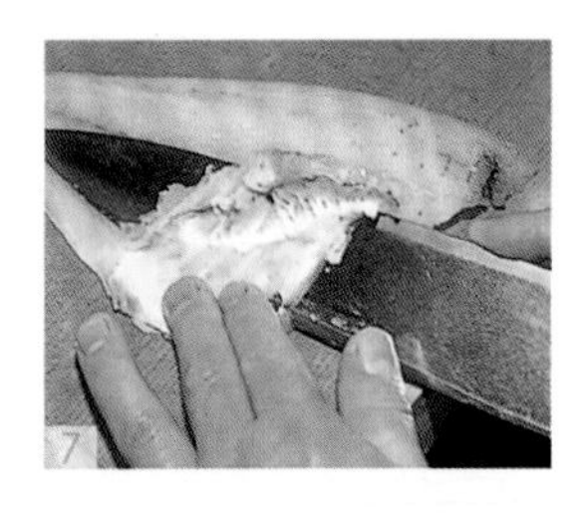

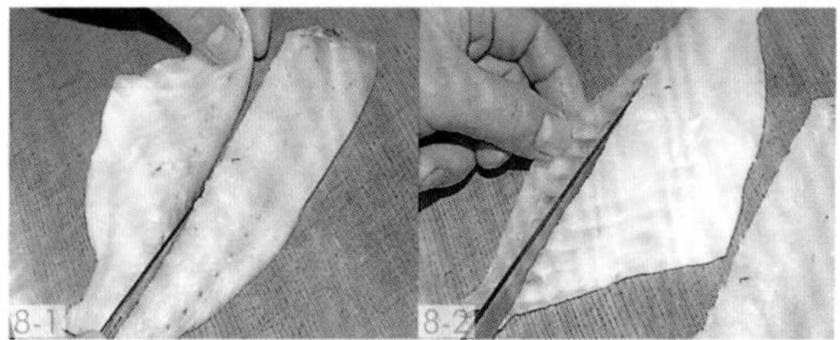

7 将鱼的下侧也切成三片。接着，用菜刀挖掉长在切下的鱼片上的腹骨。

8 将半片鱼肉的鱼皮那面朝下放，沿着鱼肉中间的鱼筋切分为腹部和背部，将连着腹部长小骨头的部分薄薄地切下，其他鱼片也做相同的处理。

用热水焯并卷海带

鱼皮用热水焯过后撒盐

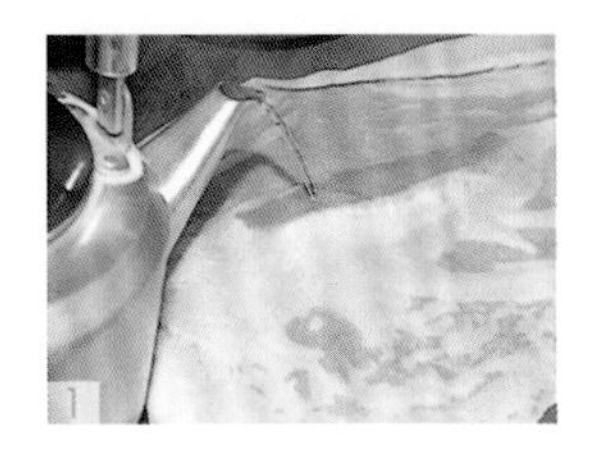

1 将鱼皮那面覆上毛巾用热水焯一下，再浸入冰水内。

2 将鱼肉放到铺满盐的笸箩上，鱼皮上也撒盐。

将鱼肉夹在用酒和醋浸泡过的海带内

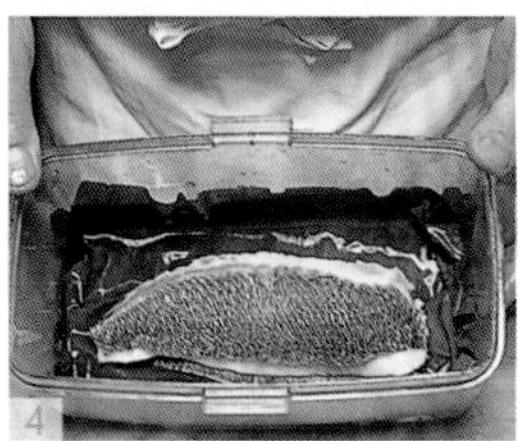

3 将酒和醋浇在海带上，并使之充分浸泡。如此一来使海带由硬变软了。

4 将涂上盐的加吉鱼夹到海带内，再压上重物，并放入冰箱冷冻一晚，这样海带的香味就会渗透至加吉鱼上。

切片·握寿司

去除鱼皮，切成鱼片后握成寿司，再涂上酱油

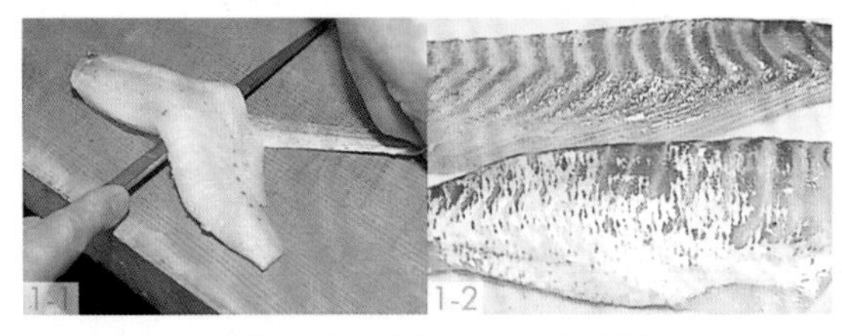

1 将鱼皮那面朝下，从鱼尾处开始用菜刀去除鱼皮。

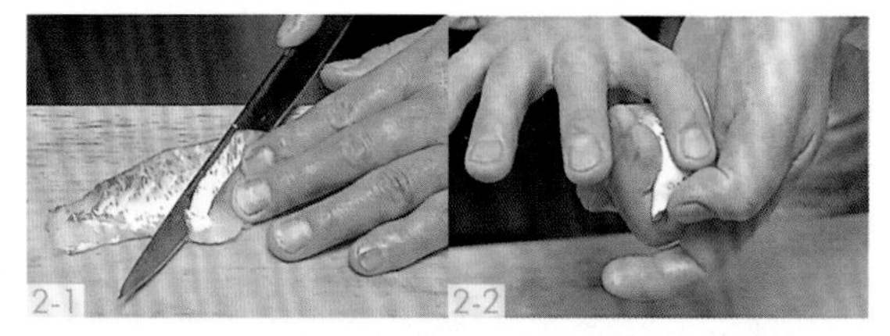

2 白身鱼与金枪鱼等红身鱼相比，肉质更硬，所以可切成薄片制成握寿司。

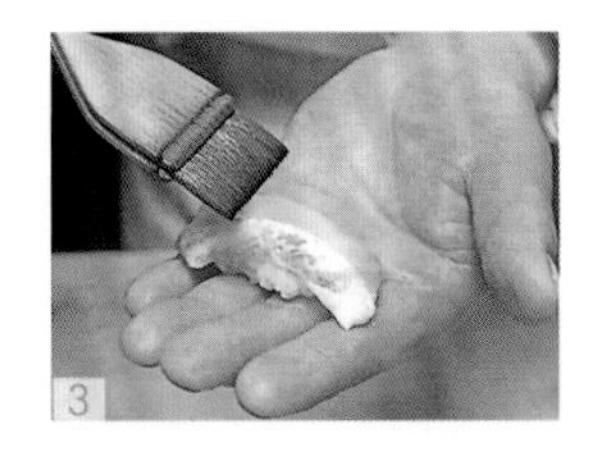

3 在寿司原料上轻轻地涂上酱油后装盘即可。

将用海带腌渍过的加吉鱼露出鱼皮的那面握成寿司

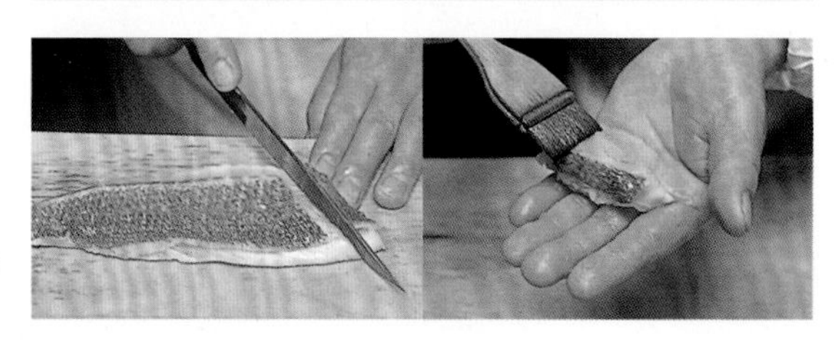

将鱼皮那面朝上切片，再涂上酱油。

比目鱼

与加吉鱼匹敌的代表冬季的白身鱼即比目鱼。正如俗语所说“寒冷的比目鱼”，严寒中的比目鱼肉质十分结实，味道也非常鲜美。选购时要挑选整条鱼肉及肥肉都刚刚好的比目鱼。比目鱼的鱼鳞与加吉鱼的鱼鳞不同，全身排得密密麻麻的，所以只能以菜刀来切。而且，因比目鱼呈扁平状，所以稍宽的鱼块不能马上下刀，需用菜刀从鱼身的中央开始切，并将鱼块切成五片。一般寿司会保持生食的新鲜感，生着加上芥末后握成寿司，也有在寿司佐料上下了很大工夫、增加了香味并和加吉鱼一样搭配海带使其发挥独特风味的寿司。

比目鱼 / 日本柚子 /

图为产自日本茨城及常磐的鲜活的天然比目鱼，主要使用约 1kg 重的比目鱼。

比目鱼的切法　刮掉鱼鳞，将鱼头连着内脏一并切下

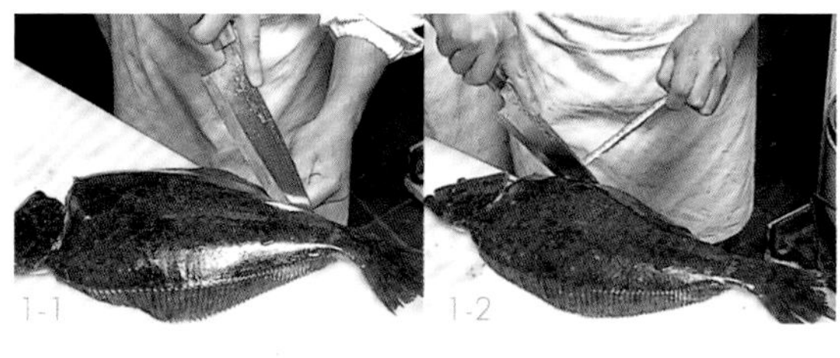

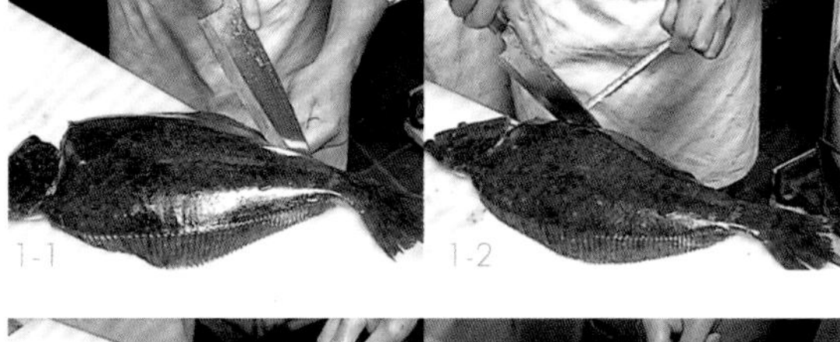

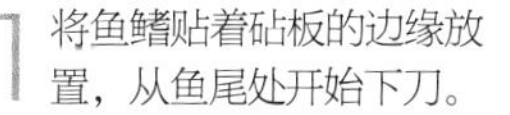

1 将鱼鳍贴着砧板的边缘放置，从鱼尾处开始下刀。

2 将比目鱼翻面，反面也以同样的方法，一边用手抓着相反侧的鱼鳍，一边用菜刀切开。

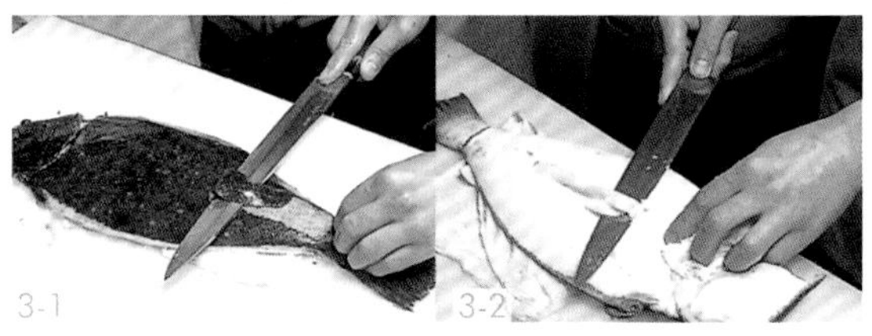

3 为了不破坏鱼皮，将菜刀放倒切，将黑皮和白皮的鱼鳞刮净。

4 将黑皮那面朝上，用手抓起胸鳍，从其根部斜斜地切开一个刀口。

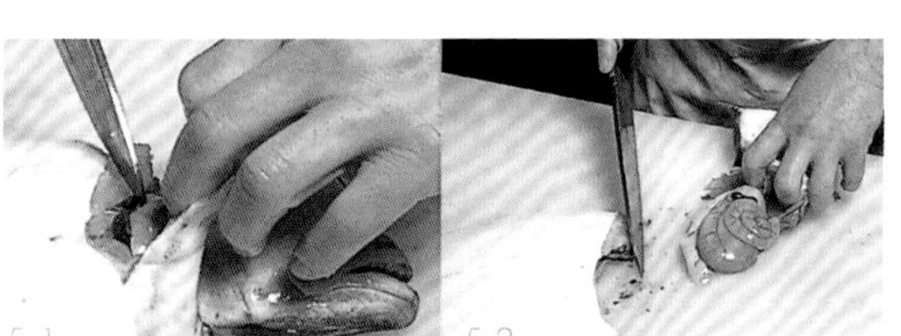

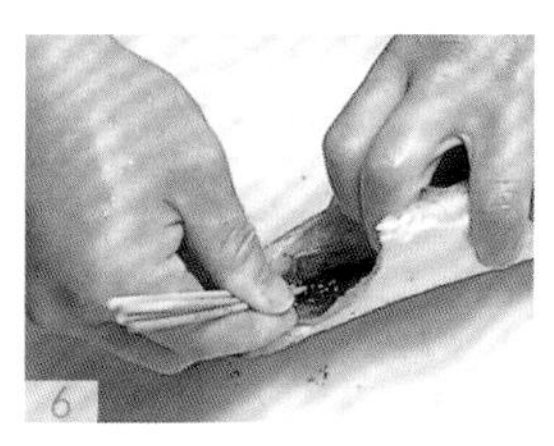

5 翻面将鱼头弯起并切开，取出内脏后与鱼头一并切下。

6 用水仔细冲洗去除了内脏的鱼肚，将脏物洗净。再将竹签扎成一把去除残留的血合。

7 将白皮那面朝上、鱼头朝左放，用菜刀切下鱼尾。

将鱼肉切成五片后去掉鳍骨

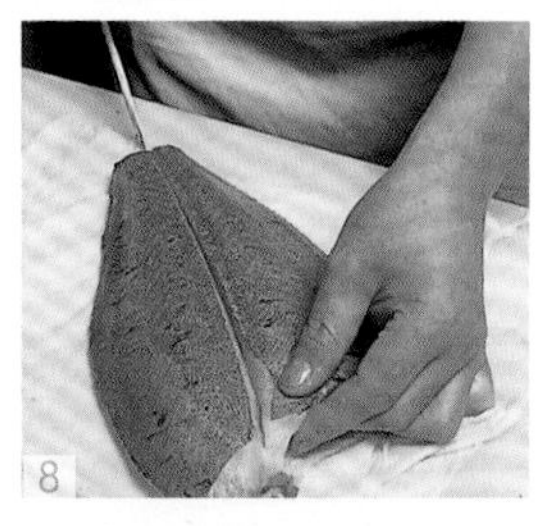

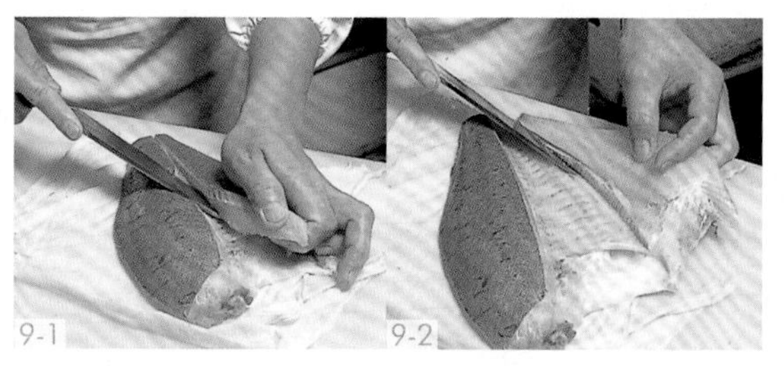

8 以毛巾固定比目鱼，从鱼头至鱼尾的方向在中间开个切口。

9 将菜刀伸入切口处并切开，一边拿起鱼肉，一边切下上侧腹部。

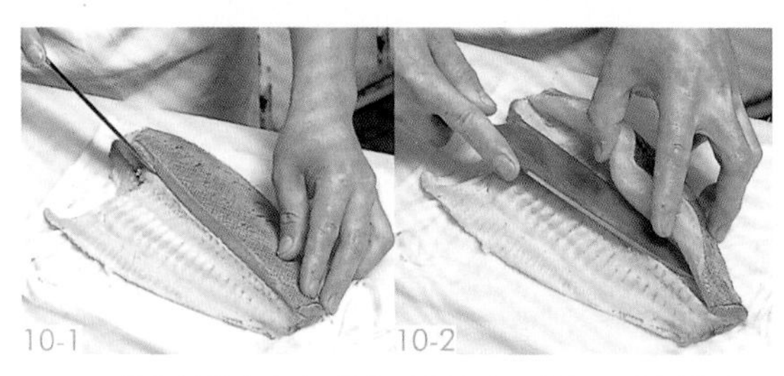

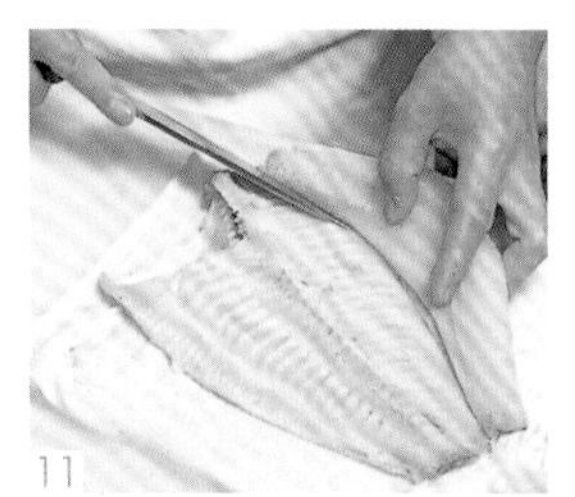

10 将鱼块换个方向，将鱼头朝向自己并切下背侧的肉。

11 将下侧的白皮那面朝上，同样地在鱼肉中间开个切口，沿着脊柱部位将腹部和背部切成两片。

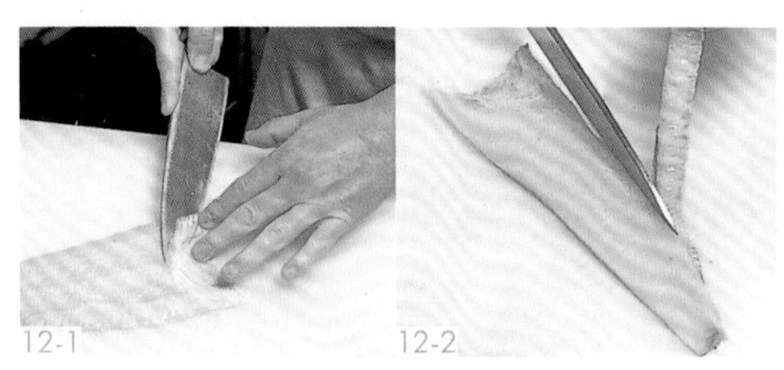

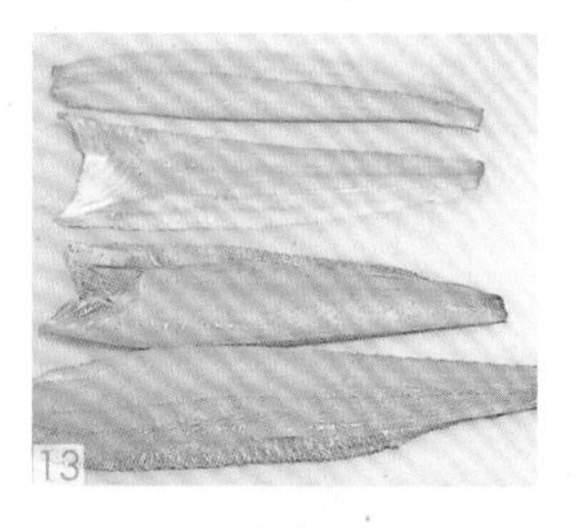

12 要切下腹骨，需将菜刀的刀尖紧贴连着鳍骨和鱼肉的根部，一边抓着鳍骨，一边从鱼肉上切下。

13 从比目鱼身上能切分出黑背、黑腹、白背及白腹共四片鱼肉和四条鳍骨。

切片·握寿司　切片后放入日本柚子

1 给经过加工的鱼块去皮。在鱼尾处切个刀口，从这里下刀并去掉鱼皮。

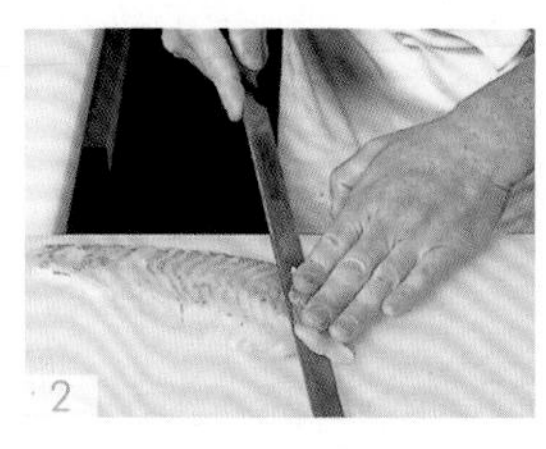

2 注意要切成薄片，且不要将鱼肉切碎。诀窍就是切鱼片时要迅速下刀。

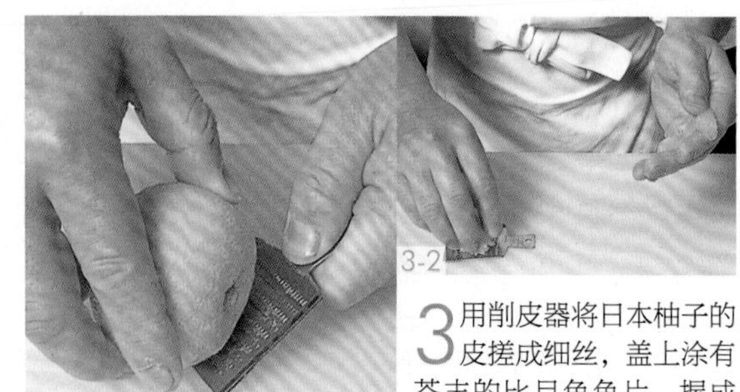

3 用削皮器将日本柚子的皮搓成细丝，盖上涂有芥末的比目鱼鱼片，握成寿司。

以前的寿司店，会在白身鱼鱼肉上撒一层薄薄的盐，再淋上一点醋。据说，即使逐渐可使用生的白身鱼，但从前流传下来的方法就是先用盐腌渍。挑选在严冬季节捕获的比目鱼，将切下的鱼片用甜醋迅速地淋洗干净后握成寿司，或使用精心制成的散发着独特芝麻香味的酱油腌渍后握成寿司，这不仅依赖食材的新鲜程度，也展现了手工寿司的魅力。

比目鱼 / 芝麻酱油 /

比目鱼 / 甜醋 /

图为产自日本茨城及常磐的天然比目鱼。只有在严寒中捕获的比目鱼才能作为冬季的白身鱼使用，肉身重量约为 1.5 千克。

比目鱼的切片方法　用盐清除鱼身黏液，去除鱼头和内脏

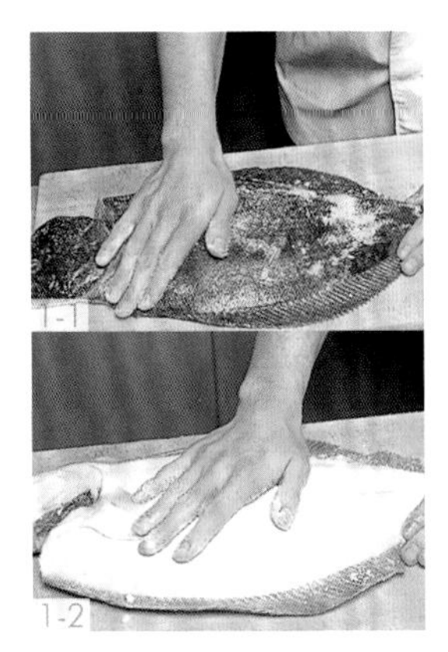

1 将比目鱼鱼身的正反面都满满地撒上盐，注意所有部位都要涂到。

2 用流水将盐冲洗干净，因为鱼身表面的黏液也一并去除了，所以去鳞的工作做起来会简单不少。

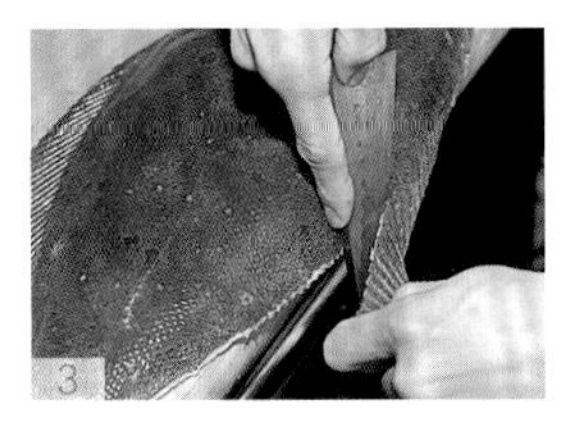

3 切掉鱼鳍。利用砧板的边缘，从鱼尾处开始下刀，一边抓着鱼鳍，一边开始切除。

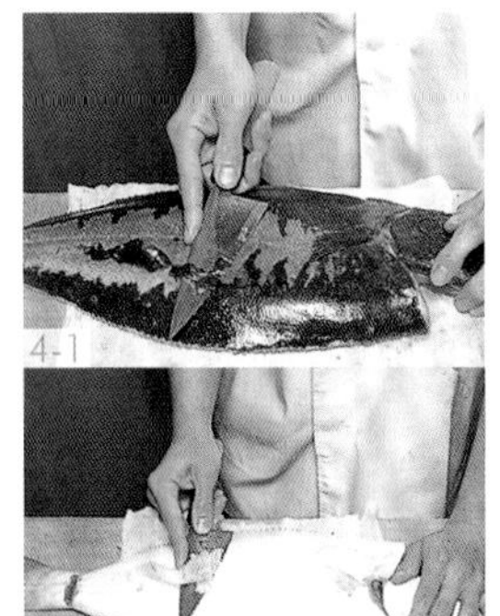

4 在鱼身下面垫一块毛巾，一边用手按住鱼头，一边去鳞。

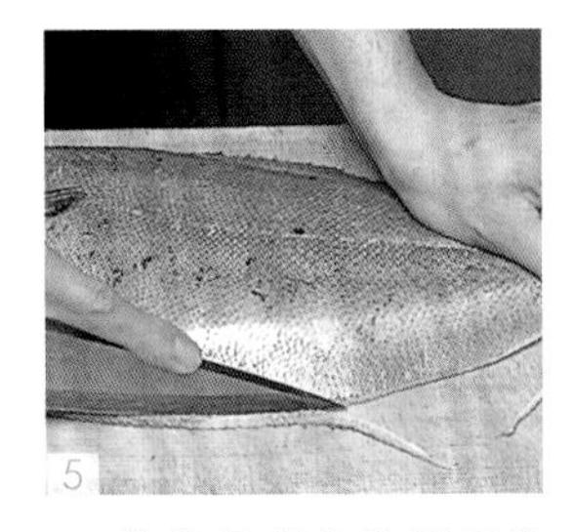

5 将鱼尾朝左并用手按住，切掉鳍骨外侧的骨头。另一侧的骨头也做同样的处理。

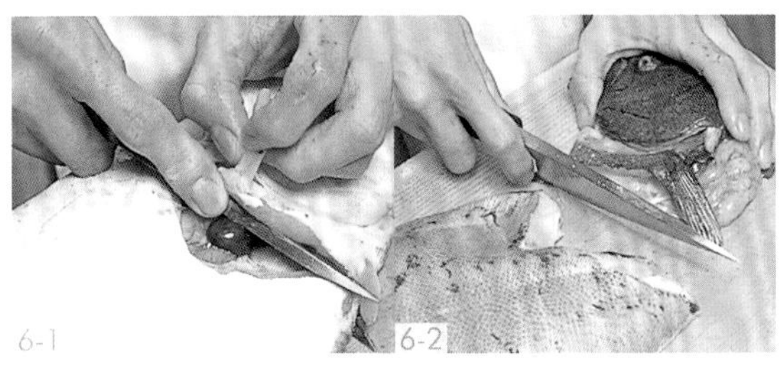

6 向上抓住胸鳍，注意不要切破胆囊，并以 V 字形切出切口，取出内脏后连鱼头一并去除。

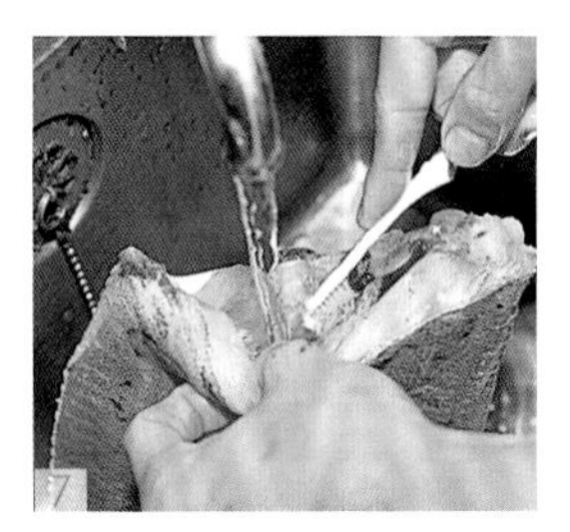

7 将鱼肚用水冲洗干净，用牙刷将血合刷净。

放入冰箱冷冻一晚后，将鱼肉切分成腹部和背部

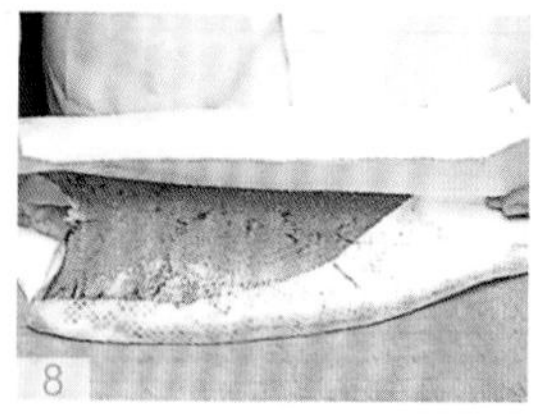

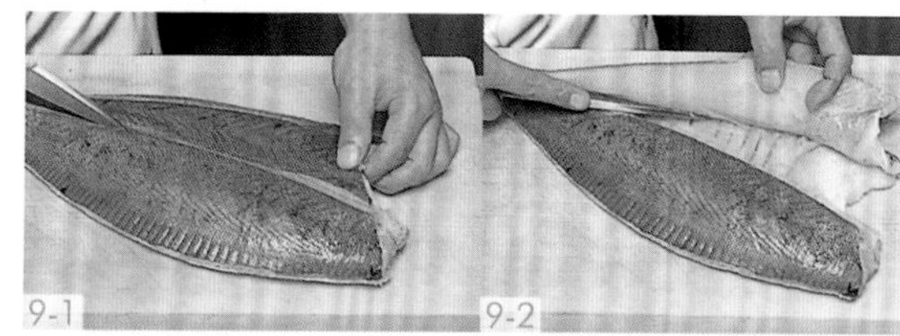

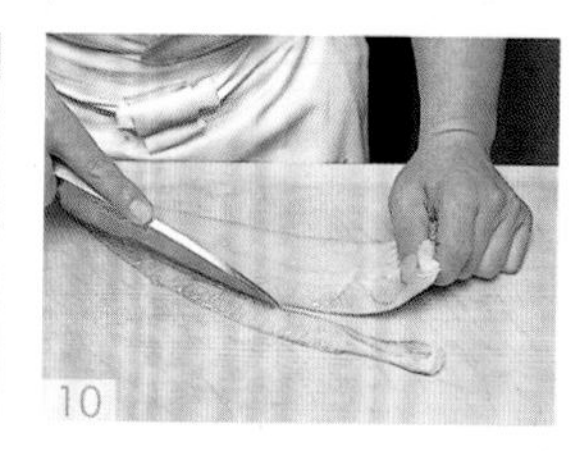

8 比目鱼的鱼肉用纸巾包好放入冰箱内。待冷冻一晚的僵硬的鱼肉变软后，切分成腹部和背部。

9 将鱼身表面朝上放置，在鱼肉中间划上一刀，从鱼头处开始向鱼尾切开，去除整个鳍骨。

10 将比目鱼的正反面都切成四片，每一片都要切掉鳍骨部分。

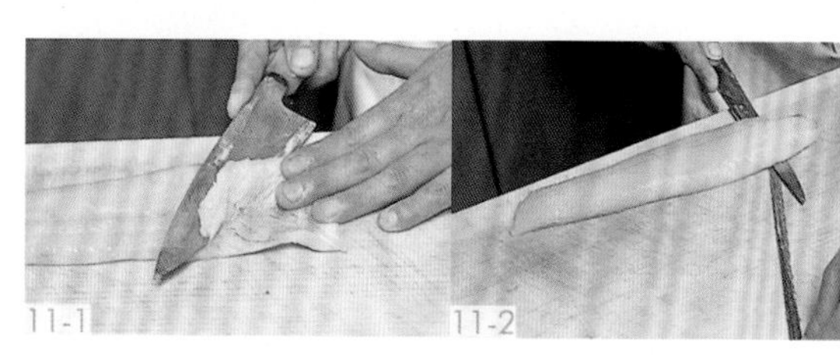

11 将腹部那片的鳍骨去掉后，将鱼皮那面朝下、鱼尾朝右放并去皮。

切片·握寿司

将原料放入芝麻酱油内腌渍后，握成小块的寿司

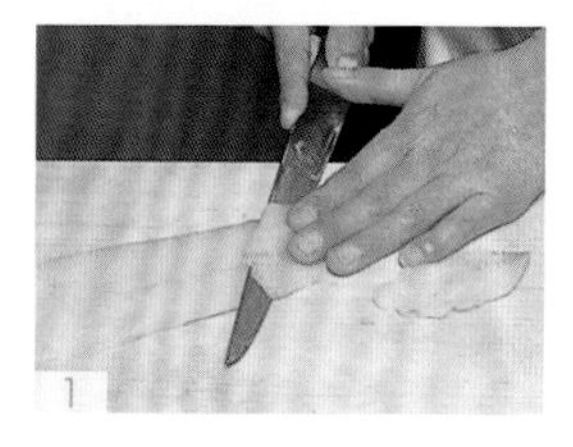

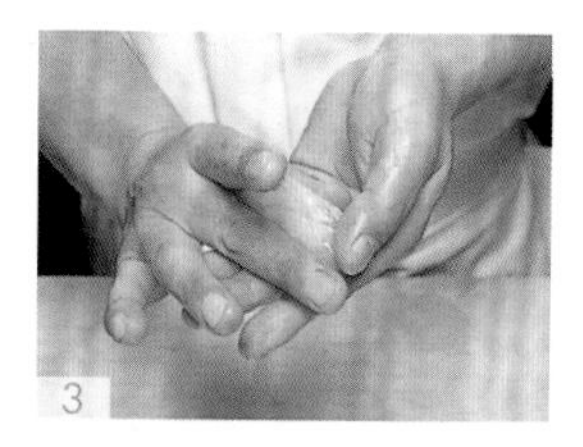

1 去皮的比目鱼要切得比红身鱼的鱼肉更薄，切时要将菜刀稍微竖起来一点。

2 准备好飘着白芝麻香味的芝麻酱油，将比目鱼鱼片放入浸泡三四分钟使其入味。

3 涂上刚刚切下来的本芥末，握成小块的寿司。

用甜醋稍微浸泡一下，入味后握成寿司

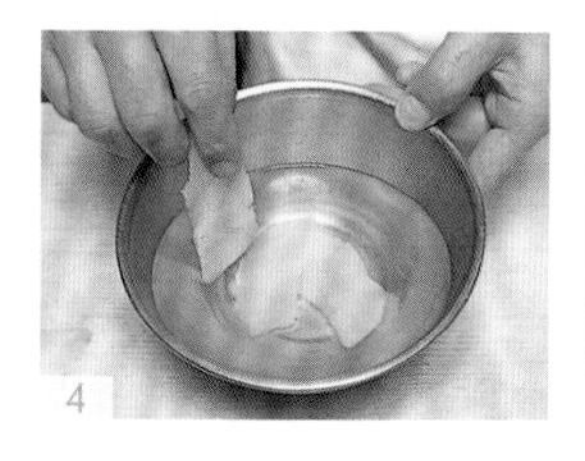

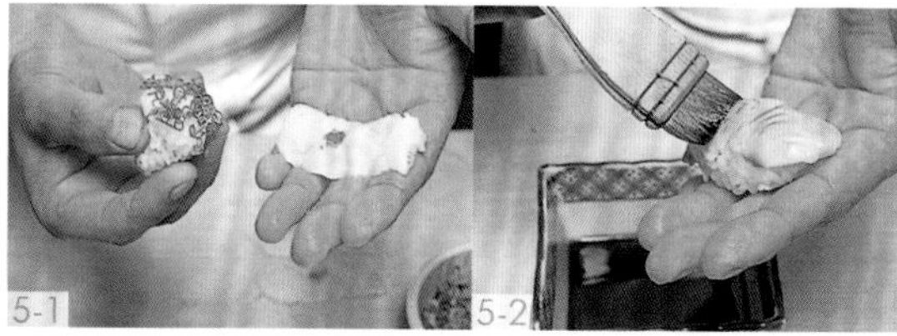

4 在碗里倒上甜醋，将切得比芝麻酱油原料还薄的比目鱼鱼片迅速地放入碗内漂洗并蘸上甜醋。

5 以辣椒酱代替芥末握成寿司，并在寿司上再涂一层煮制酱油。

芝麻酱油的制作方法

日本寿司店的芝麻酱油是用香味浓郁的白芝麻和煮制酱油一起混合而成的。寿司店营业后会把芝麻酱油装入瓶内，每次用完再将瓶子蓄满。

1 将白芝麻入锅炒制，晃动炒锅至炒出香味为止。

2 碾碎炒熟的白芝麻，倒入煮制酱油。

3 将碾碎的食材的味道进行调和，将调好的酱油用滤斗过滤后即可使用。

各种各样的
加吉鱼 · 比目鱼寿司

樱寿司

右图为用樱花的叶子包着浸透了樱花香味的加吉鱼握寿司。加吉鱼用盐腌渍后再用醋洗净，之后以海带腌渍。樱花的叶子需去掉盐分后使用。每年的 3 月至 4 月是加吉鱼的旺季，此时推出的寿司在常客中很有人气。

加吉鱼（搭配梅肉）

右图为在去皮后，将生的加吉鱼搭配梅肉握成的寿司。此为夏季时推出的寿司，除了咸梅干之外，有时也用以酒腌渍过的梅肉，恰到好处的酸味弥补了加吉鱼平淡无奇的味道。

加吉鱼（由生肉、盐、柠檬及加吉鱼鱼皮组成）

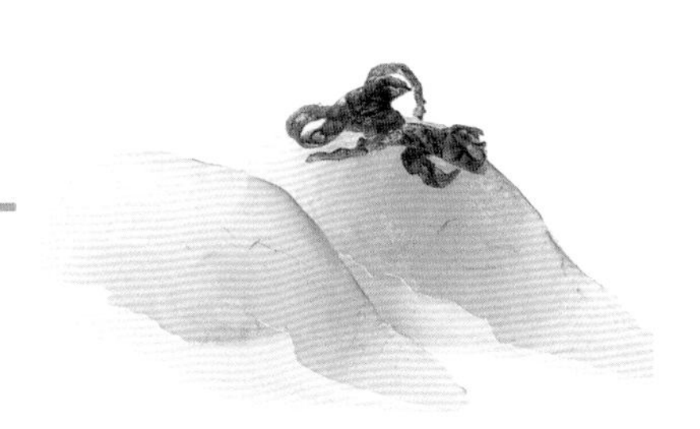

一块是将生的加吉鱼切片后，涂上芥末握成寿司。另一块是撒盐、挤柠檬汁、再盖上迅速用热水焯过的加吉鱼鱼皮制成的寿司。

加吉鱼鱼皮制作的军舰寿司

此可谓珍馐美味的寿司。将切成碎末的加吉鱼鱼皮迅速用热水焯一下，拌上青葱、襄荷、橙汁酱油后，握成像小山一样的军舰寿司，再撒上五香粉。

加吉鱼肉末

有着天然加吉鱼香味的鱼头和脊柱等部位的鱼杂碎，花时间将其炖软烂，绞成肉末后握成寿司，之后撒上白芝麻即可。

1 将加吉鱼的鱼杂碎放入圆柱形深底锅内，并充分炖煮。

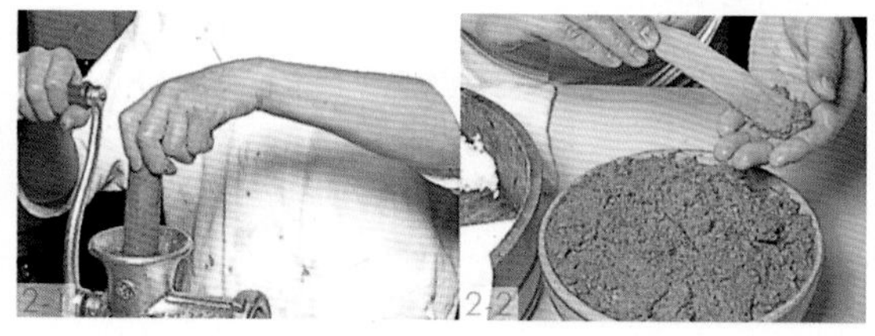

2 将鱼杂碎绞成肉末，并用刮刀做出形状后握成寿司。

比目鱼什锦寿司的做法

此为以什锦火锅为启发，在佐料和配菜的味道上下了很大工夫的寿司。在切成大片并握成寿司的比目鱼上撒细香葱和辣萝卜泥，再挤上酸橘汁，兼具柔和的酸味及轻微的辣味。

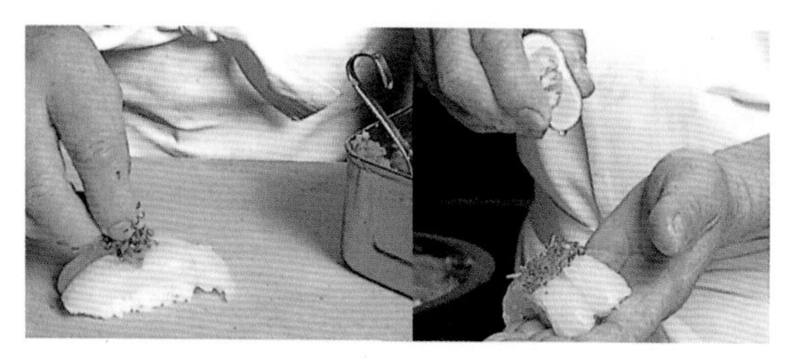

在比目鱼上撒辣萝卜泥和切成细末的细香葱，再挤上酸橘汁，之后即可上桌。

比目鱼的鱼皮

将比目鱼的鱼皮作为寿司原料的寿司非常少见。鱼皮用热水焯过后，淋上酒使原本坚硬的鱼皮变软。将黑色鱼皮和白色鱼皮重叠至一起握成寿司，再放上以酱油浸透过的芽葱。

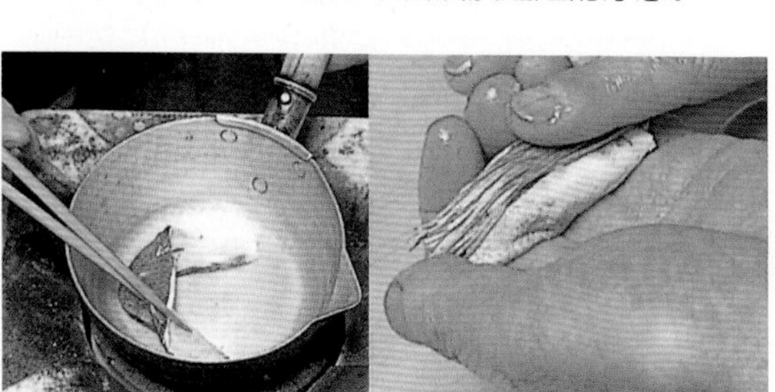

鱼皮以热水焯过后淋上酒，再将黑色鱼皮和白色鱼皮重叠至一起握成寿司，再放上以酱油浸透过的芽葱。

比目鱼

右图为底层铺上油炸过的比目鱼鱼皮后再上桌的比目鱼握寿司。为了能享用寿司的同时，享用美味的鱼皮，这是套餐里的一款稍微变化后才上桌的寿司。

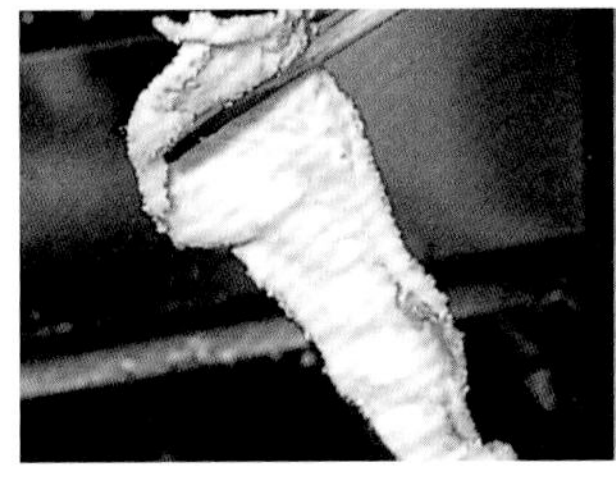

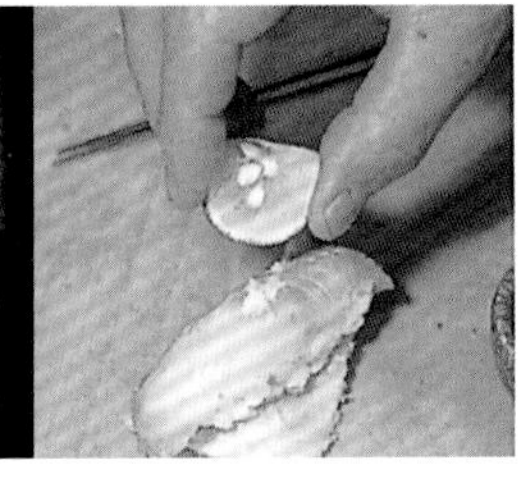

将鱼皮炸酥脆，之后在比目鱼寿司上撒盐，并挤酸橘汁。

比目鱼芜菁饭卷

在用海带腌渍过的比目鱼饭卷上，卷上用日本京都特产圣护院芜菁制成的酱芜菁片，它因其独特的黏性和风味而受人喜爱，因此用来作为清口和最后一道菜的寿司。这款圣护院芜菁寿司从每年冬季至次年夏季才上市。

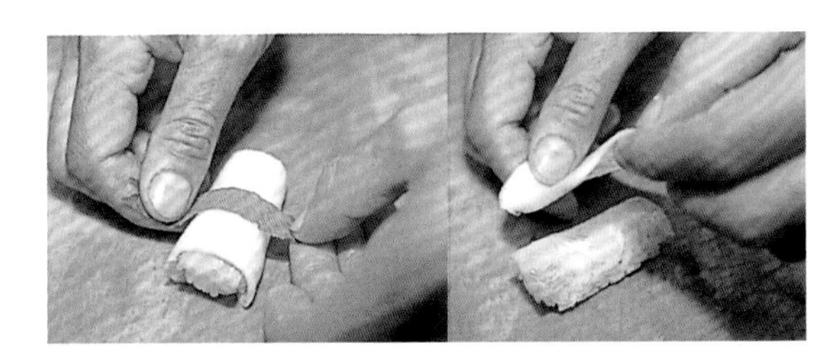

酱芜菁片要根据寿司的大小切好后卷起，并用紫苏嫩叶制成的带子绑好。

比目鱼的鳍骨

一条比目鱼只能取出四片鳍骨作为寿司原料使用。所以，即使生食也十分美味，但是用海带腌渍后味道会更鲜美。将鳍骨稍微烤一下，再涂上煮制酱油后的寿司广受好评。

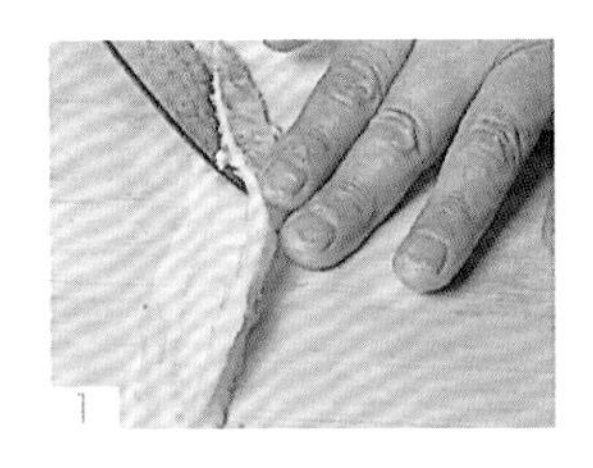

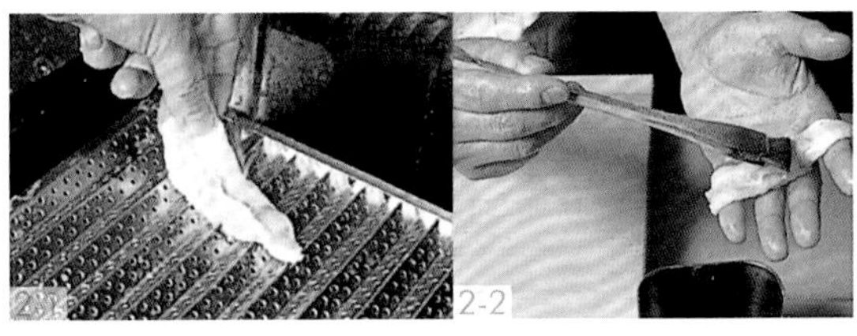

1 用菜刀将经海带腌渍过的鳍骨切开。

2 将鳍骨正反面快速烤一下，涂上芥末和煮制酱油后握成寿司。

红甘鲹

红甘鲹

在饭店里红甘鲹是作为高级生鱼片来使用的，而其作为寿司店的白身鱼原料被固定下来则是从“二战”后开始的。因养殖业的发达，保证了高品质的红甘鲹全年都有上市。天然的红甘鲹肉质紧实，尾部绷直，体型类似鰤鱼，旺季是与其产卵期重合的夏季。与拟鲹鱼一样是夏季最常用的白身鱼，作为接替加吉鱼、比目鱼之后时期的寿司原料而不可或缺。

左图为产自日本九州的天然红甘鲹。作为寿司原料使用的红甘鲹的重量一般约为 3 千克，体长约 60 厘米。

红甘鲹的切法　去鳞，切掉鱼头并清除内脏

1 红甘鲹的鱼鳞很细小，排得密密麻麻的，所以要用菜刀去鳞。

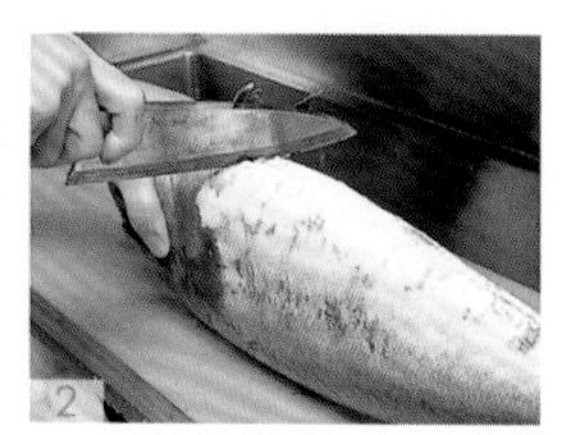

2 刮去鱼鳞后，将鱼头朝左、鱼身竖起放置，从胸鳍下侧开始入刀。

3 切开鱼身上侧连接鱼头的根部，下侧也同样下刀切下鱼头。

4 将鱼尾朝向自己，从其臀鳍的上侧向鱼头方向入刀，切开鱼腹。

5 清除内脏，切下连接鱼头的部分，并将鱼肚用水冲洗干净。

将整条鱼切成三片后，再切分成腹部和背部切片

6 将鱼头朝向自己，一边将鱼身向上翻开，一边从腹部开始下刀，切开连接腹骨的部分。

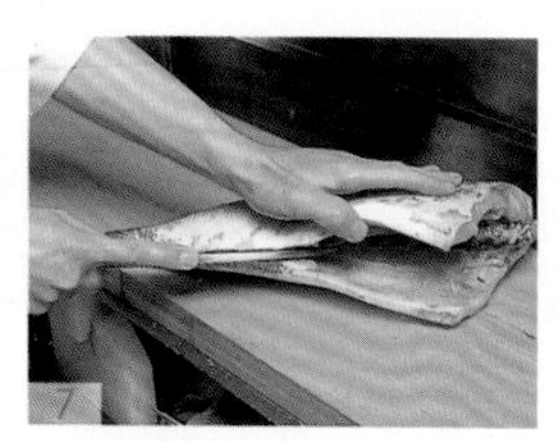

7 从鱼身下侧开始切片。从鱼头向鱼尾方向切开，切至脊柱部位。

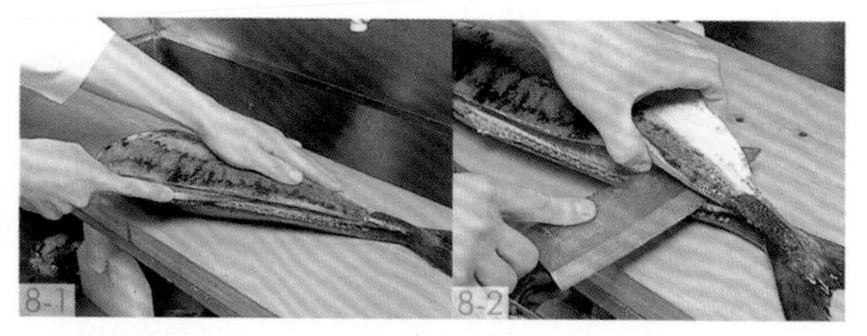

8 将鱼背朝向自己，从鱼尾处沿着背鳍用菜刀划开一个刀口，开至鱼头，再沿着（刚切开的）刀口切回鱼尾。

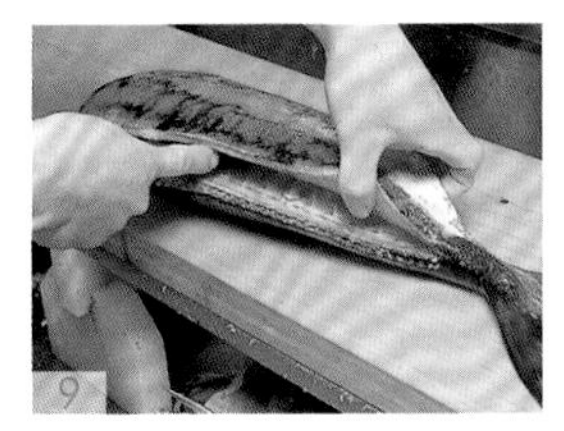

9 之后，从鱼尾处开始下刀，一边抓住上半身将鱼身翻开，一边切开连接脊柱的部分。去尾后，切下下侧整片鱼肉。上侧鱼肉也做同样的处理。

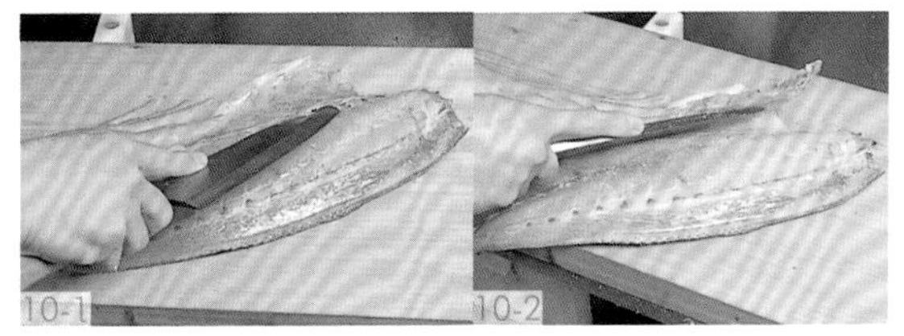

10 将鱼肉切成三片后，去除鱼肉上的腹骨。将菜刀以反方向插入腹骨处，切时刀尖朝左。

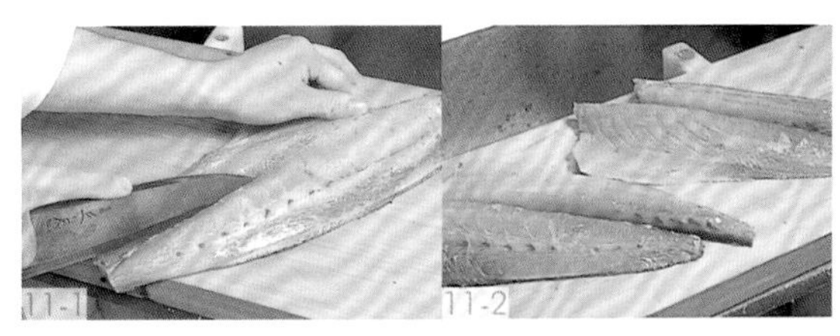

11 将带皮那面朝下放，从脊柱后面的部位下刀，切成四条鱼肉。

切片·握寿司

剔除鱼皮、切成薄薄的鱼片后涂上芥末握成寿司

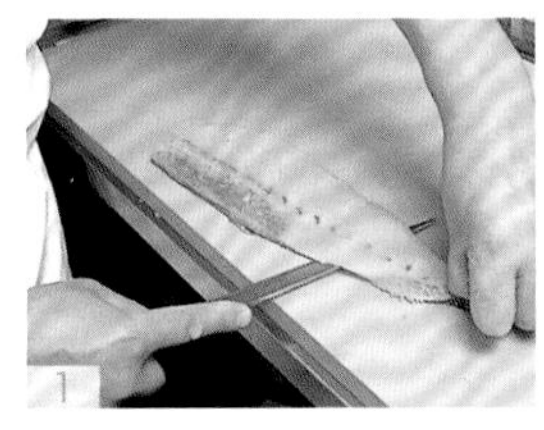

1 将带皮那面朝下放，用菜刀刀尖处将鱼皮和鱼肉连接处稍稍切开，并入刀剔除鱼皮。

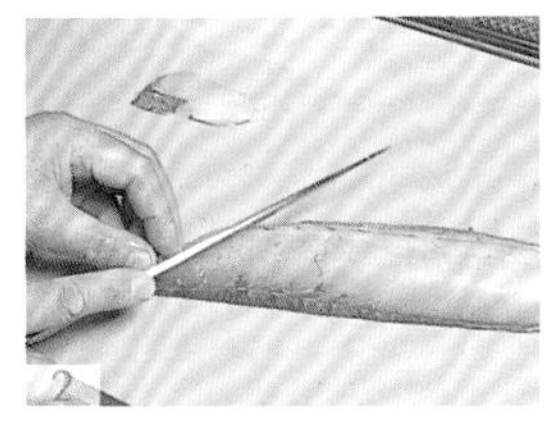

2 从鱼尾处开始切片。红甘鲹属于肉质较硬的鱼类，所以切片时需将菜刀竖起，切得比红身鱼的鱼肉薄，下刀要深，一直切至鱼皮处。

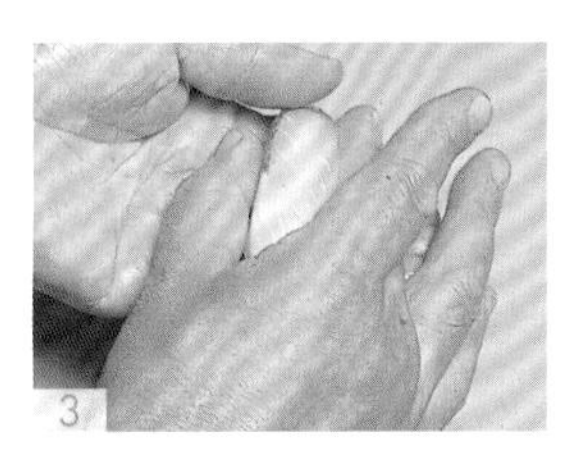

3 将切成片的红甘鲹涂上芥末，握寿司时要注意尽量不要用手碰到寿司原料，直接附上寿司饭即可。

海鳗

海鳗块

从每年初夏开始至秋季上市的海鳗，脂肪很肥厚，味道也特别鲜美。它是日本关西寿司里必需的原料，也是在握寿司领域得到充分运用的一种鱼类。因为有无数根小骨头嵌在鱼肉内，所以需要进行一道独特的工序，在约一寸长（大约 3.03 厘米）的海鳗肉段上，切出 22 ~ 24 个切口，将其称为“去骨”。新鲜的海鳗表面附有黏液，所以将其去除的工序非常重要。用热水烫过并浸过冰水的海鳗块寿司非常适合搭配梅肉食用，再装盘成天盛式。

人们认为最适合用来制作寿司的是 700 克左右的海鳗。日本寿司店采购的活海鳗会在店里进行活缔，此法是使刚捕捞的鱼处于假死状态，而其筋肉仍在跳动，在这种新鲜的状态下能得到最理想的口感。

海鳗的切法　麻痹神经使鱼身肉质变紧实，切下鱼头

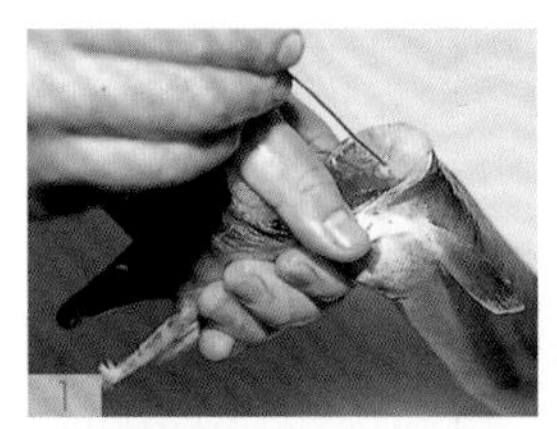

1 去除鱼尾，将长度约 40 厘米的金属丝从鱼头切口处刺穿神经，使其神经麻痹。

2 用金属丝刺穿神经后，鱼身完全不会动了。接着在冰水中将其放置约 30 分钟，这时会产生使肉质变紧实的弹性。

3 为了不被海鳗的牙齿割伤手指，从紧靠鱼嘴后面的部位下刀，切下一部分鱼头及整个鱼嘴。

去除鱼皮表面的黏液，清除内脏

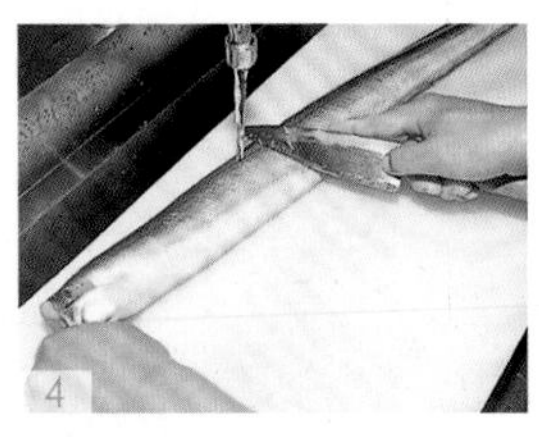

4 将鱼头一侧朝左放，一边用水冲洗鱼身，一边用菜刀从鱼头开始向鱼尾方向捋 20 遍，去除鱼皮表面的黏液，反面鱼皮也进行同样的处理。

5 将鱼头一侧朝右放，从肛门开始至鱼鳃下方，反向入刀将腹部切开，注意不要弄碎内脏。

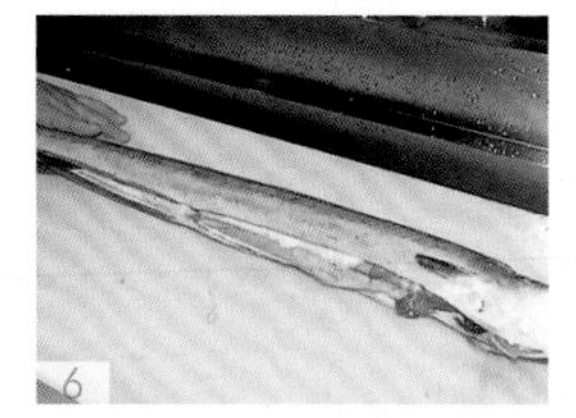

6 用菜刀（沿着切口）反向切回去，从肛门至鱼尾切开一个五六厘米深的切口，此切口之前的部分都是海鳗的腹部。

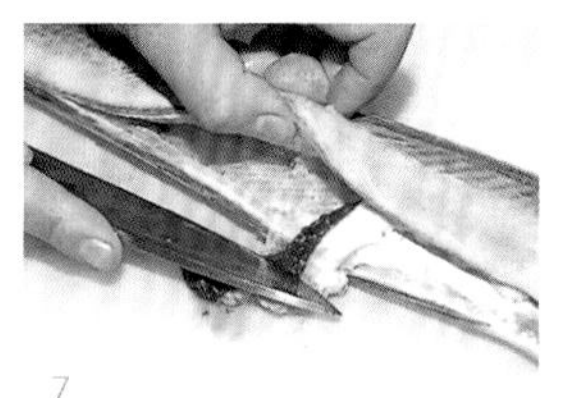

7

7 用菜刀的刀尖剔除内脏，一边用菜刀按住内脏，一边拿着鱼尾，一口气拽出内脏。

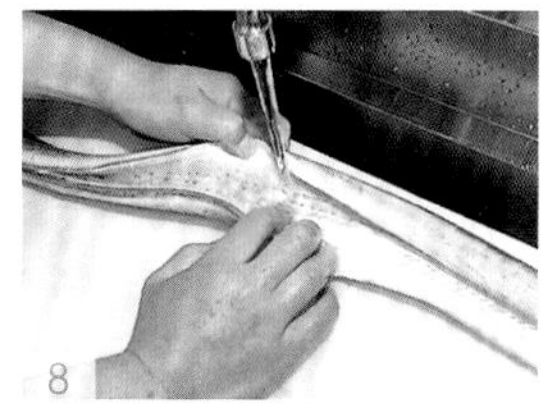

8

8 清除内脏后，用自来水将鱼肚内的脏物冲洗干净，用毛巾擦拭表面去除水分。

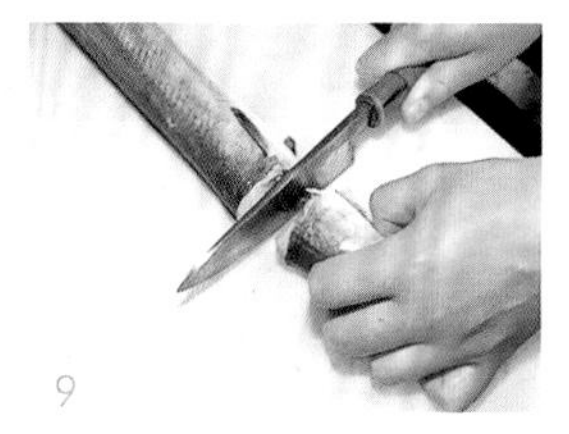

9

9 将鱼头朝左放，从步骤3的切口处下刀将鱼头剩下的部分全部切除。在处理海鳗时要往鱼眼上穿孔，最后才切下鱼头。

切开至鱼尾前端，留下整片鱼皮后剖开鱼身

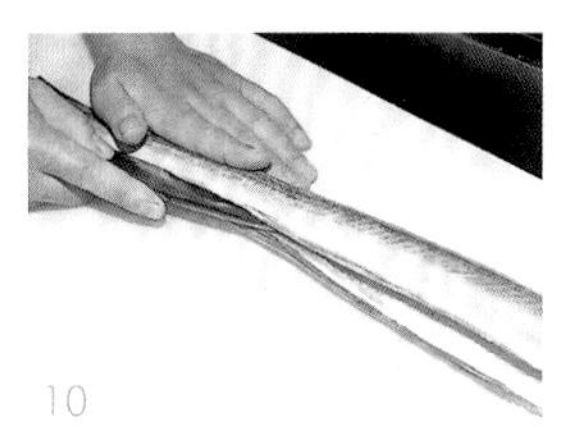

10

10 将鱼头朝右放，从腹部末段处下刀，切开至鱼尾前端。之所以不一开始就完全切开鱼身，是为了防止将鱼身弄湿。

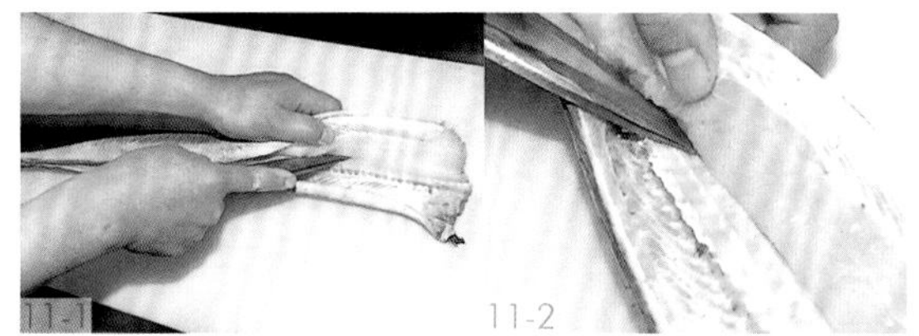

11-1　11-2

11 留下海鳗背部的整块皮，沿着脊柱部位往前推菜刀，将鱼身从鱼头一侧向鱼尾处剖开。

仔细去除脊柱部位、鱼鳃及腹骨

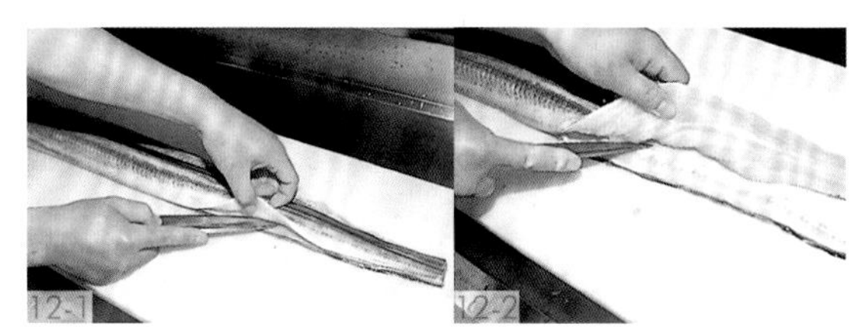

12-1　12-2

12 将鱼皮那面朝上、鱼头朝左放。从鱼身和脊柱部位入刀，从鱼尾处开始推菜刀，并去除脊柱部位。

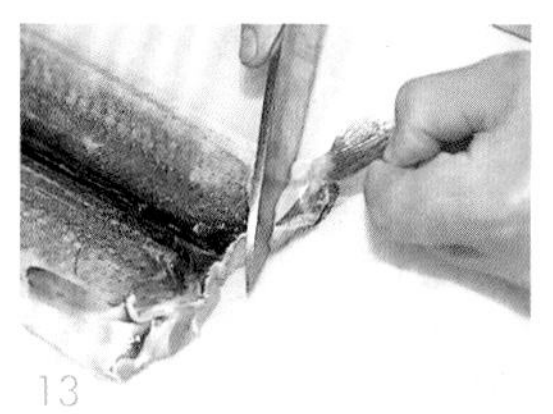

13

13 之后，将左右两个方向的鱼鳃切除。将鱼鳃撑开后，切除连接的根部。

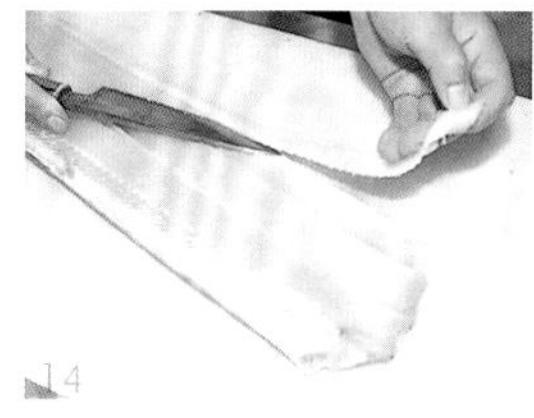

14

14 将鱼皮那面朝下放，剥去腹骨。用菜刀沿着鱼骨切至肛门附近。

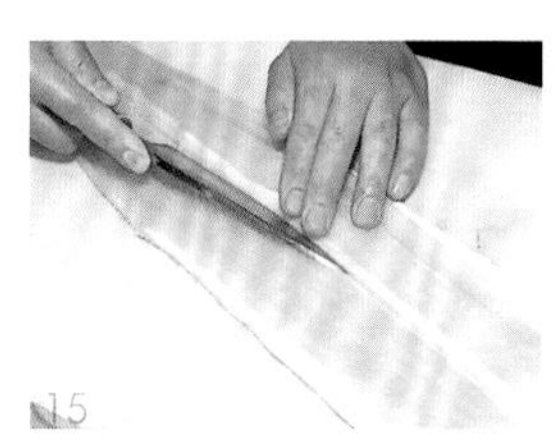

15

15 去除步骤12中残留的脊柱部位。从鱼头至鱼尾，将菜刀刀尖切进鱼骨的右侧。

16

16 将海鳗的尾部朝向自己，稍微入刀使脊柱部位凸起，一边滑动菜刀，一边抓紧脊柱部位并将其去除。

用菜刀按住背鳍，抓住鱼尾后将其剥去

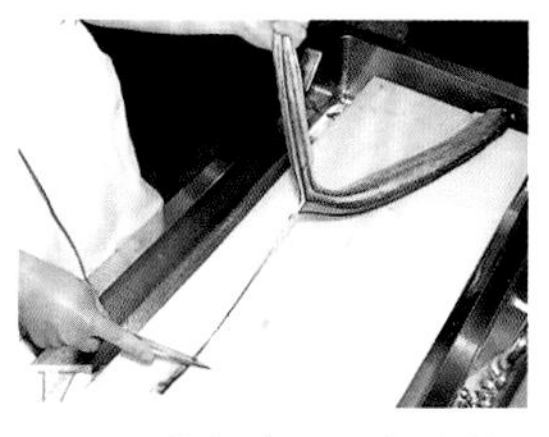

17

17 将鱼皮那面朝上放，稍微剥开鱼尾处的背鳍，用菜刀的刀尖按住后，一边抓住海鳗的尾部并往上拉，一边剥去其背鳍。

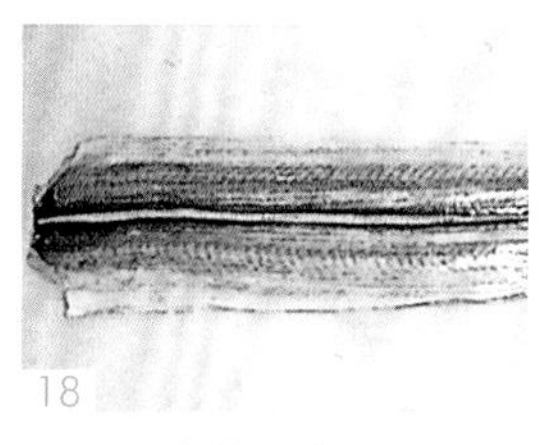

18

18 连着鱼皮可一并去除鱼刺。注意仔细去除鱼皮表面的黏液。

去骨后的海鳗

切开后的海鳗，将小骨头一根一根精心地剔除后切成片，生着握成寿司，享受海鳗新鲜的口感。之后加上辣萝卜泥、万能葱、橙汁摆盘成天盛式。清淡的余味和口感很好地展现了海鳗的魅力。

去除鱼骨·切段 去骨后以热水焯一下，鱼皮仔细地过热水

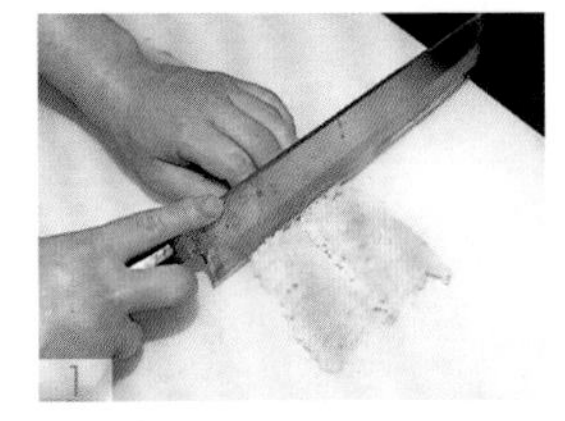

1 将鱼头朝右放，用切海鳗的菜刀去除鱼骨。需用菜刀的整个刀刃来切，菜刀的移动要领是要从自己面前推出去。

2 将鱼肉切成约3厘米的宽度，鱼皮那面朝下放到滤网上。一开始只将鱼皮表面用热水焯一下，15秒后再将（整个）鱼肉迅速地在开水里烫一下，之后迅速地捞到冰水里，使其肉质变紧实。

握寿司 手握小块的寿司饭，加上梅肉摆盘成天盛式

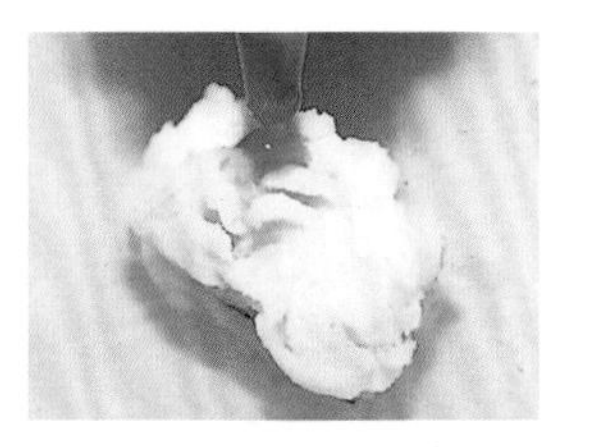

迅速从冰水里捞出鱼肉，用毛巾擦干水分。将海鳗放上手握小块的寿司饭，再加上梅肉摆盘成天盛式。

剔除鱼刺 用菜刀和剔除鱼刺的钳子，将鱼刺一根一根地拔掉

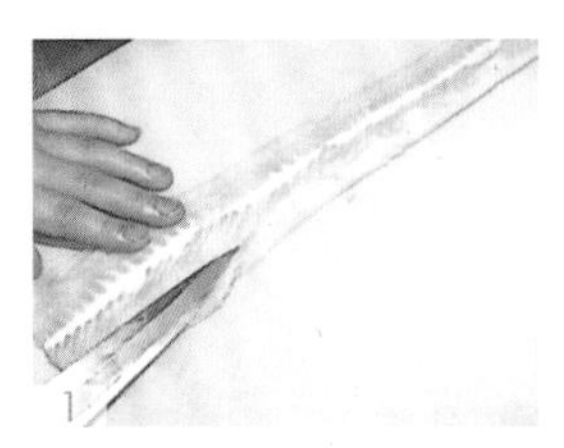

1 在剖开的连着皮的海鳗上，用柳刃菜刀竖着切开一半，剥掉鱼皮。切下没有鱼骨的两端腹部上的鱼肉。将鱼皮朝上放，沿着小鱼刺运用观音开（从正中下刀开膛再向两侧撑开）的方式开膛。

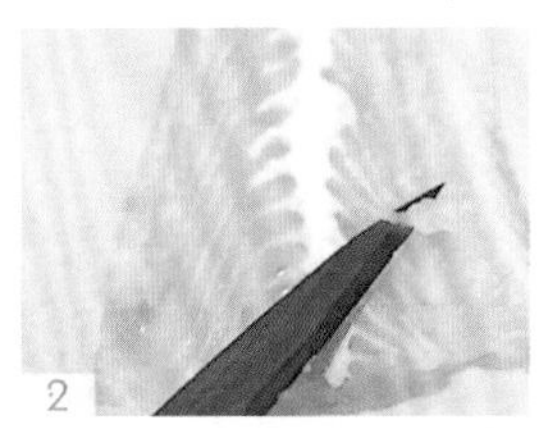

2 小鱼刺两端嵌在鱼肉内，用菜刀刀尖伸到小鱼刺的下侧并往外侧推，小鱼刺的一侧就从肉里被挑出来了。

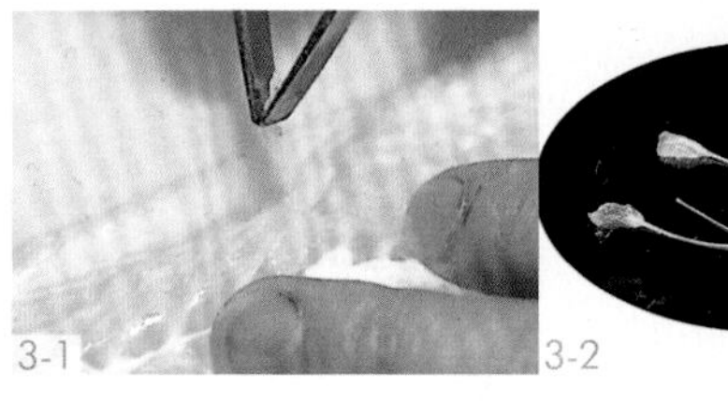

3 将挑出来的小鱼刺用剔除鱼刺的钳子取出，并一根一根地拔掉。那种长在鱼肉内侧的小鱼刺是分成两股的，拉的时候要用力。稍微拉出来之后，要用左手手指拉出小鱼刺，若同剔除鱼刺的钳子一起使用，则较易拉出来。

握寿司 将剔除鱼刺后的鱼肉生着握成寿司

生着握成寿司后上桌。将辣萝卜泥、万能葱、橙汁装在小碟子里摆盘成天盛式，吃起来会很清爽。

带鱼

带鱼是易买到的新鲜的近海鱼类，价格也非常大众化，所以，很多地方开始引进它。其完美的味道与寿司饭也很契合。鱼身又长又薄，切段的要点就是将菜刀放平，充分使用砧板。因为鱼身易碎，所以要连着鱼皮一起切下，将鱼片稍微烤制一下后就可食用了。

图为产自日本房总的体长 1 米、重量为 800 克的中型带鱼。其旺季是每年 6 月至 8 月。

带鱼的切段方法　切下鱼头，取出内脏

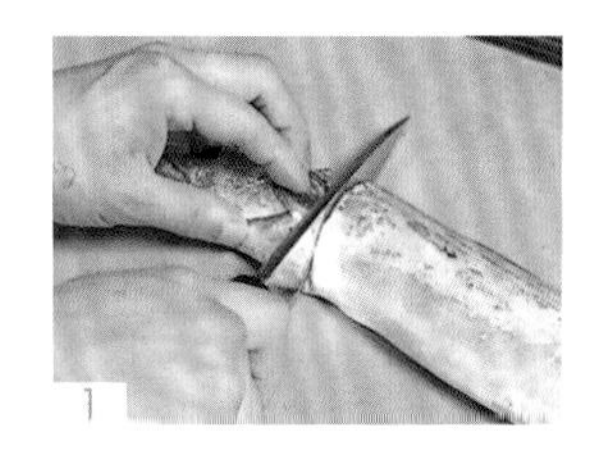

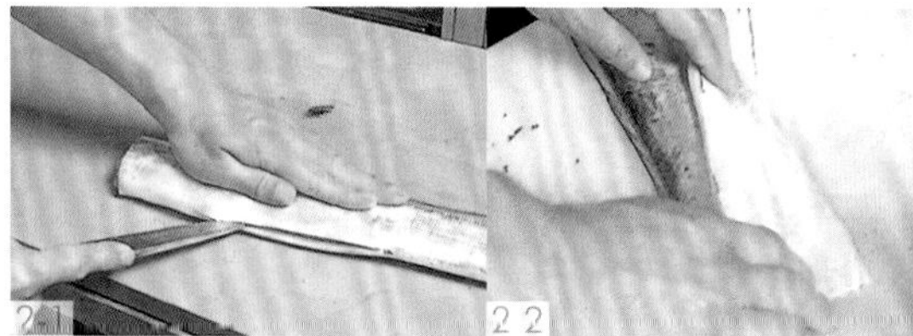

1 从胸鳍侧面至镰刀状鱼骨，将菜刀笔直地从下面切入，并切下鱼头。

2 将菜刀放平，从肛门部位开始切入，至切下鱼头的切口处止。取出内脏，将鱼肚用水冲洗干净。

切成三片后，削掉腹骨

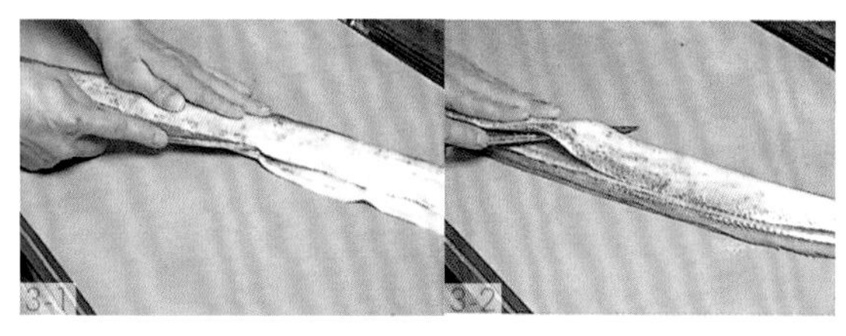

3 从鱼身下侧开始切片。剖开腹部，将带鱼背部朝向自己。将鱼身从鱼尾一侧切开。

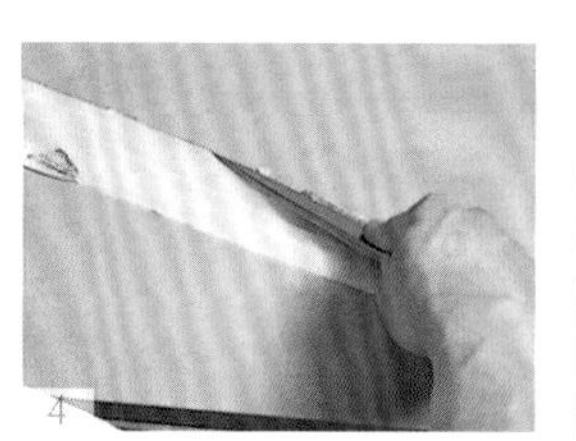

4 鱼身上侧也进行同样的切片处理，去除鱼鳍，清除残留的血合等。

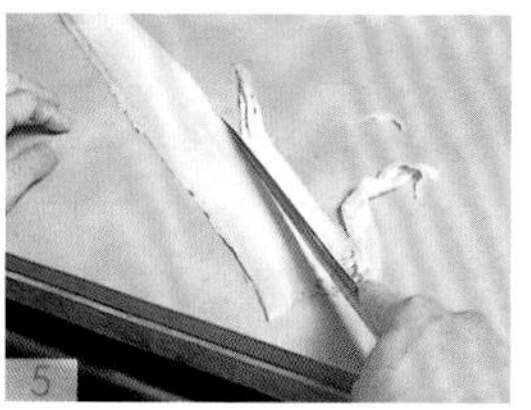

5 切片后的鱼肉的腹骨部分，将菜刀的刀尖从右侧平切进去。像用刀挖一样，连同薄薄的鱼皮一起切下。

切片 · 握寿司　无须去皮，切片后迅速烤制一下

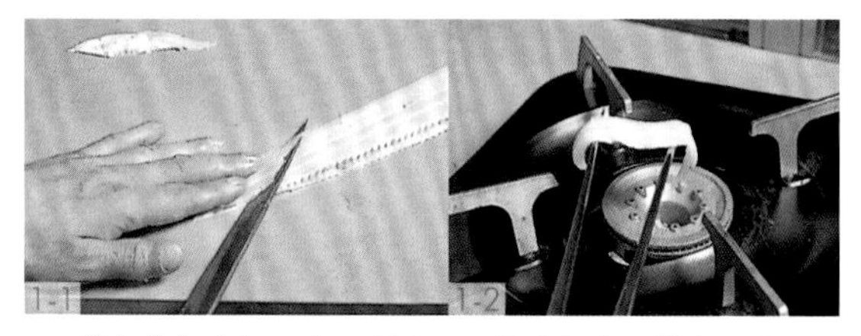

1 带鱼的鱼肉很易碎，所以无须去除鱼皮，带皮制成寿司原料，鱼皮只要稍微烤制一下即可。

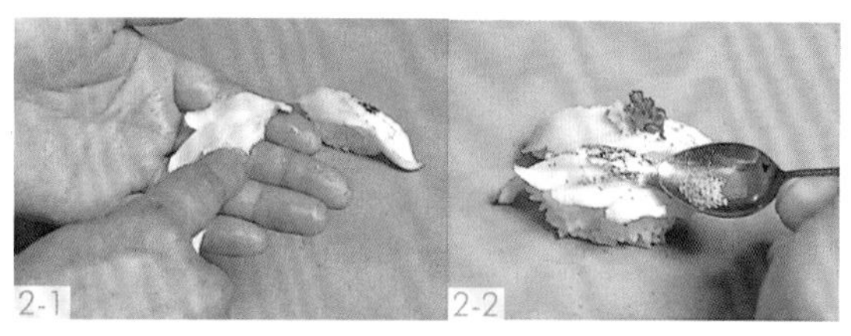

2 将鱼肉一侧朝向背面，涂上芥末后握成寿司，以此展现鱼皮的美丽纹理。将其中一块寿司配上生姜和细香葱，另一块撒上花椒。也很适合与日本柚子等柑橘类搭配食用。

各种各样的

使用日本白身鱼的寿司

帆鳍足沟鱼

右图为搭配当地的生鱼片和干货，用帆鳍足沟鱼制成的寿司。剥下坚硬的鱼皮后可得到柔软的鱼身，有着肥厚的脂肪，切成长条状后握成寿司。一块寿司用半片鱼肉，尤其受到游客的欢迎。

图为捕自北海道日本海域的帆鳍足沟鱼，旺季是每年 11 月至次年 2 月。

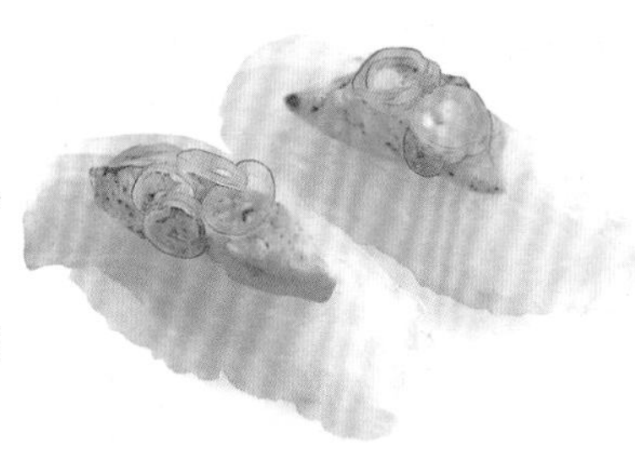

丝背细鳞鲀

只挑选其旺季，即秋天到年底这段时期的丝背细鳞鲀，握成寿司。根据客人的点餐，将这段时期采购的丝背细鳞鲀切下其鱼肉做成握寿司，加上香甜浓郁的新鲜肝脏，味道特别鲜美。

此鱼鱼皮很厚，其白身肉与河豚味道相似，尤其是肝脏特别受人们喜爱。

翻车鱼

从每年 6 月至 9 月左右，将捕自日本三陆的翻车鱼作为夏季白身鱼原料握成寿司。因其味道非常平淡无奇，所以要加上紫菜后制成握寿司。再涂上酸味调料酱，撒上万能葱。此鱼很少见，所以在游客中很有人气。

左图为切片成形的翻车鱼鱼肉。旺季是每年的8月至9月。

石鲽

石鲽属于鱼肉厚实的鲽类。采购一整条石鲽，将切成段的鱼肉薄薄地切片后做成握寿司，与辣萝卜泥、细香葱一起摆盘成天盛式，挤上酸橘汁，食用时会有柔和的酸味。

左图为产自日本千叶、外房的体长40厘米左右的石鲽。其产卵期在冬季，旺季是夏季。

虾虎鱼

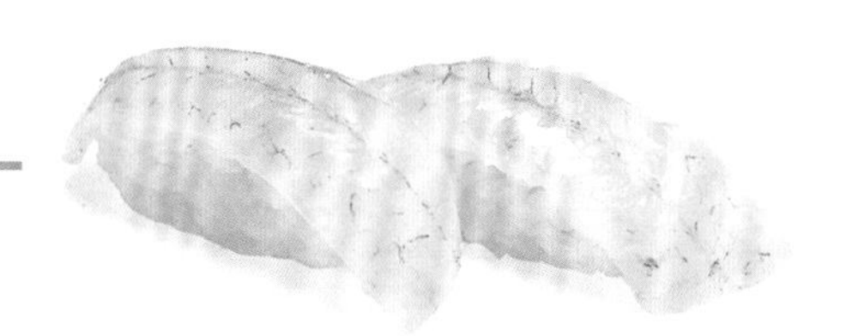

右图为用每年11月至次年2月鱼肉紧实的、鲜活的虾虎鱼制成的握寿司。将其从背脊切开，取出脊柱。一块寿司用半片鱼肉。透明感十足的白身鱼味道很清淡，但是有一点点甜味。除了生着握成寿司外，还可用海带腌渍或者制成鱼片、烧烤、炖煮等方式。其固定作为冬季的寿司原料。

左图为产自日本东京湾的黄鳍刺虾虎鱼。体长20厘米左右的最容易使用。

无鳞烟管鱼

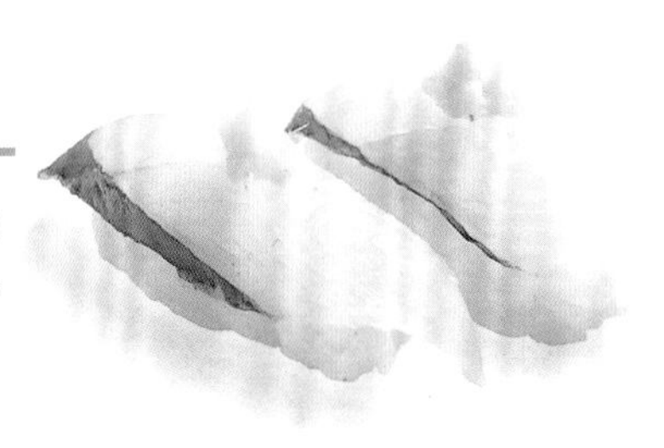

冬季在日本伊势湾捕获的无鳞烟管鱼，鱼肉稍微连着一点红色的鱼皮，将其切成片握成寿司，加上生姜摆盘成天盛式。无鳞烟管鱼鱼头也能用来做火锅料理，可做到物尽其用。

左图为产自日本伊势湾的无鳞烟管鱼，从每年11月至次年2月可捕获到，体长约1米。

蓝点马鲛

将初秋肥美的蓝点马鲛，不去鱼皮迅速烤制后，浸入冰水使肉质变紧实，再涂上芥末制成握寿司。稍微烤一会鱼皮，无论是香味还是口感都比只烤制鱼肉更美味。

图为产自日本濑户内海的蓝点马鲛。虽然在春季捕获得较多，但是味道最好的还属冬季的“寒蓝点马鲛”。

红鳍笛鲷

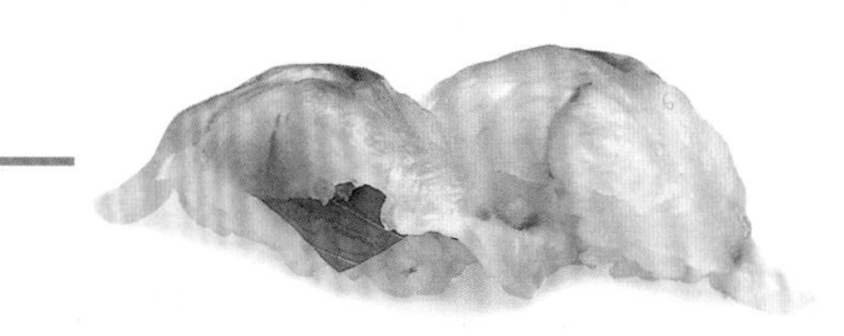

在关西以西的日本，会将红鳍笛鲷作为夏季珍贵的白身鱼。有着透明感的白肉，吃起来有嘎吱嘎吱的食感，可分别搭配紫苏嫩叶及青葱，加上芥末后握成寿司，味道非常好。

图为产自日本福冈及去界滩的红鳍笛鲷。特征是鱼身有橘红色的斑点，旺季是夏季。

鲪鱼

右图为用肉质非常紧实、口感也非常好的鲪鱼制成的寿司。其中一块涂芥末，另一块用青葱和辣萝卜泥摆盘成天盛式。去除切成三片的鱼肉上的腹骨，去除坚硬的细小鱼刺后可作为寿司原料使用。

图为产自日本濑户内海的体长 20 厘米的鲪鱼。

东洋鲈

右图为用东洋鲈制成的握寿司。作为高级的白身鱼，从生鱼片到烤制类、炖煮类、火锅料理等，广泛适用于各种烹饪方法。说起东洋鲈料理，就会想到日本九州冬季最为出名的风景之一。将弹性十足的白身鱼鱼肉切段制成握寿司，再加上辣萝卜泥和青葱就非常美味。

图为冬季白身鱼中的高级鱼，其中也有达到 40 千克的大型鱼。

发光鱼类握寿司

现在，比起金枪鱼和白身鱼握寿司，发光鱼类握寿司的人气稍差一点。在这里，我们想重新研究用醋浸泡这一工艺，并再次挖掘出发光鱼类的美味。

斑鰶幼鱼

斑鰶幼鱼

临近夏季的尾声开始上市的斑鰶幼鱼，握成成品的大小主要取决于其鱼肉。流传至今的传统的江户派技术，主要包括用盐、醋及很有特点的红醋进行充分入味。

图为产自日本东京湾的生长了一年的斑鰶幼鱼，体长 10 厘米左右。或者只采购小鰶鱼。

斑鰶幼鱼的开膛方法

刮掉鱼鳞，切下鱼头并去除内脏

为了方便刮掉鱼鳞，事先将斑鰶幼鱼放入装满清水的盆里。

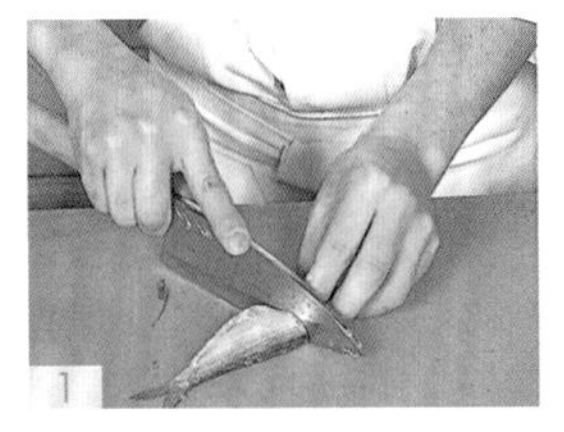

1 切下背鳍后，轻轻地刮掉鱼鳞，将鱼身上侧朝向自己，切下鱼头。

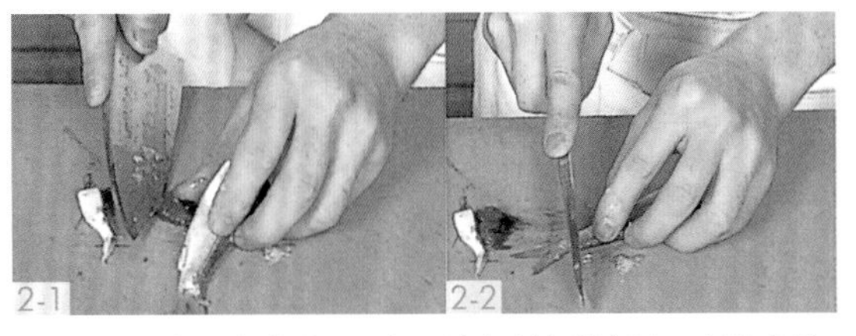

2 将鱼尾朝反方向放置，切开腹部鼓起的部分，去除内脏，切掉鱼尾后，用水清洗干净。

开膛后，去除脊柱部位和腹骨

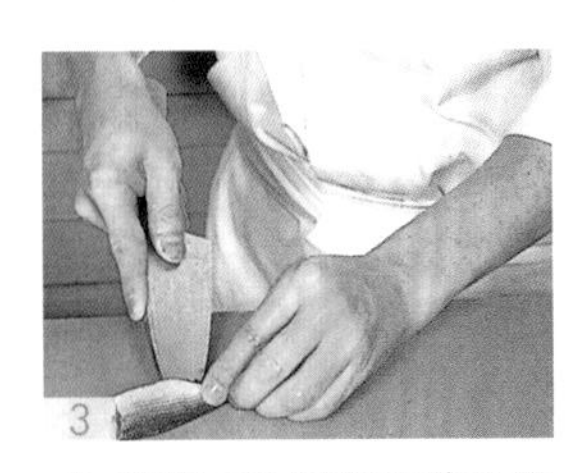

3 将菜刀从腹部开始稳稳地切入，注意紧贴脊柱部位往前切，将鱼开膛。

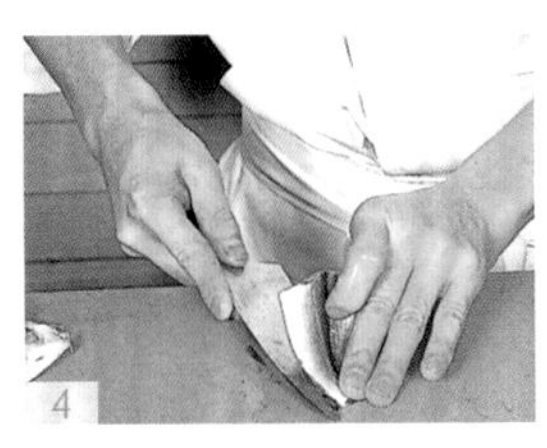

4 将开膛后的斑鰶幼鱼背面朝上，将菜刀从头的反方向开始，切入鱼骨和鱼肉之间，并去除鱼骨。

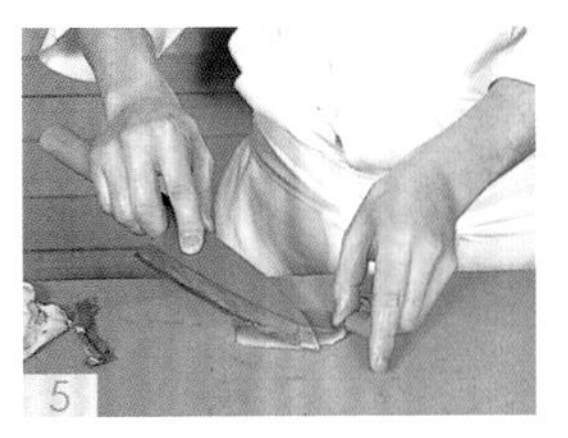

5 将鱼皮朝下、鱼尾朝左放，切下眼前的腹骨，将菜刀放倒切下对面一侧的腹骨。

用醋腌渍 在笸箩内码放好斑鰶幼鱼后，撒盐

1-1 1-2

1 在一个大的平底笸箩下面放一个盆，之后在笸箩上均匀地撒盐。将鱼皮朝下、鱼头朝外码放斑鰶幼鱼。

2

2 左手抓一把盐，用右手手掌轻轻拍打，拍下手指指缝间的盐。

3

3 将斑鰶幼鱼重新排成一排后撒盐，放置一段时间使其入味，一般夏季放置20分钟，冬季放置35分钟。

第二次用醋清洗，将码放在笸箩上的斑鰶幼鱼沥干

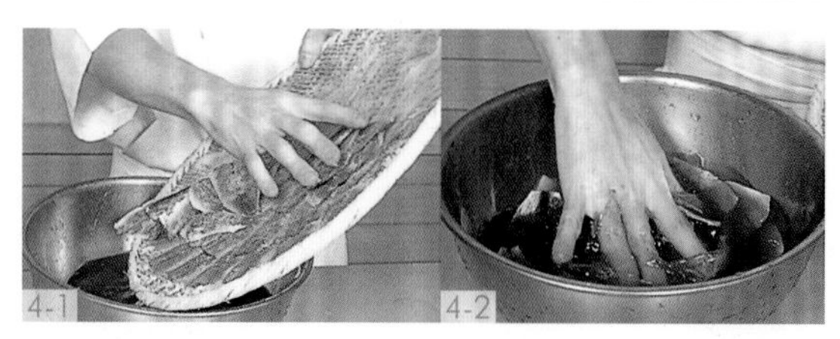
4-1 4-2

4 充分撒盐后，第二次在盆内倒入醋（第一次，腌渍斑鰶幼鱼之后），放入斑鰶幼鱼。无须清水，直接用醋清洗即可。

5

5 将用醋清洗好的斑鰶幼鱼沥干后捞到下面的笸箩上，注意不要让鱼皮表面的光泽消失，鱼皮和鱼皮之间需重叠在一起码放，这是相当细致的活儿。

用醋腌渍，放置一两天后握成寿司

6-1 6-2

6 在盆里倒入清澈的醋，腌渍斑鰶幼鱼。醋的分量是能刚好浸没鱼块的程度即可。

7

7 腌渍时间控制在20分钟左右，根据斑鰶幼鱼的肥美程度和不同季节有所变化。浸透醋后再将醋沥干。

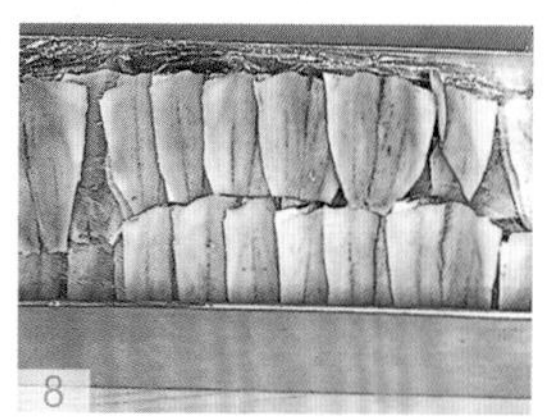
8

8 之后，将斑鰶幼鱼整齐地码放在容器内，盖上保鲜膜，在冰箱内放置一两天。待醋的味道深深渗透进斑鰶幼鱼后握成寿司即可。

斑鰶幼鱼

在日本，有些传统江户派握寿司店以章鱼樱煮（将章鱼脚切成薄片后用味醂煮制）和鱼肉松工艺而闻名。此外，这些店还具备适应现代客人喜好的灵活技术。他们对斑鰶幼鱼的处理方式很特殊，会花时间使盐充分入味后再用加了白糖的醋腌渍，之后制成特殊的寿司。其特征就是酸味很柔和，味道很醇厚。而且，在握成寿司时，可根据客人的喜好加上鱼肉松和日本柚子等，厨师们在这些辅材的味道上也下了很大工夫。现在的年轻客户层很容易对用发光鱼类制成的握寿司敬而远之，而烹饪斑鰶幼鱼的技术则很好地避免了这一点。

图为产自日本东京湾的体长 14 厘米左右的斑鰶幼鱼。要严格挑选那些鱼身柔软且肥厚的斑鰶幼鱼。

斑鰶幼鱼的开膛方法　切下鱼头和鱼尾，去除内脏

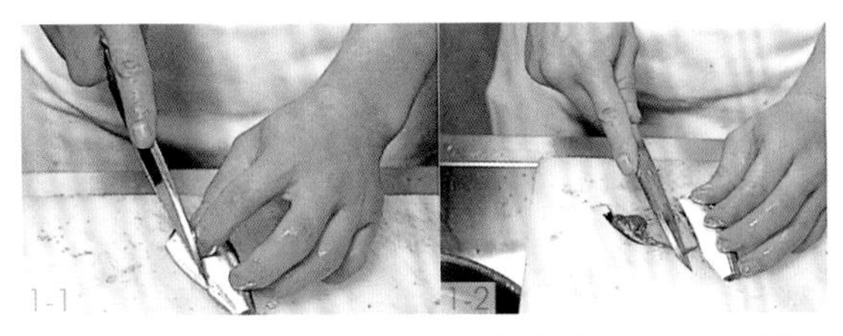

1 事先用与海水盐度相似的盐水腌渍斑鰶幼鱼，切下背鳍并刮掉鱼鳞。将鱼头和鱼尾依次去除。之后切开一侧鱼腹，用菜刀刀尖将内脏小心地去除。

2 如已事先去除鱼尾，在制成握寿司前就无须再修整斑鰶幼鱼的形状了。

3 腌渍后，再用流水冲洗干净。

切开鱼腹，去除脊柱，切下腹骨

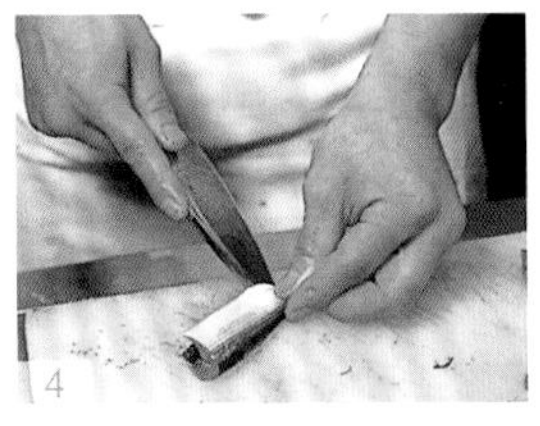

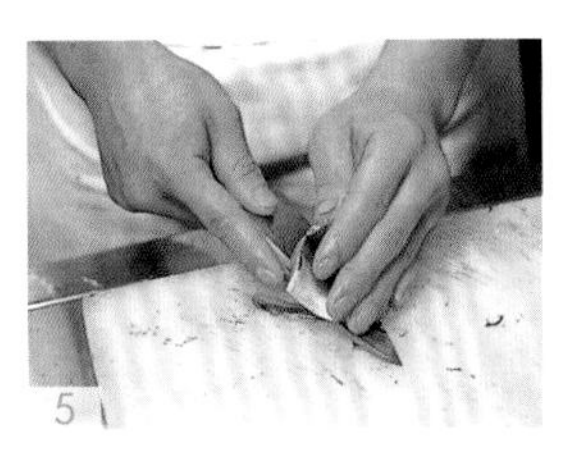

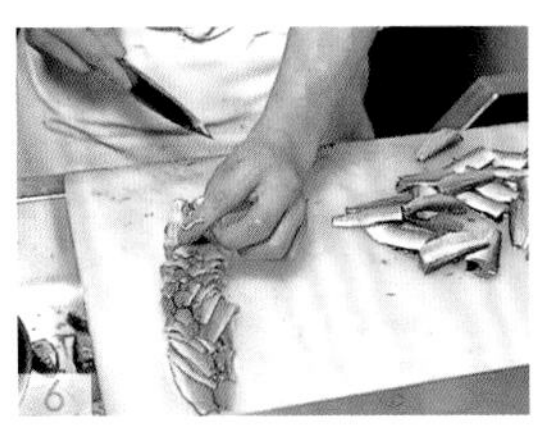

4 一边用手指（隔着鱼腹）找出菜刀的刀尖位置，一边沿着脊柱部位将鱼腹切开。

5 将鱼背朝上放，将菜刀从鱼头处切入脊柱部位和鱼肉之间，慢慢地切至鱼尾，用菜刀紧紧压住鱼骨后将其切掉。

6 之后，将切口切整齐，再将鱼皮朝下叠在一起。

用醋腌渍　从距笸箩约 30 厘米处向下撒盐

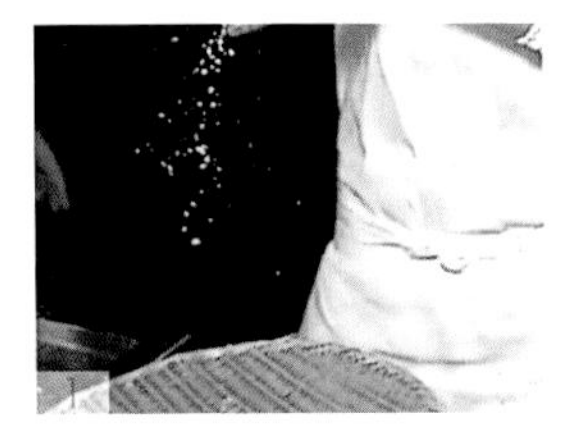

1 弄湿平底笸箩，从距其约 30 厘米处向下，薄薄地、充分地撒上天然粗盐。

2 将叠在一起的斑鰶幼鱼带皮那面朝下排列。

3 再从上向下薄薄地撒盐，经过 40 ~ 50 分钟，待盐充分入味。

用水冲洗后，用醋洗掉鱼身的黏液

4-1　4-2

4 用盐充分腌渍后，将斑鰶幼鱼放入清水中，用手大幅度地来回搅动清洗，去除鱼腥味和盐分。之后将其放到平笸箩上，仔细沥干水分。

5-1　5-2

5 接来下用醋清洗。这种醋是以水和醋的比例为 10 ： 1 调制而成的，将斑鰶幼鱼用手轻轻搅动洗净，并洗掉黏液。

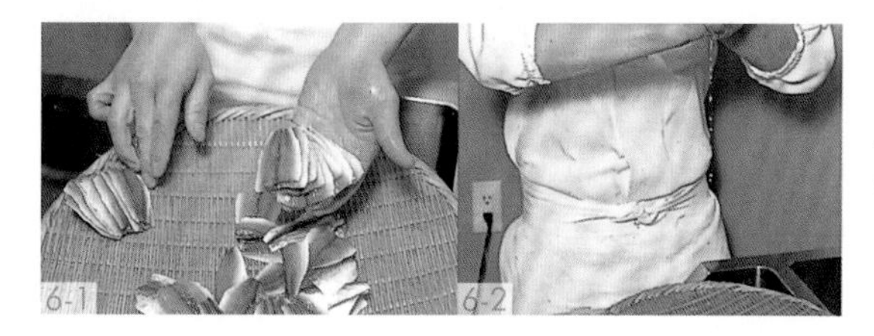

6-1　6-2

6 将洗净的斑鰶幼鱼捞到平底笸箩上，鱼皮朝下。用两手紧紧地挤压鱼片，将其沥干。

用加了糖的、味道温和的醋腌渍

7

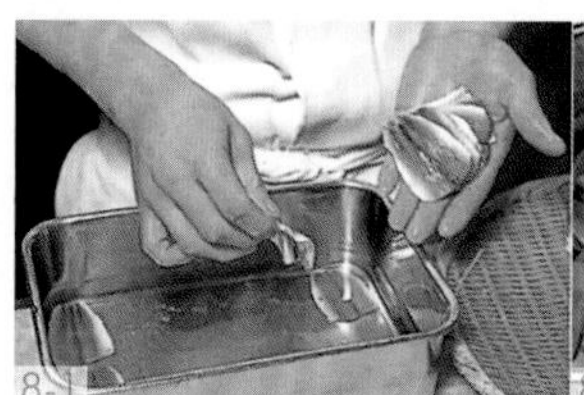

8-1

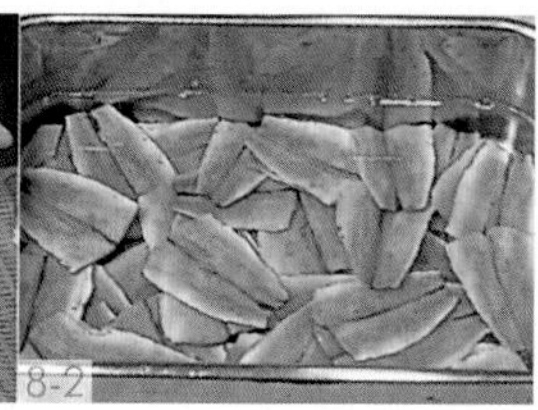

8-2

7 以 4 合（即 1 升的 1/10，约 180 毫升）的醋加上两把白糖的比例进行混合。

8 充分混合后，将斑鰶幼鱼的鱼皮那面朝下放入容器中。摆放斑鰶幼鱼时，要注意避免其腌渍的程度出现不同。

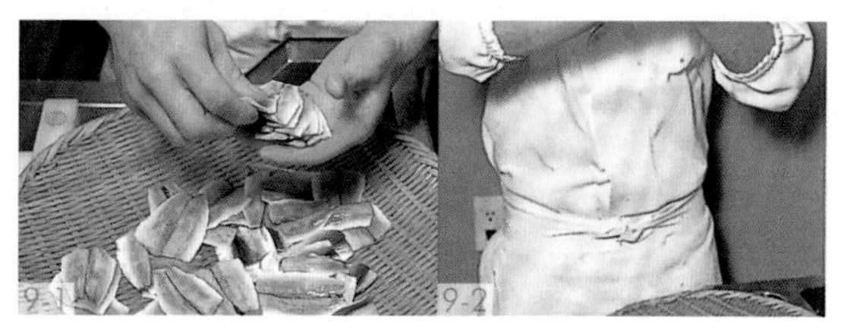

9-1　9-2

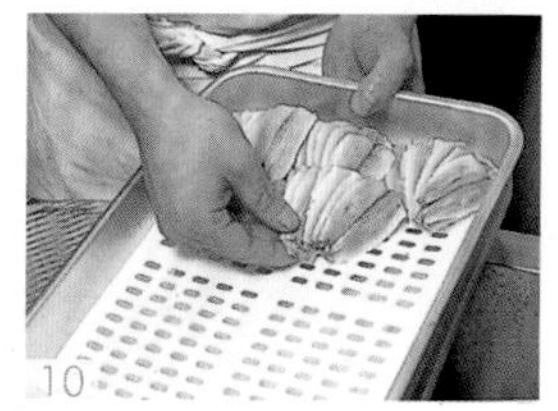

10

9 腌渍时间大约为 20 分钟。待醋完全渗透鱼身后，捞到平底笸箩上，双手挤掉多余的醋。

10 鱼皮朝下排列放于平底容器后，放入冰箱保存。腌渍过的斑鰶幼鱼就可随时使用。

切片·握寿司　加入日本柚子，将两片斑鰶幼鱼鱼片叠在一起后握成寿司

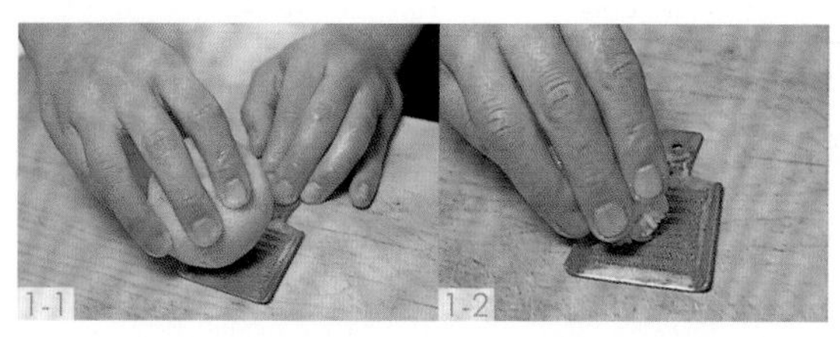

1-1　1-2

1 将日本柚子黄色的皮搓成细丝后，再轻轻放到握成团的寿司饭上，增加其香味。

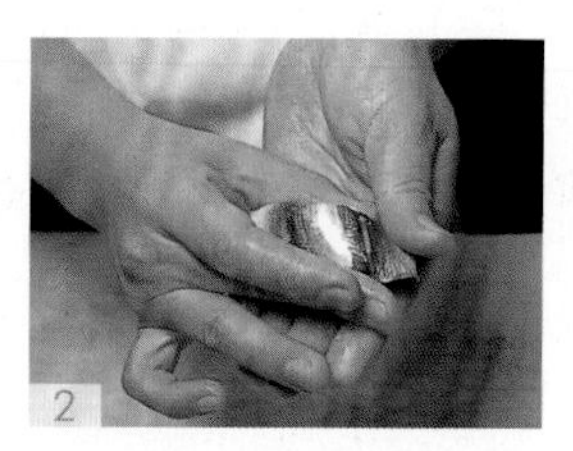

2

2 将两片斑鰶幼鱼鱼片叠在一起，包裹住加入日本柚子的寿司饭，制成握寿司。

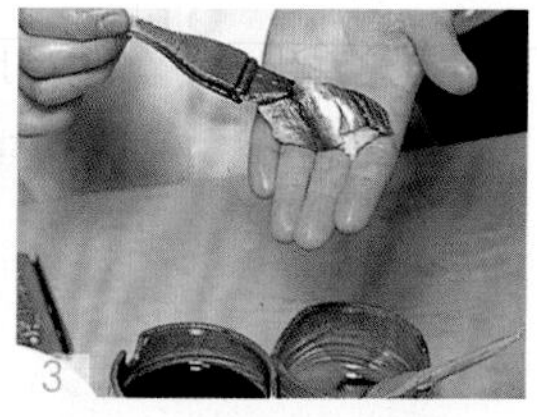

3

3 涂上酱油即可上桌。除了日本柚子，有的寿司也会加入以新对虾和明虾为原料制成的鱼虾肉松。

各种各样的
斑鰶幼鱼寿司

镊

因右图中寿司的形状和日本艺伎的发型很相似，所以取名为“胜山”寿司，也会使人联想到头盔后面垂下的流苏，所以也称之为“镊”寿司。将一整条斑鰶幼鱼腌渍后握成寿司并横着放，可将其作为一个工艺品来欣赏。

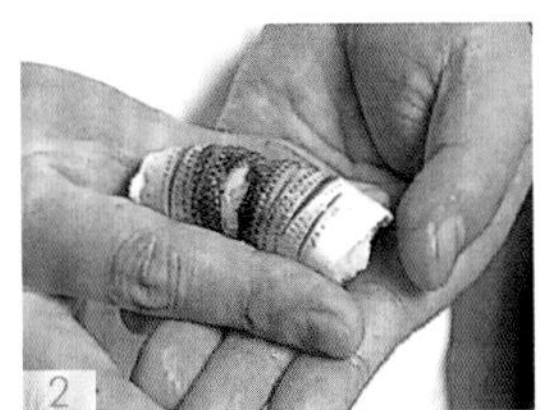

1 用菜刀在鱼皮非常坚硬的部分，划出数道刀口。

2 将一片斑鰶幼鱼鱼片横着放，包裹住寿司饭并制成握寿司。

小鰶鱼（两片叠在一起）

右图为用初夏的小鰶鱼制成的寿司。采购体长约五六厘米的产自日本东京湾的小鰶鱼，撒上盐，注意不要过量，用和海水盐度相似的盐水腌渍，再用醋腌渍两三分钟后沥干，将两片鱼片叠在一起制成握寿司。

斑鰶幼鱼

用装饰菜刀在鱼皮上切出花刀，将整条腌渍过的鱼的鱼尾稍微弯曲后握成寿司，这是一款能高明地表现寿司店风格的寿司。用盐腌渍的时间是30 ~ 40 分钟，用醋腌渍的时间为 10 ~ 15 分钟，可做到短时间内紧实肉质。

用一片已经划出刀口的小鰶鱼鱼片制作握寿司。将鱼尾稍微弯曲，其优美的形状非常吸引客人眼球。

斑鰶幼鱼

一些寿司店力求做到在寿司入口时，酸味能不那么刺激，所以延长了用盐（腌渍）的时间，突出了斑鰶幼鱼的美味，并缩短用醋（腌渍）的时间。放置一晚后，创造出咸味和酸味充分融合的美味。盐要挑选没有棱角的天然粗盐，醋也要选用酸味柔和、味道浓郁的品种。

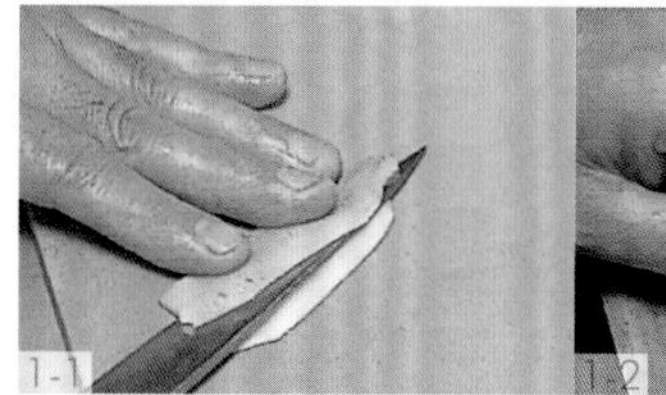

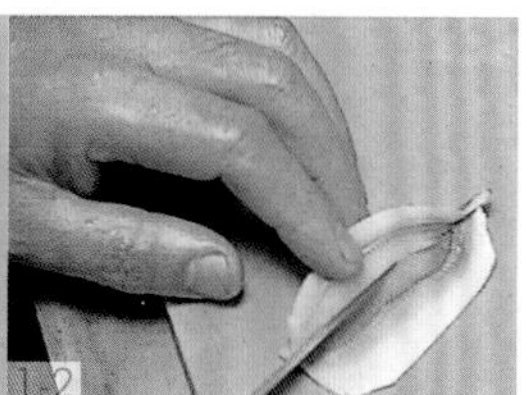

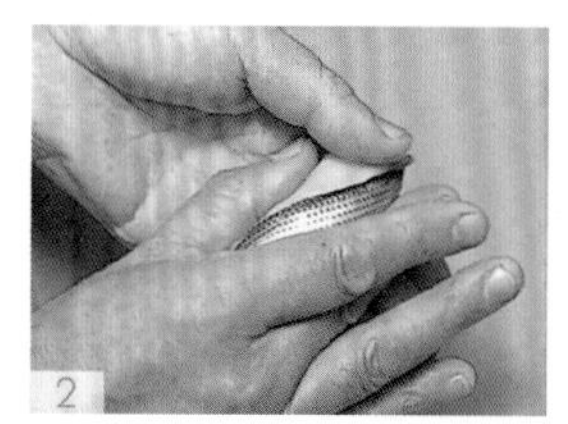

1 用菜刀将斑鰶幼鱼的鱼肉均匀切开。

2 将切出刀口的斑鰶幼鱼鱼皮那面朝上，加上形状较好的寿司饭制成握寿司。

斑鰶幼鱼

只选用最好的斑鰶幼鱼鱼皮部分，将两片鱼片叠在一起后制成握寿司。每天只购入一定分量，以盐、醋短时间腌渍，使肉质变紧实。扇形的寿司饭可展现出奇特性。

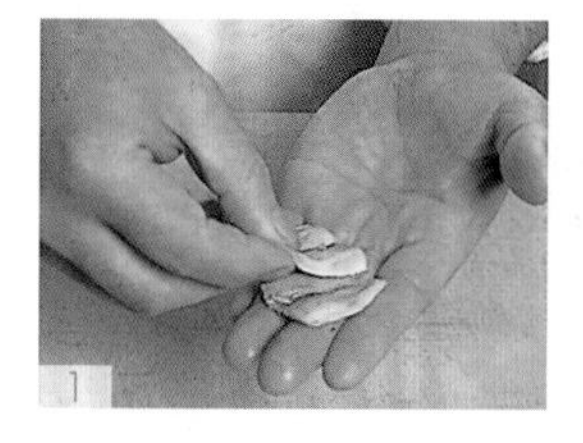

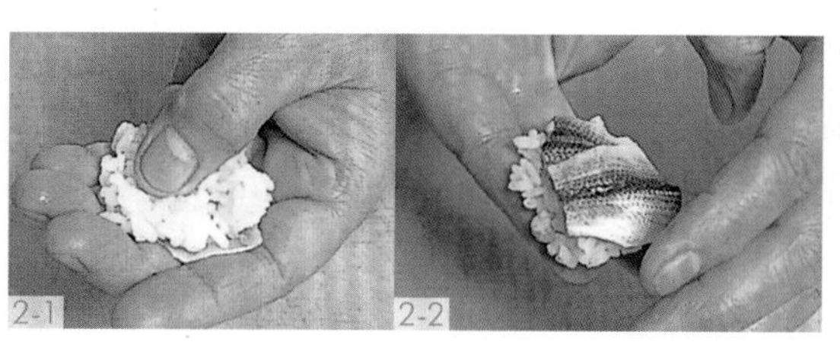

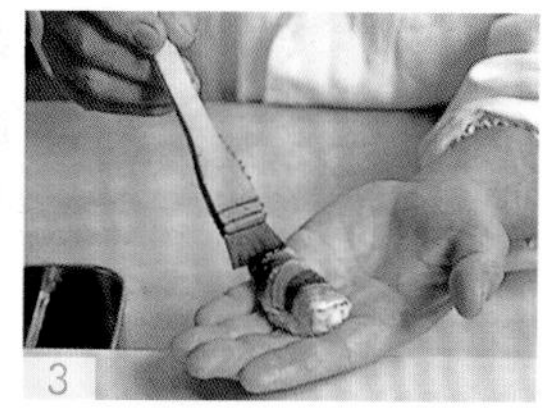

1 将两片斑鰶幼鱼头尾交错叠在一起。

2 涂上芥末后，轻轻地摆上握好的寿司饭，从中心分开并将寿司饭移到右手上。

3 将寿司放回左手，换个方向后再用手来回握两三次，调整寿司形状后涂上煮制酱油。

斑鰶幼鱼

为了能够均匀盐味，将鱼肉用与海水盐度相似的盐水腌渍 1 小时，将用汤汁煮过的海带和味醂与醋混合，之后涂上这种醋，可为鱼肉增添柔和的酸味及浓郁的味道。将两片斑鰶幼鱼鱼皮叠在一起做成握寿司，涂上煮制酱油。

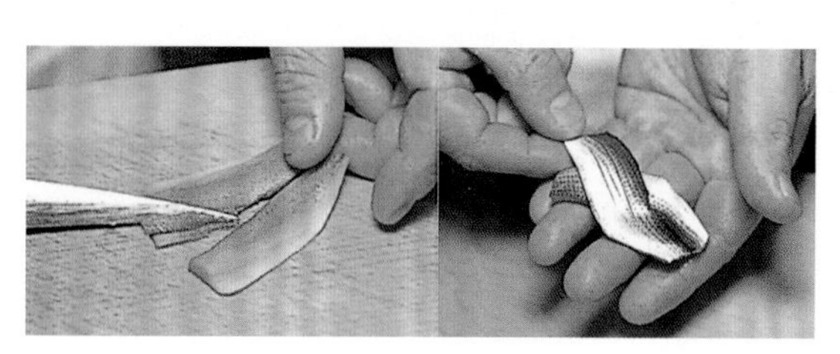

在背鳍坚硬处切出 V 字形，用菜刀在鱼皮上划出刀口后，将鱼尾重叠在一起。

斑鰶幼鱼

虽然用盐、醋腌渍的时间比较短，但是所用的盐是高浓度的粗盐，所用的醋是以味道浓郁的红醋为主混合其他三种醋后制成的混合醋。将醋滤干后放置一天再握成寿司。对于牙口不好的老年客人和不喜食鱼皮的女性客人，将鱼皮隐藏起来后制成握寿司，此法非常高明地减少了客人对发光鱼类握寿司的抵触情绪。

将两块斑鰶幼鱼鱼皮朝里重叠在一起握成寿司，再涂上煮制酱油即可。

斑鰶幼鱼（鱼虾肉松）

去除斑鰶幼鱼鱼皮后，可加入新对虾制成的鱼虾肉松握成寿司。因斑鰶幼鱼的美味之处正是鱼皮和鱼肉之间的脂肪部分，所以用醋稍微浸泡后使其肉质变得紧实，脂肪就连在鱼皮上了。在这里，要选用肉质非常紧实的斑鰶幼鱼，再根据客人的喜好和要求来制作。

1 将斑鰶幼鱼切成片，用手剥掉鱼皮。

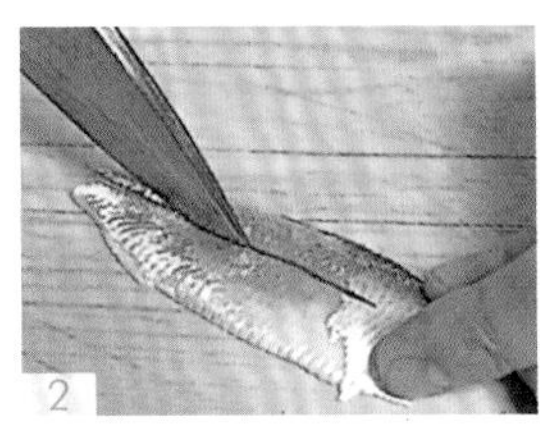

2 在去皮后的鱼肉中间深深地切一刀。

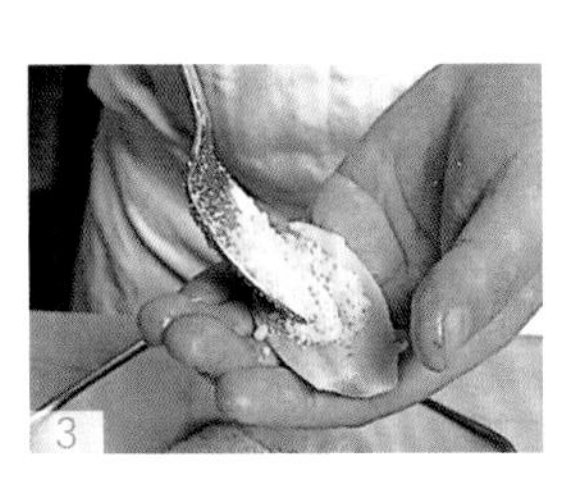

3 在寿司原料上涂上芥末，铺满用新对虾制作的鱼虾肉松。

4 用手指挤压寿司两侧的鱼腹后握成寿司，切口处敞开并露出鱼虾肉松。

竹荚鱼

竹荚鱼 / 用醋腌渍 /

近几年，在日本有很多直接将生竹荚鱼制成握寿司的寿司店，以前竹荚鱼仅作为发光鱼类的寿司原料来使用。在烹饪非常新鲜的鱼时，撒盐，并用醋轻轻地清洗干净，只要用这种使肉质变紧实的方法，既可发挥出竹荚鱼的本味，又能做出与生食完全不同的美味。虽然切段方式不难，但因鱼肉有很多小鱼刺，需仔细拔掉，且握成寿司前还要剥掉薄薄的鱼皮。因此，这些基本功，都要彻底做到位。

图为每年初夏时节的日本竹荚鱼。体长约20 厘米，重约 110 克的竹荚鱼作为寿司原料正好是使用起来最为方便的尺寸。

竹荚鱼的开膛方法

去除竹荚鱼侧面从鱼腹至鱼尾处的锯齿状鳞片，并去除鱼头和内脏

1 烹饪前，将鱼放入盐水中腌渍。用手按住鱼头后，将菜刀沿着从鱼尾至鱼头的方向，刮掉坚硬的锯齿状鳞片。下侧鱼肉也采用同样的处理方法。

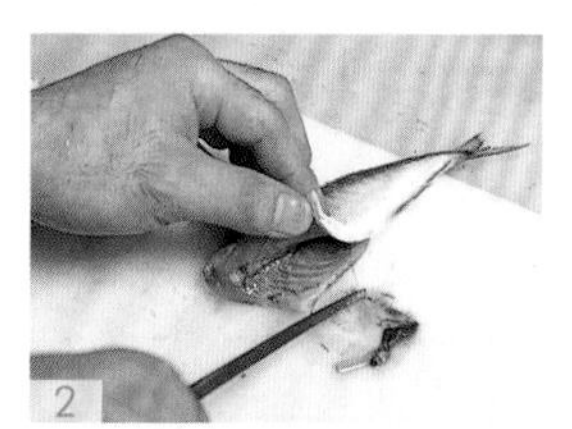

2 将菜刀一口气从胸鳍边缘处切入，从切口处去除鱼腹中的内脏，用水清洗鱼腹内部，去除脏物。

从鱼背背脊处切开

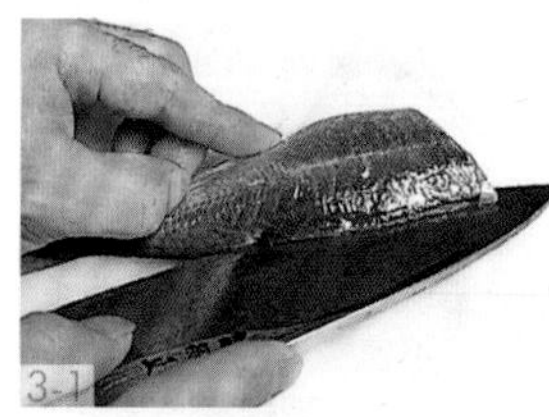

3 将鱼尾朝向自己、鱼背朝右侧放，用菜刀为鱼背开口。将菜刀贴着脊柱部位，从鱼头至鱼尾慢慢切开，至（两片鱼肉间）连着一点腹部的鱼皮为止。

4 将剖开后的竹荚鱼翻面，鱼背那面朝上放。将菜刀从内往外推出，切掉脊柱部位，以同样的方法去掉背脊。

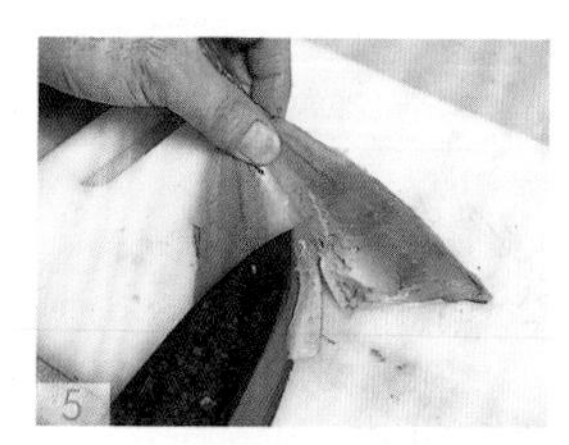

5 将剖开的鱼肉朝上放，削掉两侧腹骨，依次切掉腹鳍、鱼尾，再将鱼片一分为二。

用醋腌渍　在筐箩上撒盐，用水冲洗

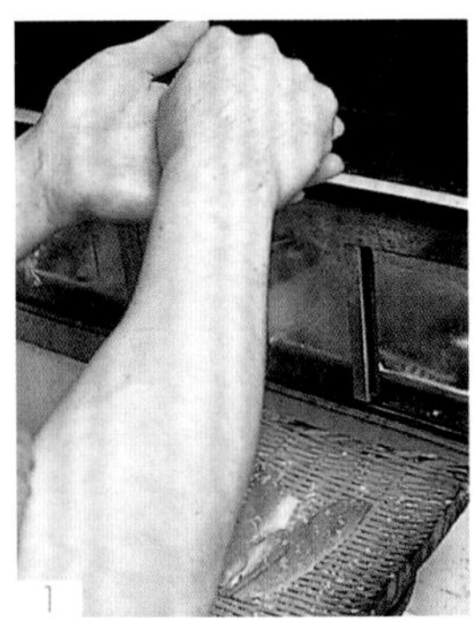

1 在筐箩上撒盐。用盐（腌渍）的时间要根据鱼片大小调整，一般大约为2分钟。

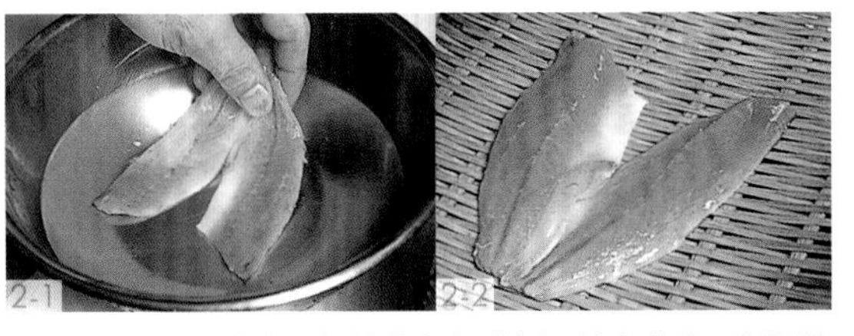

2 在盆内倒入清水，将竹荚鱼鱼片朝下放入盆内，轻轻地将其清洗干净。

3 将洗净的竹荚鱼放在毛巾上，将水分完全擦干。

用醋稍微浸泡

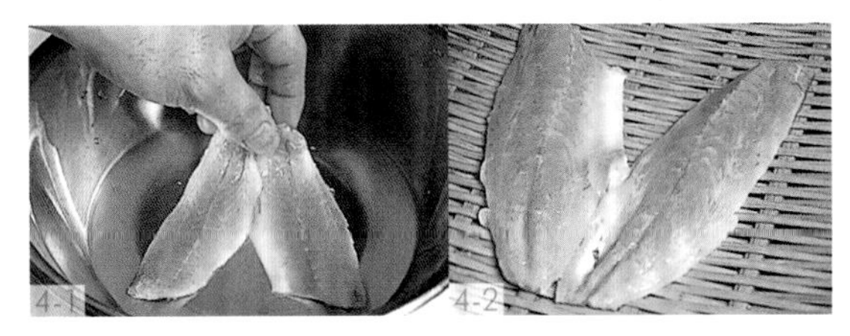

4 在盆内倒入纯醋，将鱼片朝下浸入醋内。待鱼肉表面微微变白后，捞到筐箩上将醋沥干。

切片·握寿司　拔掉小鱼刺，剥掉薄薄的鱼皮

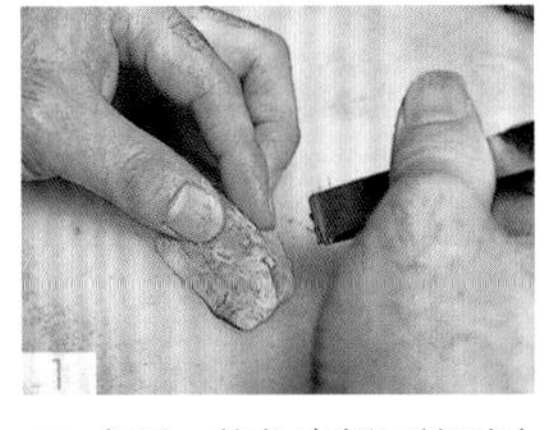

1 之后，将鱼皮朝下放到砧板上。用手指刮出长在脊柱部位下面的小鱼刺后，用镊子仔细拔掉。注意这时不要将鱼肉弄碎。

2 翻面使鱼皮朝上，左手按住竹荚鱼，稍微剥开鱼头方向薄薄的鱼皮，（拉住这块鱼皮）朝鱼尾方向撕下来。注意不要将薄鱼皮下面相连的银色表皮撕下来。

用装饰菜刀在鱼皮上切花刀后，握成寿司

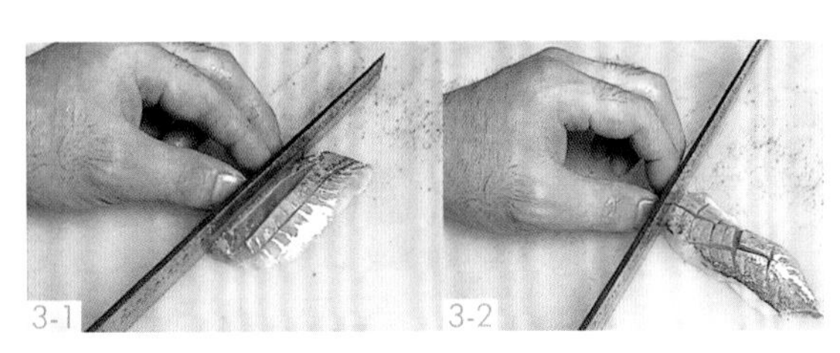

3 用装饰菜刀在鱼皮上划出刀口。一块鱼片切竖刀，另一块鱼片切出鹿点花纹的刀纹。两块寿司上桌时，可看到不同的形状。

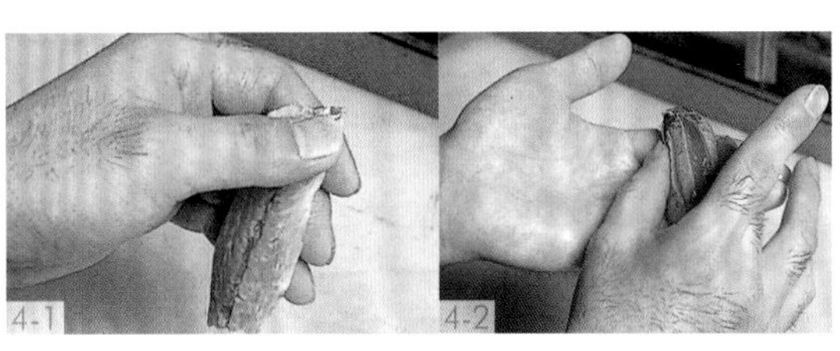

4 将半片鱼肉制成一块握寿司。将鱼片上端用左手手指固定，轻轻地加上搓圆的寿司饭，迅速制成握寿司，注意不要摆弄寿司上的竹荚鱼，不用涂芥末，稍微修整寿司形状即可。

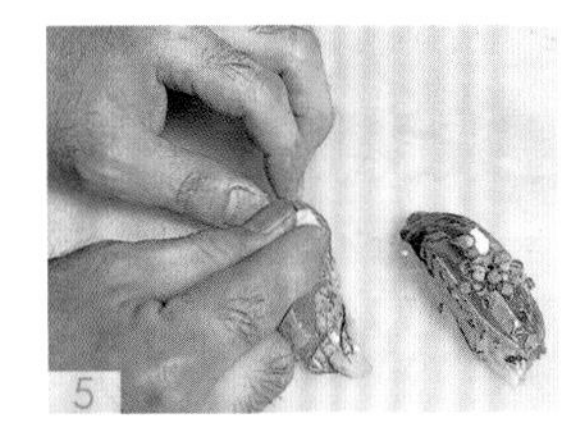

5 做成握寿司的竹荚鱼，马上撒切细的生姜和细香葱，涂上酱油后上桌。充分利用新鲜竹荚鱼的本味，稍微加上一点酸味就可以了，比起用芥末搭配，更适合用生姜。

青花鱼

酱油腌渍的青花鱼

虽然属于关西寿司的代表性鱼类，但在江户派握寿司的发光鱼类握寿司中，最受争议的原料还是青花鱼。跟斑鰶幼鱼一样，青花鱼一般也是用醋浸泡再使用。一些寿司店会采用“金枪鱼腌渍”的手法进行腌渍，其味道相当醇厚，吃不出一点鱼腥味，增添了青花鱼的魅力。

图为产自日本九州、日本海的重量为750克的青花鱼。（寿司店里）一天就能用一整条青花鱼，非常有人气。

青花鱼的切段方法　去除鱼头和内脏

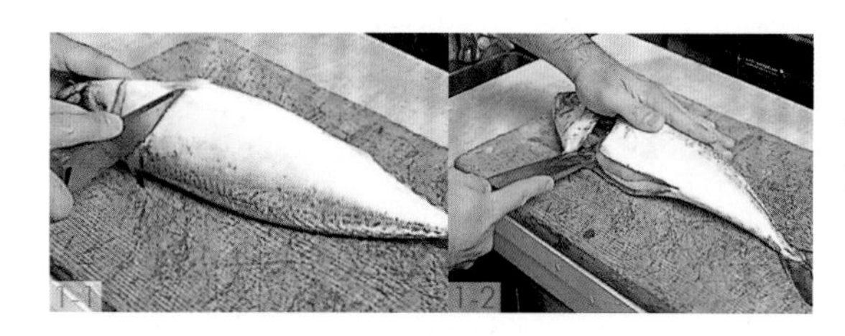

1 将青花鱼朝上仰放，从腹鳍边缘处沿着鱼鳃切下鱼头。切开鱼腹后，去除内脏。

切成三块，拔掉小鱼刺

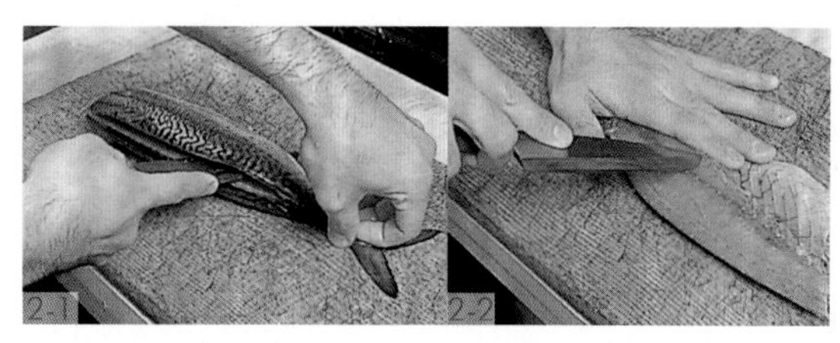

2 将鱼腹内仔细用水冲洗，切开下侧鱼肉的鱼腹和鱼背后，将下侧鱼肉整块切下，用同样的方法处理上侧鱼肉，将其切成三块，去除鱼肉上残留的脏物。

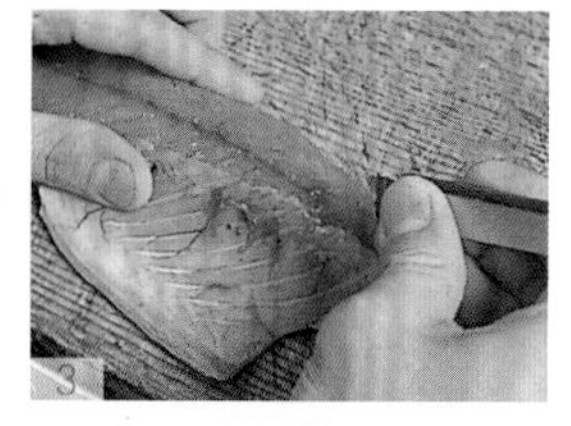

3 用镊子拔掉脊柱部位下面的小鱼刺。

腌渍　腌渍后，放入冰箱保存6小时

1 将青花鱼鱼皮朝下，放入装有酱油、味醂的容器中进行腌渍。在冰箱中放置6小时后，鱼肉会变紧实。

去除腹骨，剥掉鱼皮

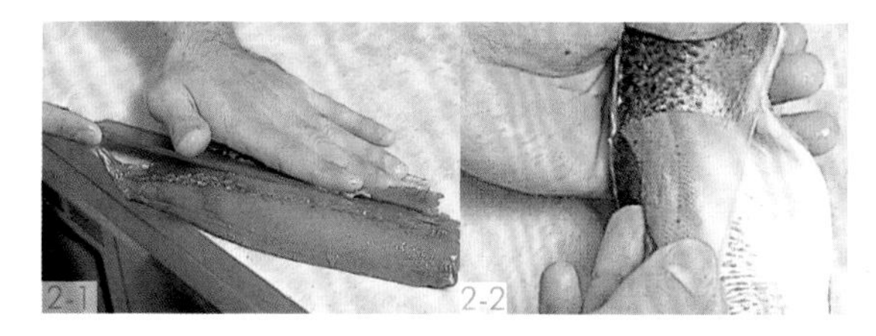

2 将鱼肉从容器中取出，去除腹骨部分，稍微剥离鱼头方向的前段鱼皮，将薄薄的鱼皮整片剥掉。

切片 · 握寿司 为切片涂上芥末后，握成寿司

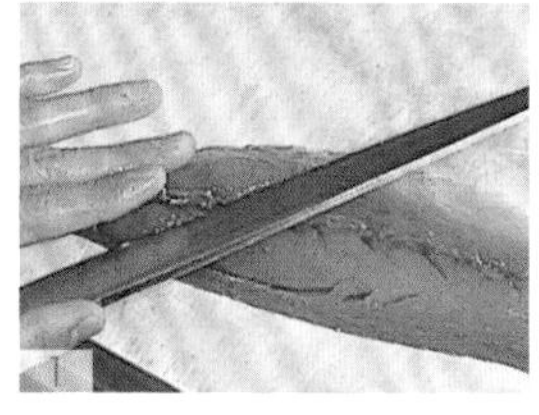

1 将鱼肉切成寿司原料（大小的鱼片）时，要将鱼皮朝下，从鱼尾处开始用斜刀切片。

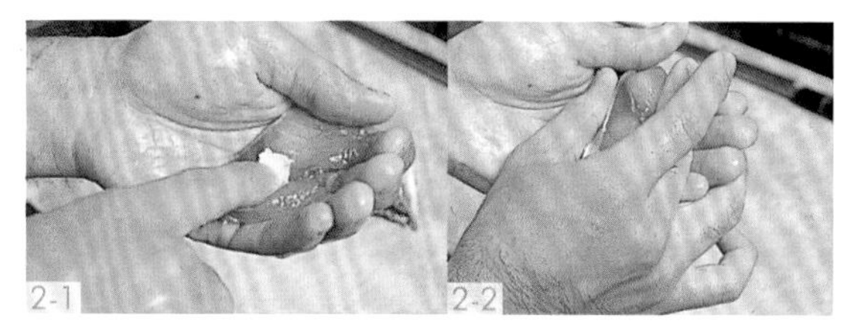

2 在青花鱼鱼片上涂芥末，铺上搓圆的寿司饭后握成寿司。用手按住寿司两边的鱼肉，修整寿司形状，将鱼片那面朝外，即可上桌。

青花鱼 / 用醋腌渍 /

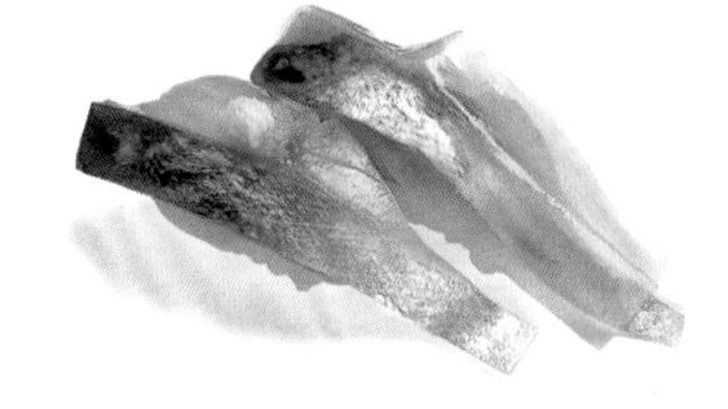

因客人很少点餐，且采购较费工夫，所以在江户派握寿司店中出现了很多不卖青花鱼的店铺。但是，若能采购到非常新鲜的青花鱼，再恰当地处理后制成握寿司，会有独特的美味。根据采购的青花鱼的大小和脂肪含量，调整用醋腌渍的方法，让不太喜欢青花鱼的客人也了解发光鱼类握寿司的美味之处，因此在寿司制作上下了很大工夫。

用醋腌渍 撒大量盐腌渍青花鱼，放置三四小时

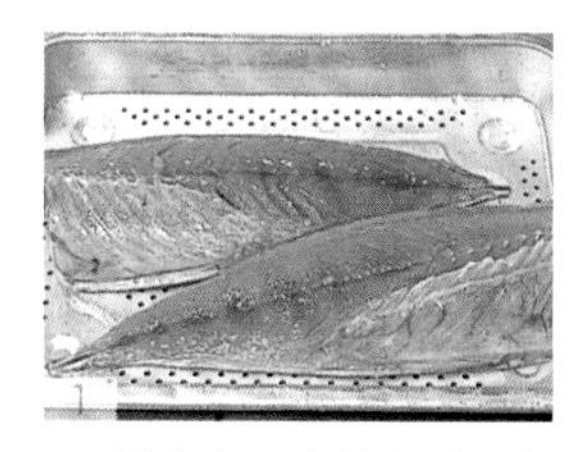

1 图为在日本神奈川、久生滨捕获的肉质厚实、非常肥美的秋季青花鱼。切下鱼头后去除内脏，将切成三片的鱼肉放入方形平底盘内。

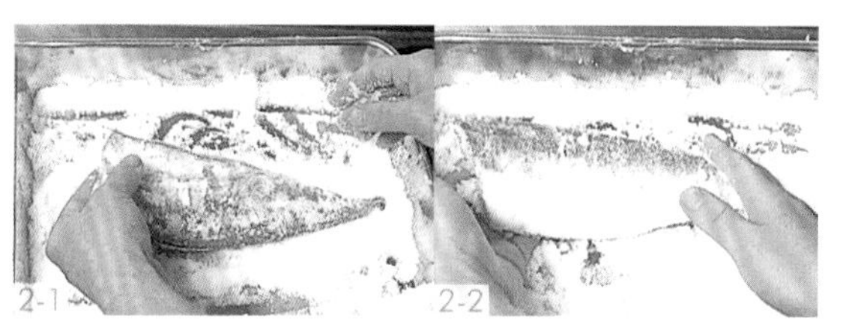

2 在方形平底盘上铺满盐，将青花鱼鱼肉和鱼皮都涂上盐。

用清水冲洗后，再以纯醋腌渍

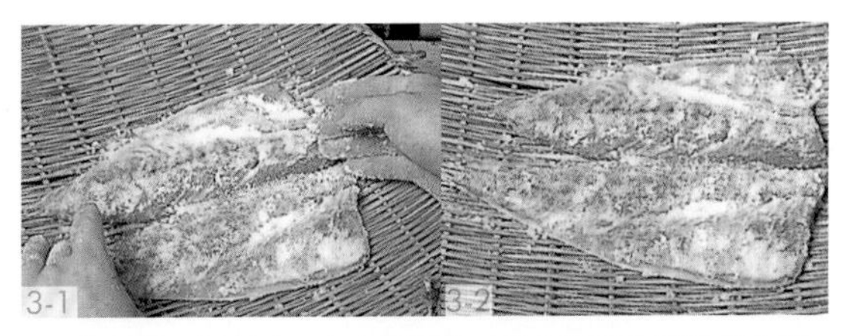

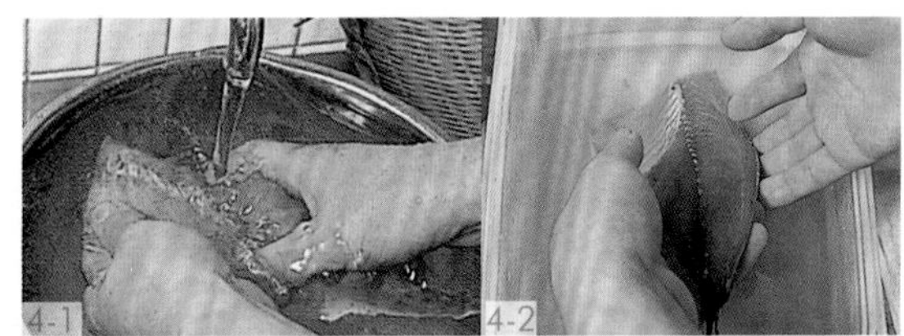

3 将其放到笸箩上，注意在笸箩下放个能接住滤液的容器，在笸箩上撒盐。待全部鱼肉开始渗透少量血水出来，至盐全部融化为止，静置三四小时。

4 用清水将鱼肉上的盐冲洗干净，擦干水分后将鱼肉放到醋里，腌渍 20 ~ 30 分钟。待鱼肉全部浸透醋后，将其捞到笸箩上，放置 1 小时将醋全部沥干。

切片 · 握寿司　用不露出血合的切片方式切片，握成寿司

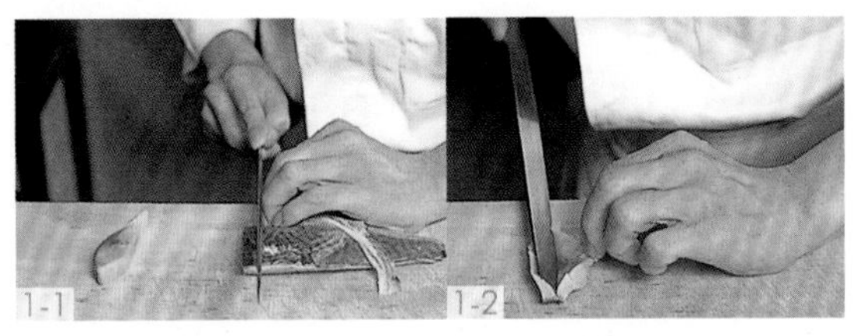

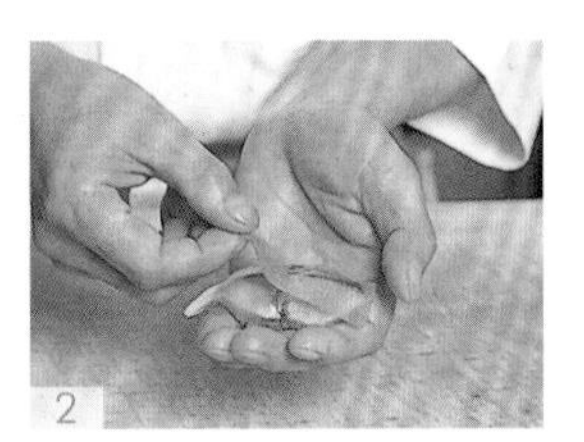

1 去除小鱼刺、剥去薄薄的鱼皮后，将鱼肉切成寿司原料大小。为了能让不喜欢发光鱼类握寿司的客人也喜欢吃，切片时要在鱼皮上再切出一个刀口（注意不要将鱼片切断），将此刀口握成寿司。切片时很费工夫，要特别注意不要露出血合部分。

2 将一块生的鱼肉握成寿司，另一块加上用甜醋腌渍的白板海带，这种方法中和了青花鱼的特殊味道，更容易入口。

沙氏下鱵

沙氏下鱵的旺季是每年的 3 月至 4 月，其被作为斑鰶幼鱼之后的发光鱼类握寿司原料。虽然，秋季也可以捕捞到沙氏下鱵，但还是春季的沙氏下鱵最为鲜美。大部分时候，沙氏下鱵被作为一种上等鱼生着握成寿司，也有稍微用醋腌渍使肉质变紧实的做法。沙氏下鱵和康吉鳗的鱼骨都为三角形，所以要注意菜刀的下刀方法。沙氏下鱵（无论是在形状上还是在味道上）较容易创新，所以厨师们在切片方法和握法上下了很大工夫。

沙氏下鱵 / 用醋腌渍 /

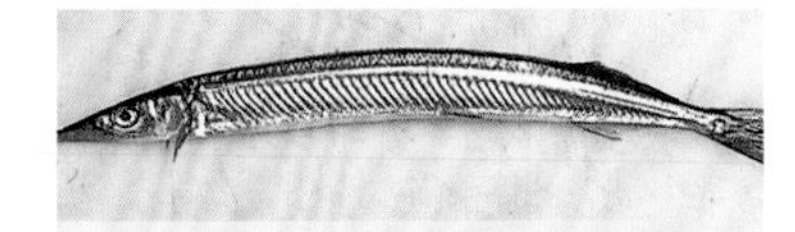

图为体长 30 厘米，重量约 90 克的春季（捕获的）沙氏下鱵。下颌细长且突出，采购时最好挑选那种鱼皮呈银白色且非常新鲜的沙氏下鱵。

沙氏下鱵的开膛方法　切掉鱼鳍，去除鱼头和内脏

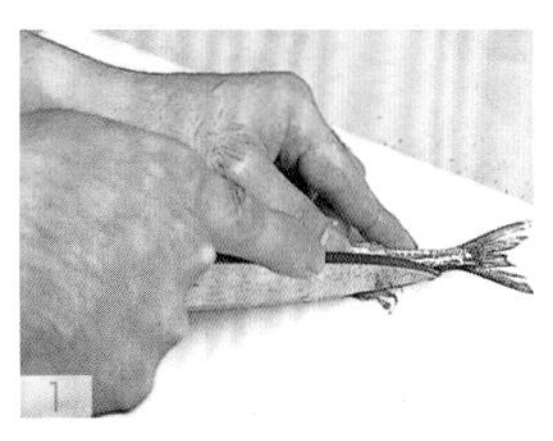

1 切掉鱼鳍和臀鳍后，用菜刀刀尖轻轻地刮掉鱼鳞。

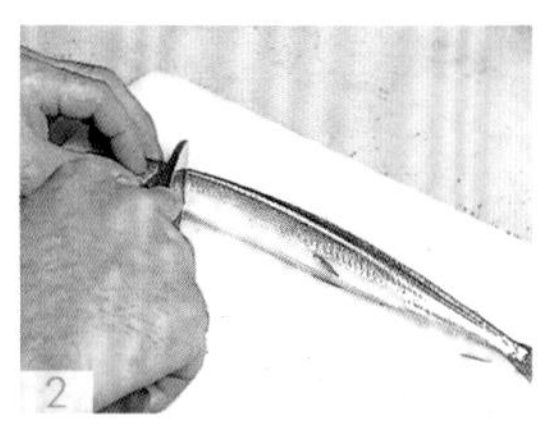

2 从鱼鳃的下面部分开始切，笔直地下刀，一口气切下鱼头。

3 去除腹鳍后，将鱼腹一侧朝向自己，从鱼头的切口处剖开鱼腹，去除内脏。将鱼腹用盐水冲洗干净，去除血合和脏物。

剖开鱼腹

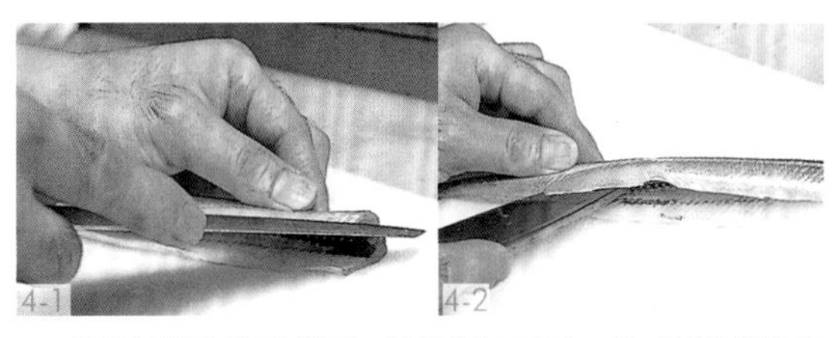

4 将鱼尾朝向自己放置，从鱼腹处下刀，菜刀紧贴着脊柱部位，剖开鱼腹。这时，因为鱼骨呈三角形，（剖开鱼腹时的）诀窍是要将菜刀刀尖竖起一些，切至鱼尾。

5 将剖开后的沙氏下鱵的鱼片朝下，去除脊柱部位并切下鱼尾。

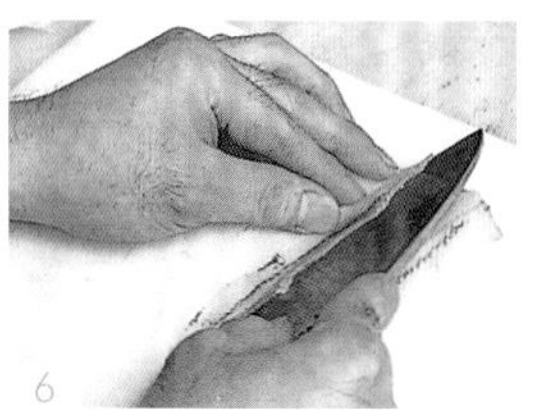

6 用菜刀轻轻地切下长在鱼腹两侧的黑色腹骨。

用醋腌渍　撒少量盐，用醋烫一下

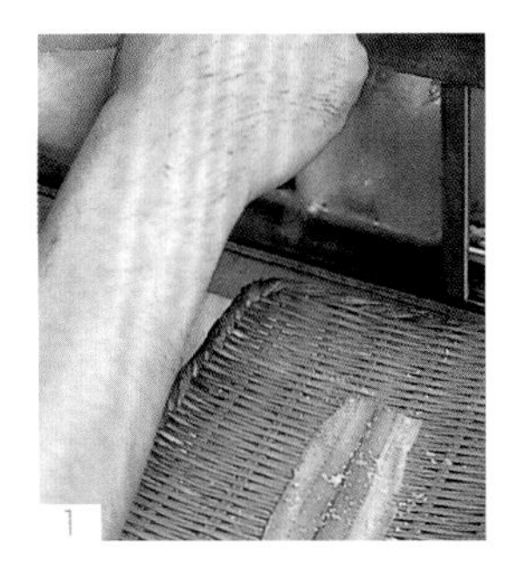

1 在笸箩上撒少量盐，将剖开后的沙氏下鱵鱼片朝下放在笸箩上，然后从上往下轻轻地撒盐。用盐（腌渍）的时间，根据鱼片大小进行调整，一般只需 1 分钟左右。

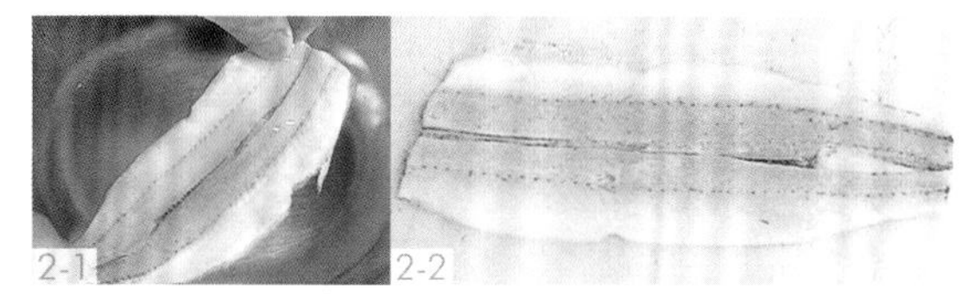

2 将腌渍后的沙氏下鱵用水冲洗干净，沥干水分后，用醋稍微烫一下。待沙氏下鱵整块鱼肉都开始变白后，从醋里捞出，并沥干。

切片 · 握寿司　去除鱼皮，将半片鱼肉对折后握成寿司

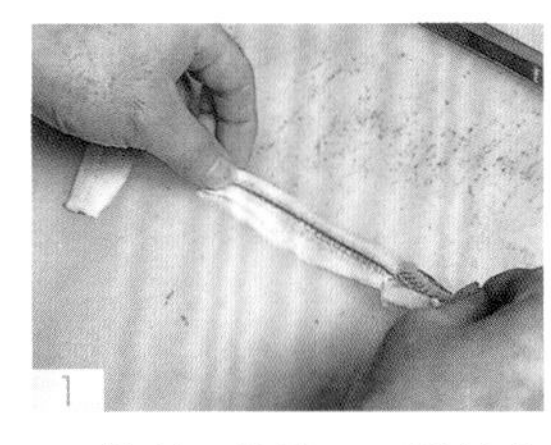

1 将剖开的沙氏下鱵从中间切开并一分为二。将鱼片朝上，注意去除鱼皮时，不要将有光泽的部分撕得斑斑驳驳、一块一块的。

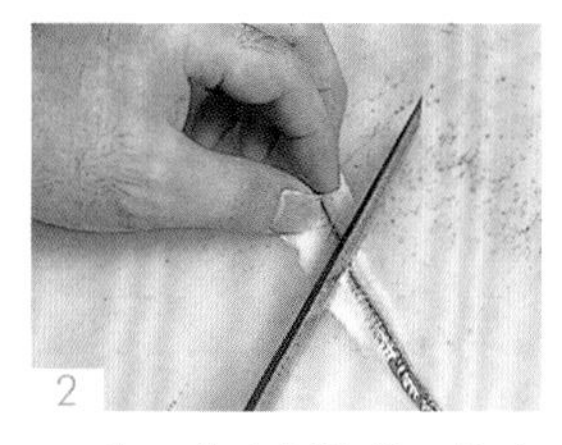

2 为了能方便地给一块半片的鱼肉进行形状处理，用菜刀在鱼皮上斜斜地切出刀口。

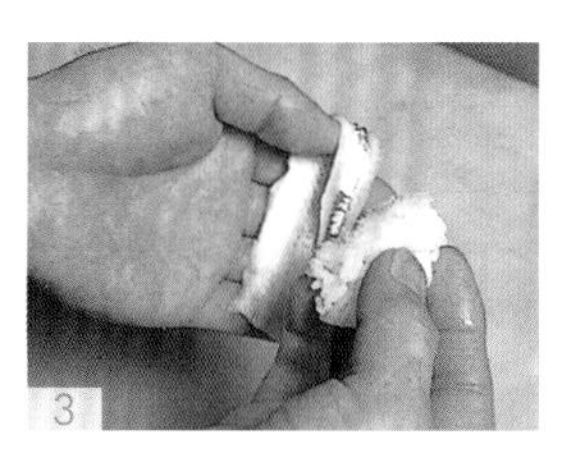

3 对折已开口的沙氏下鱵鱼片，在寿司饭里加上鱼肉松，即可制成握寿司。

将半片鱼肉切出竖切口，拧成网状后握成寿司

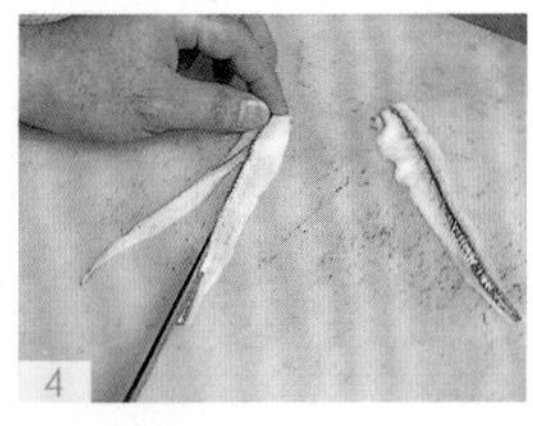

4 将另外半片鱼肉的鱼皮那面朝上，用菜刀切开中间鱼筋部位，注意不要将整片鱼肉切断。

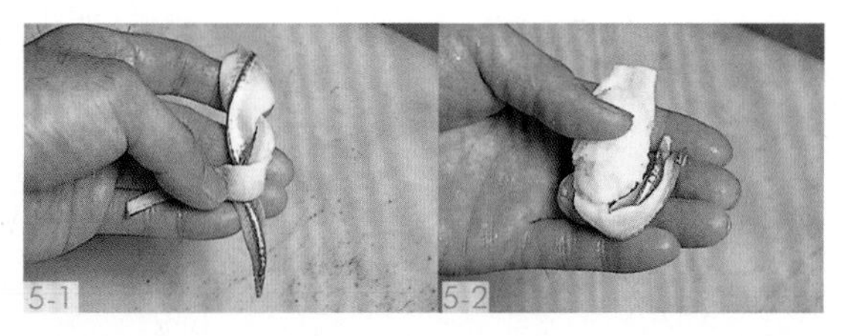

5 将切开后的半片鱼肉拧成网状，翻折鱼尾前端。在寿司饭上放鱼肉松，制成握寿司即可。

讲解 用醋腌渍的烹饪科学

盐具有很强的渗透作用，往鱼肉上撒盐的话，鱼肉就会向外渗出大量水分。在盐的这一作用下，伴随着水分的渗出，多余的脂肪也会一起渗出。

像斑鰶幼鱼和青花鱼等作为发光鱼类握寿司原料的鱼，背部都呈青色，共性是都具有鱼腥味。这个特有的鱼腥味就是由于那些溶解在脂肪、特别是水里的物质所产生的味道。在盐的渗透作用下，伴随着水分的渗出，鱼腥味也一并去除了，所以食用起来会非常清爽。

而且，渗透过盐的鱼肉，在用醋腌渍时，醋能被鱼肉均匀地吸收。这是因为鱼肉中盐分浓度高，在渗透压的作用下，醋就被更好地吸收了。

用盐（腌渍）的时间，理所应当要根据温度和鱼身的大小进行调整。气温越高，盐的吸收和与鱼肉融合的时间也就越短。但是，在过短的时间里就将盐全部渗透的话，味道就会变差。所以，气温过高时，最好在撒盐后就盖上保鲜膜放入冰箱内，一边冷冻一边让盐得以充分溶解。

醋和气温就没有那么大的关系了。这是因为鱼身已经完全渗透了盐分，吸收醋的渗透压作用不会发生很大变化。但是，鱼身越大，盐和醋需要渗透的时间也就越久。像斑鰶幼鱼这种小鱼和青花鱼这种大鱼，用盐和醋的（腌渍）时间会有很大不同。

只用盐腌渍或只用醋腌渍的话，味道会杂乱无章，但若花时间经过盐和醋的腌渍后，咸味和酸味就会变得很温和。也就是说，用醋腌渍这一烹饪方法，能让味道更成熟，更能形成其特有的美味。

乌贼握寿司

作为大众化的寿司原料，最具稳定人气的就是乌贼了。虽然不破坏鱼身在技术上并不困难，但是想把这项工作做彻底也不容易。

枪乌贼

枪乌贼

作为可食用乌贼的代表性种类，即使是在寿司店里，主流的乌贼也是枪乌贼。由于没有硬壳，不用菜刀，徒手也可以处理得很好。因此，不弄破内脏，熟练地将薄薄的鱼皮剥掉的基本功显得尤为重要。

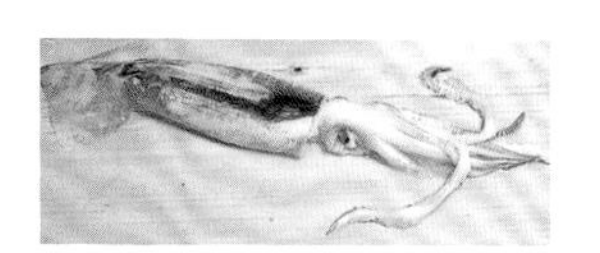

图为体长 60 厘米，肉质厚实的新鲜透明的枪乌贼。其旺季是夏季，也有黑皮鱿鱼这样的别称。

枪乌贼的准备工作　去除内脏和乌贼脚，剥掉薄薄的表皮

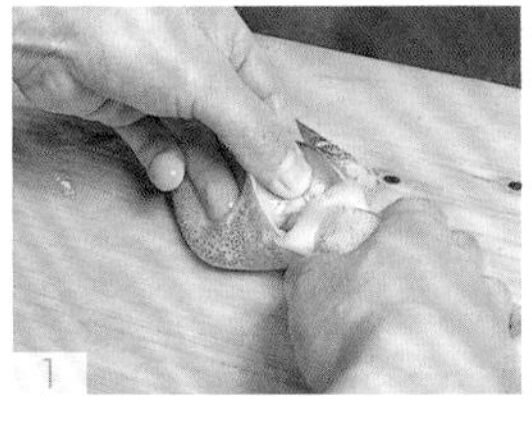

1 用水冲洗枪乌贼，去除其身体上的黏液，将左手大拇指伸到躯干和脚的根部之间。

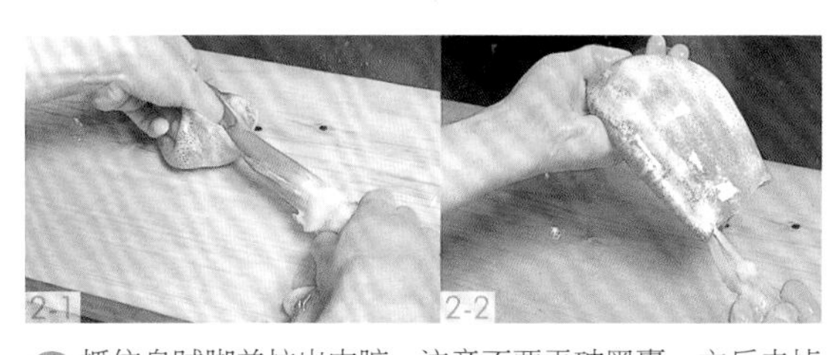

2 抓住乌贼脚并拉出内脏，注意不要弄破墨囊，之后去掉软骨。

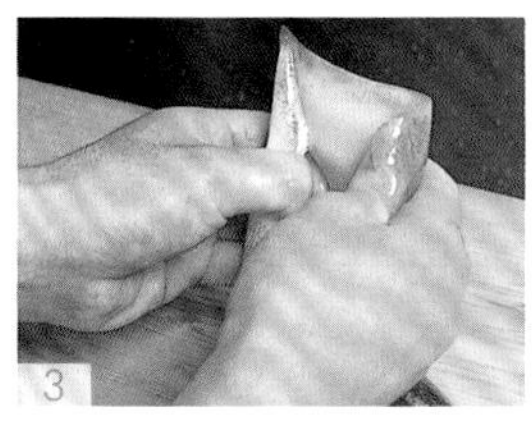

3 将乌贼鳍连着表皮一起剥掉，再将手指伸进剖开的身体和表皮之间，从此处开始进行下一步的处理。

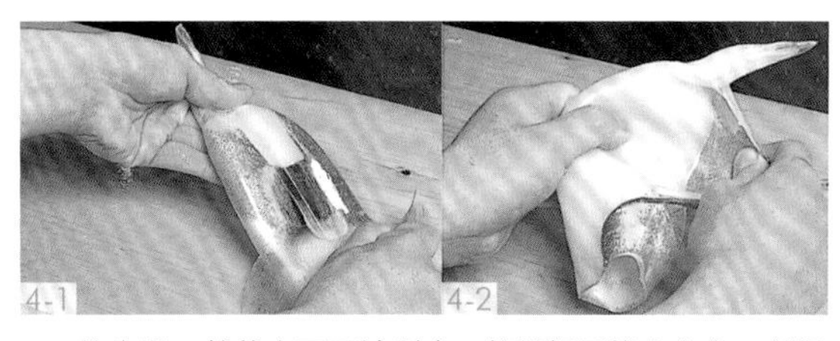

4 从步骤 3 的状态下开始剥皮，将其躯干换个方向，并迅速剥掉表皮。剥皮时要仔细，一口气剥掉，注意不要中途将表皮弄破。

5 将刀刃朝右，下刀将乌贼躯干切开，用手剥掉其内侧一层薄薄的表皮。

切割成形　切成手掌大小的片状

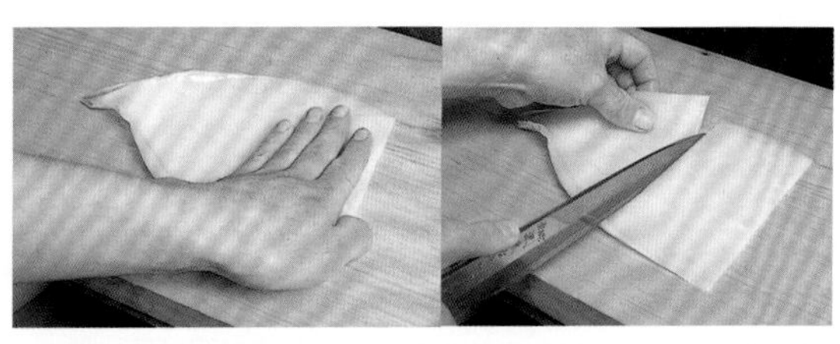

在进行切割成形前，要对肉身上不整齐的部分以及边缘部分进行切割，修整形状。根据乌贼的大小，切成手掌大小或者长条状都可以。手掌大小（的切法）是将乌贼横着摊平，比照四指宽（一个手掌大小）切下，长条状则竖着切下即可。

切片　用刀背敲打乌贼片

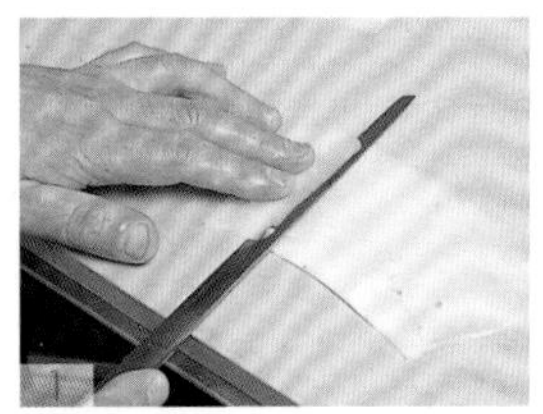

1 将切割成形的乌贼的带皮那面朝下放，用菜刀轻轻在表面捋一下，以斜刀切成薄片。

2 切片后的乌贼，可生着做成握寿司。若以菜刀刀背轻轻敲打后食用起来会更方便。

枪乌贼寿司的小窍门

枪乌贼 / 树芽 /

枪乌贼 / 松球状 /

因乌贼的味道比较清淡，所以代替芥末以花椒和紫苏的嫩叶制成握寿司的话，香味扑鼻。

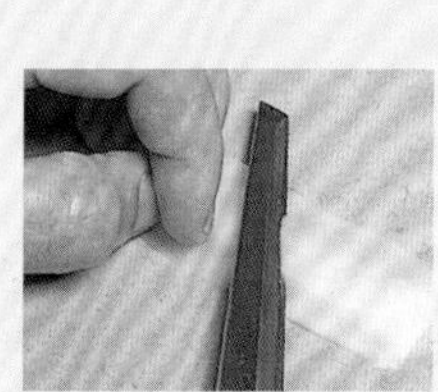

在切片后的乌贼肉上划出方格状的刀口，用热水焯过后，再用冰水激一下，待（肉身上的方格状）切口突起后握成寿司，也能看出其变化。

拟乌贼

制成生鱼片和作为寿司原料最好的乌贼种类就属拟乌贼了。有着透明的、薄薄的软壳，可先将其去除。要注意如果不将其表皮下面的内皮剥掉的话，拟乌贼肉身就会很硬，无法作为寿司原料使用。

拟乌贼的肉

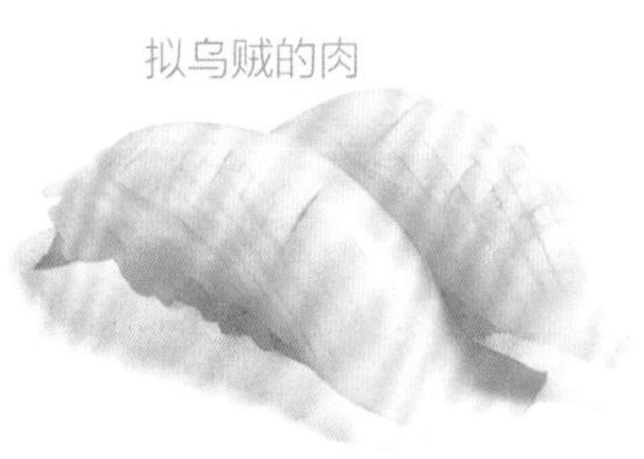

拟乌贼的脚

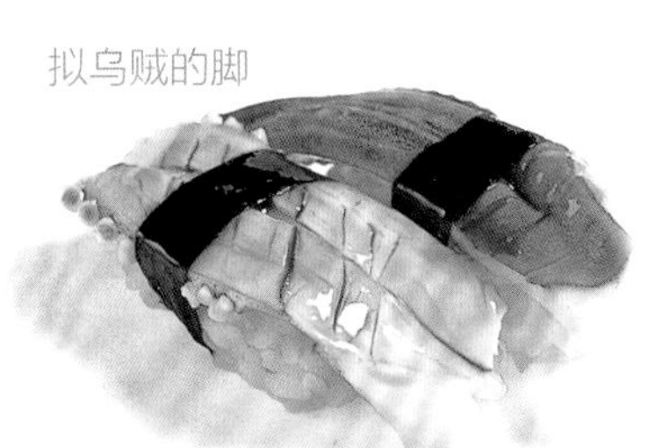

拟乌贼的准备工作 去掉软壳，去除内脏和乌贼脚

图为产自日本神奈川、佐岛的鲜活的拟乌贼。重量1.5千克的中型拟乌贼最适合作为寿司原料使用。

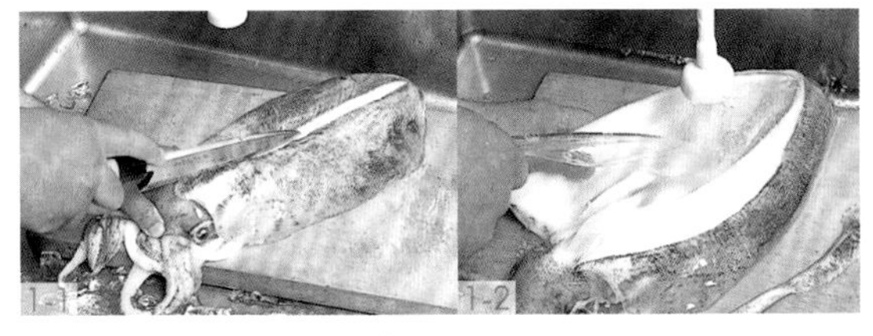

1 将乌贼的背部朝上、乌贼脚朝向自己放置。用菜刀在其背部正中央笔直地开出一道切口。打开切口，取出软壳，注意不要弄破里面的墨囊。

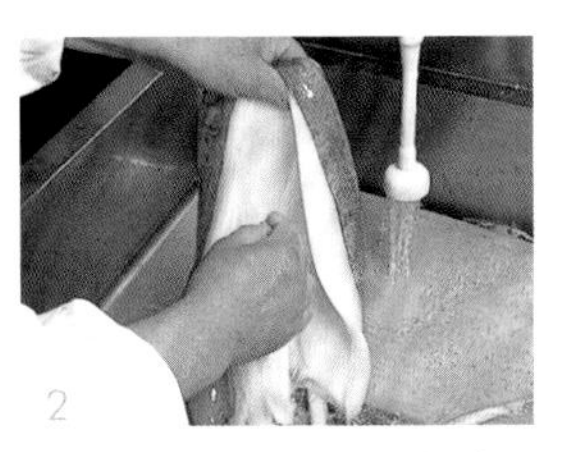

2 用左手牢牢抓住乌贼头部，去除内脏，注意不要将内脏弄破，用同样的方法去除乌贼脚。

去掉乌贼皮和乌贼鳍

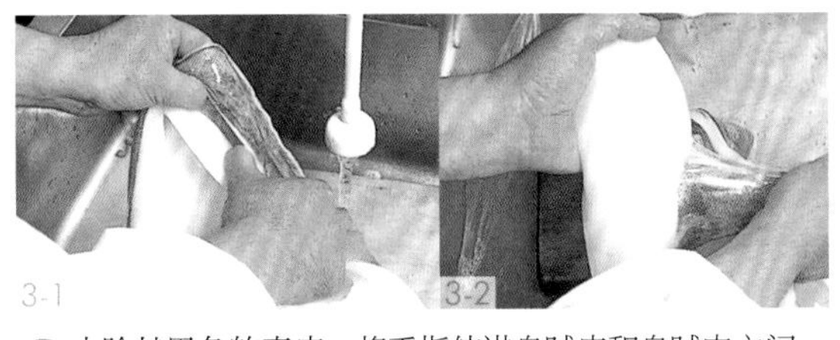

3 去除其黑色的表皮。将手指伸进乌贼皮和乌贼肉之间，将乌贼皮迅速剥下。用同样的方法去掉乌贼鳍。

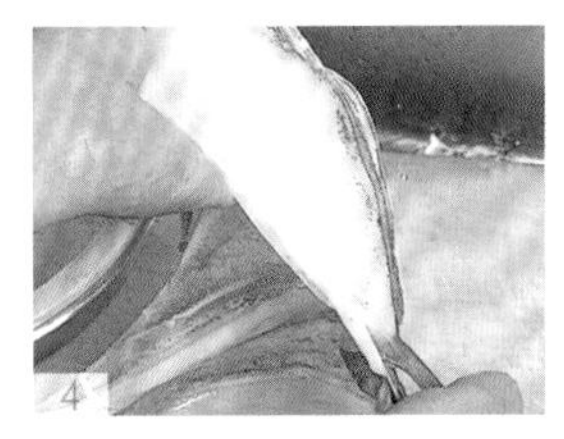

4 将剥掉表皮的乌贼躯干放到筐箩上，再去除乌贼鳍的表皮。向上举起乌贼鳍较宽的部分，将表皮从上向下剥除。

乌贼脚的准备工作

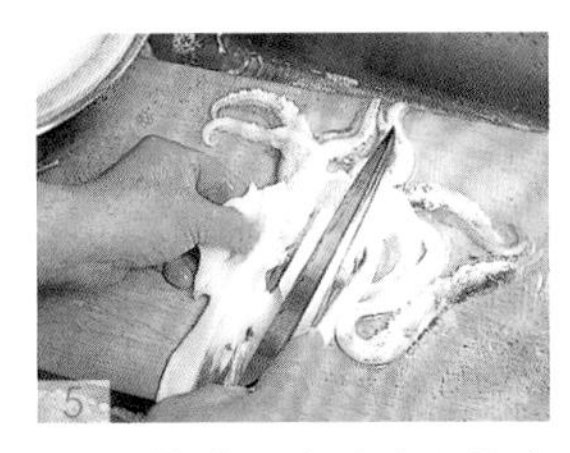

5 开始进行乌贼脚和其内脏的去除工作。将乌贼脚朝外放置，用菜刀切开连接内脏的部分。

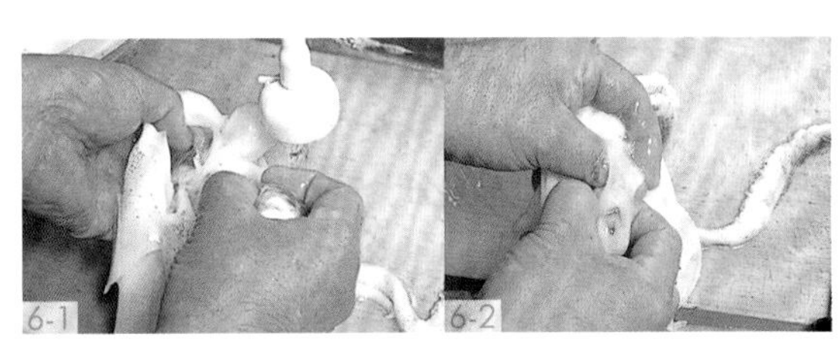

6 将菜刀沿着切口拉回来，挤出长在内脏两侧的乌贼眼睛并将其摘除。接着，挤出长在内脏根部的乌贼嘴，也将其摘除。

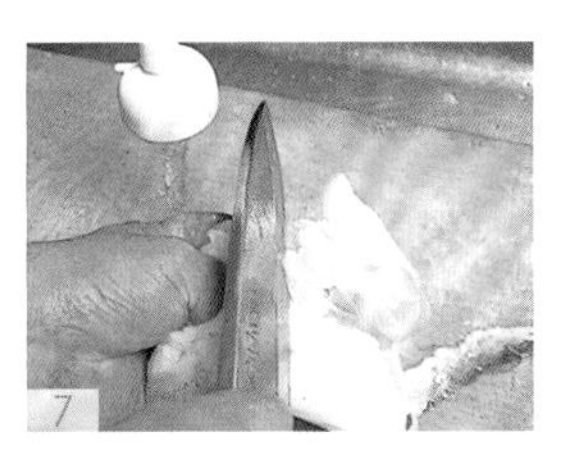

7 将长在内脏前端的软骨部分挤出后，在此处入刀，之后可容易地将内脏和墨囊一起去掉。

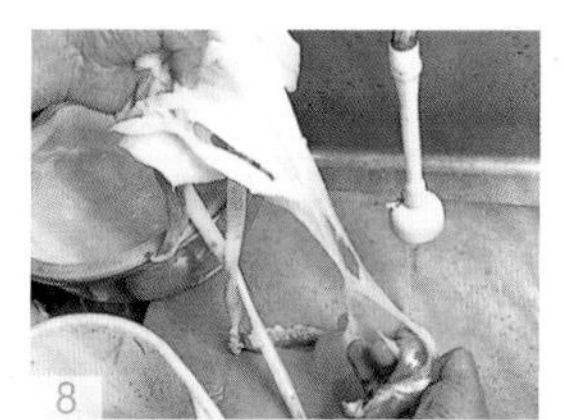

8 摘除软骨后，将墨囊与内脏一起从乌贼脚上拔下来时，注意不要弄破墨囊。

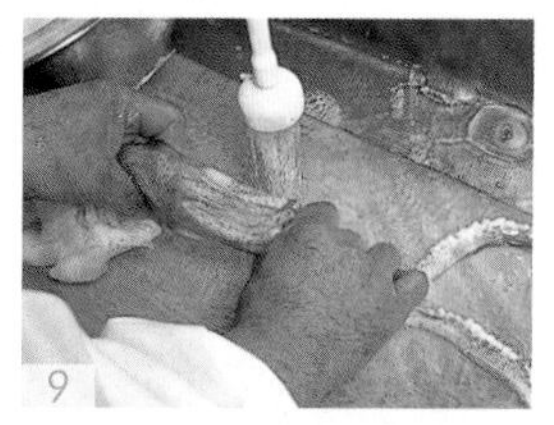

9 将去除内脏的乌贼脚一边用水冲洗，一边用手来回捋几遍，将表面的黏液和脏物都冲洗干净。

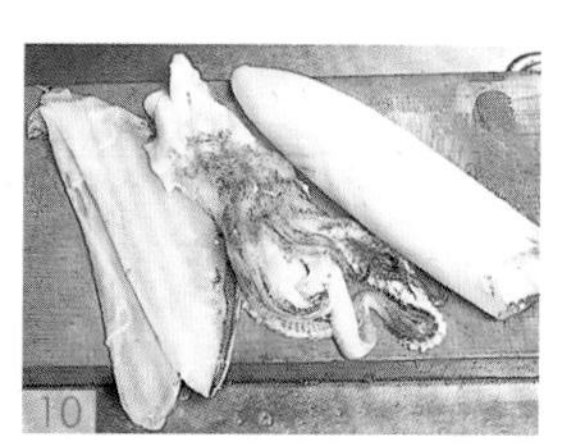

10 从左边起分别为拟乌贼的鳍、脚及躯干。现在，寿司里用的多是其躯干和脚，鳍则用来制作下酒菜。

用盐水煮乌贼肉和乌贼脚

11 将锅里的水煮沸后，撒入一把盐。虽然拟乌贼生吃味道已经很好了，但是（用盐水）稍稍焯过后，味道会更加甘甜。

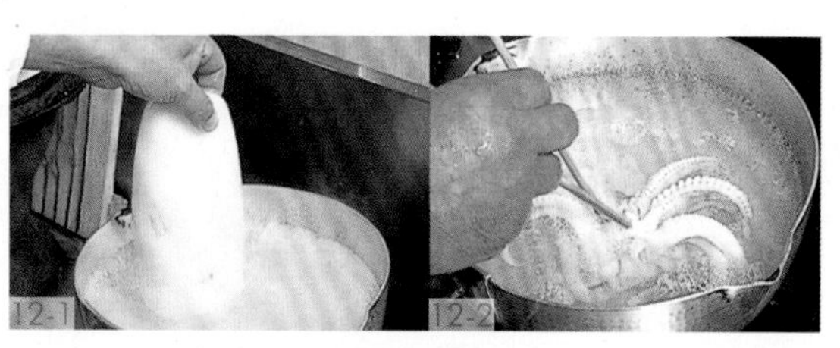

12 若将乌贼肉和乌贼脚全部放入锅里，会迅速降低水温。所以，将乌贼肉、乌贼腿依次放入锅里过水焯。程度是待乌贼肉颜色稍微变成红色时，就可捞起了。

13 焯水后放入冷水中冷却。过冷水是因为加热后用水煮的程度正好。

切割成形 切成长条状后，剥掉内皮

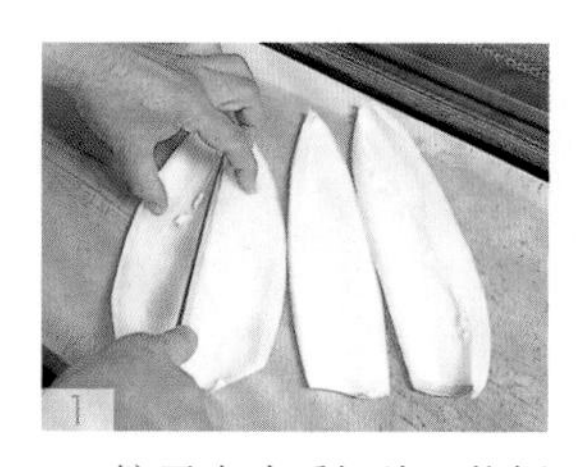

1 擦干水分后切片。将躯干摊平并竖着放置，一分为二，对半切开后再切成四等分，之后切成长条状。

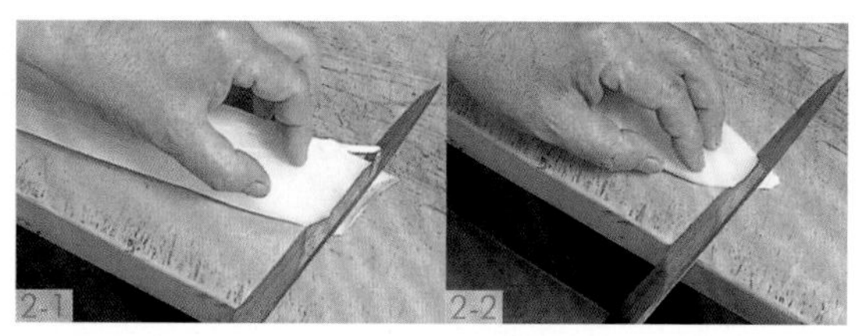

2 为了能剥掉内皮，要在切割成形的乌贼肉的内外两侧顶端，用菜刀轻轻地切出一条切口，作为剥皮的开始部位。

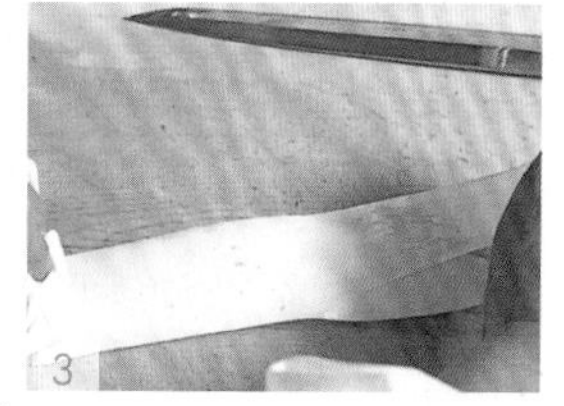

3 将（一只手的）手指伸入切口内，（另一只手）按住躯干后小心地将内皮剥掉。外侧也进行相同的处理。越是新鲜的拟乌贼，越易剥皮。

切片・握寿司 切薄片，涂上煮制酱油

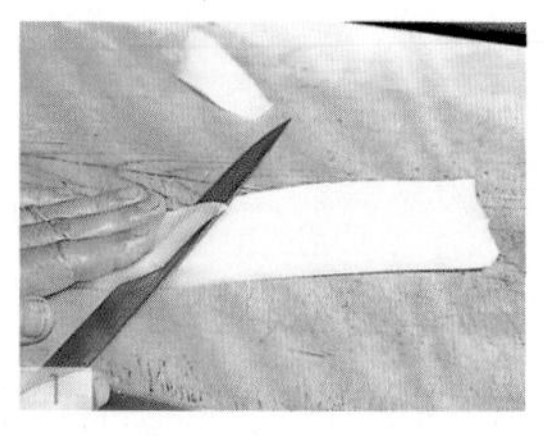

1 将乌贼肉切成寿司原料的大小。若切得太厚的话，口感会不好。所以要将切割成形的乌贼肉以斜刀切成薄片。

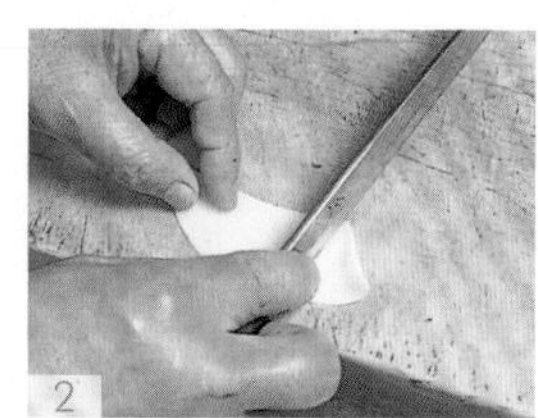

2 用靠近菜刀刀柄的刀刃轻轻地敲打乌贼肉。在敲打时，菜刀竖着或横着皆可。

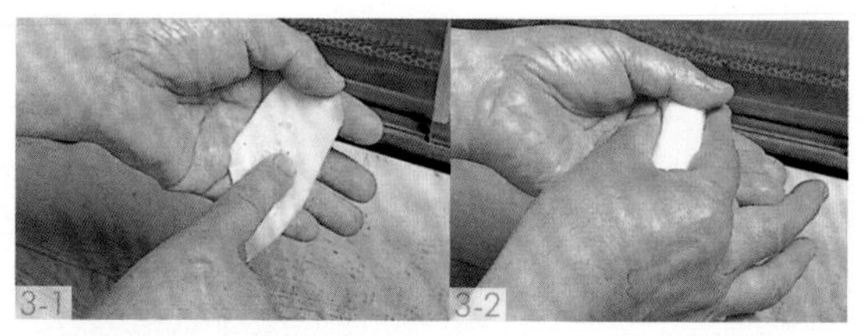

3 在乌贼肉上涂芥末。为了使乌贼肉和寿司饭能充分黏合，要用手反复攥握，修整寿司的形状。

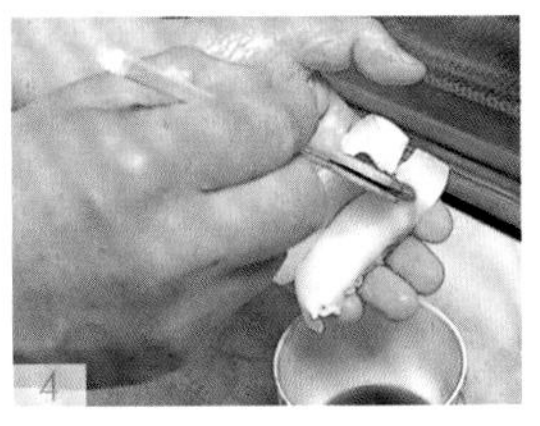

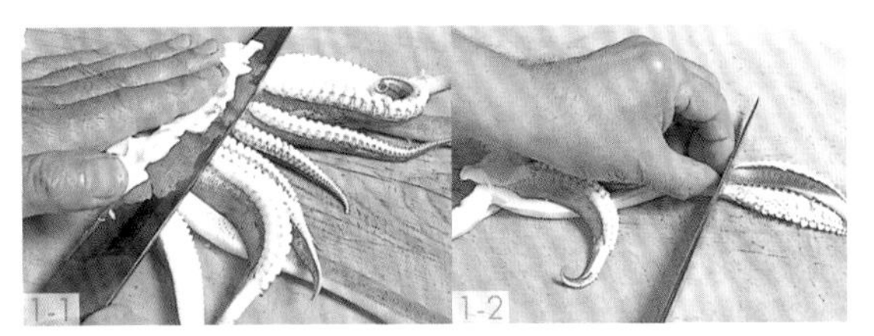

4 用刷子轻轻涂上混合了味醂的煮制酱油后，将乌贼片端上桌。

1 切掉乌贼脚上方连着头部的一层薄皮。将乌贼脚朝右放置，切掉坚硬的皮。

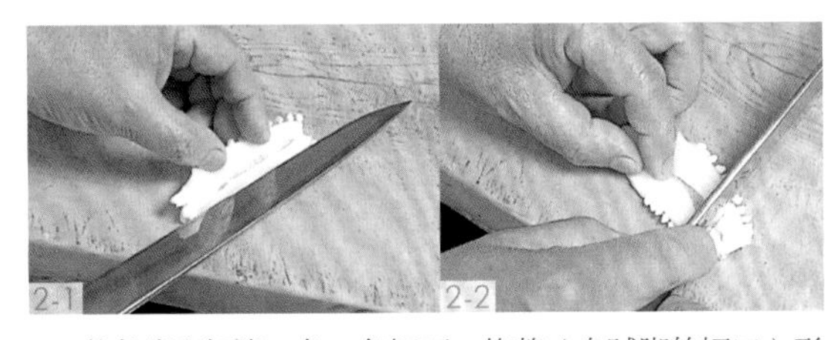

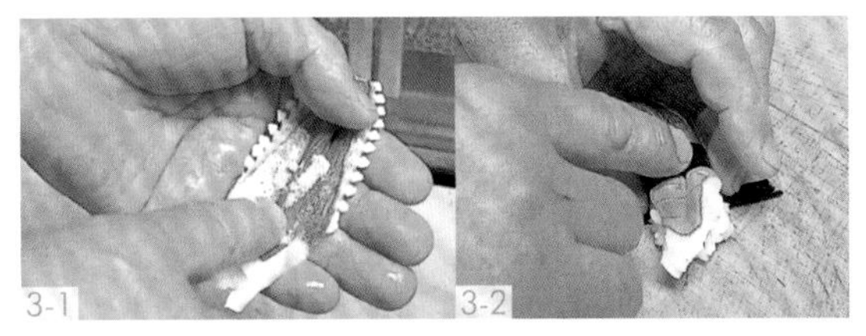

2 将长脚和短脚一条一条切下，修整（乌贼脚的切口）形状后，将其剖开。为了食用起来更方便，要用刀背轻轻地敲扁乌贼脚。

3 在乌贼皮表面和乌贼肉上涂芥末，用紫菜带绑住寿司饭和乌贼皮握成的寿司，再涂上甜甜的用小火熬煮的酱油和味醂汤汁。

长枪乌贼

长枪乌贼切丝

盛产于冬季的乌贼即长枪乌贼，有着树叶状的软甲，属于筒状乌贼的一种。处理方法大致和枪乌贼一样。由于长枪乌贼的身体又软又薄，且相当新鲜，就算生食，味道也很甘甜。同时，也非常适合用盐水煮过后，再涂上用小火熬煮的酱油和味醂混合的汤汁。

图为体长60厘米，产自日本神奈川、三浦的长枪乌贼。肉质很细但味道甜美，除了生食之外还有很多寿司店用“印盒煮”（译者注：印盒煮指将乌贼内脏去除后，腹内塞上蔬菜、米、豆腐后进行焯水。）的方法进行加工。

切片·握寿司

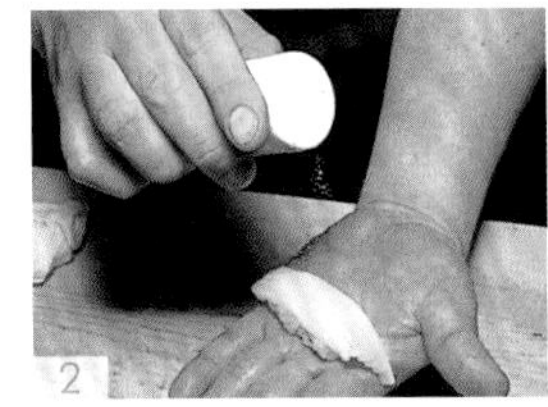

1 将剥去薄薄的表皮且切割成形的长枪乌贼切成薄片，用菜刀在乌贼片上竖着、细细地入刀切成丝。

2 切丝后放在一起握成寿司，一块寿司上撒粗盐，另一块涂上酱油，即可享用两种不同的口味。

右图为应用日式料理的烹饪技术制作的长枪乌贼握寿司，在乌贼肉上以斜刀切出方格状刀纹后，先浇热水，再浇冰水，刀口就会清晰地凸起，形似松球。这是在日本料理中的生鱼片料理上常使用的手法。握成寿司时，根据客人的喜好，可以加上紫苏嫩叶或细香葱。此外，这款寿司在盐和柠檬汁等佐料的味道上也下了一番工夫，极具人气。

切片·握寿司

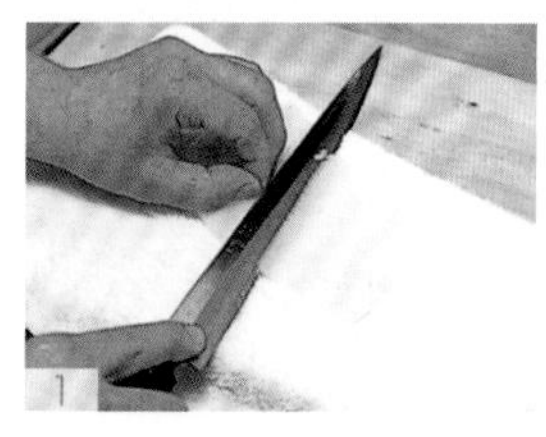

1 在切成手掌大小的长枪乌贼肉的表面，细细地切出方格状的刀纹。

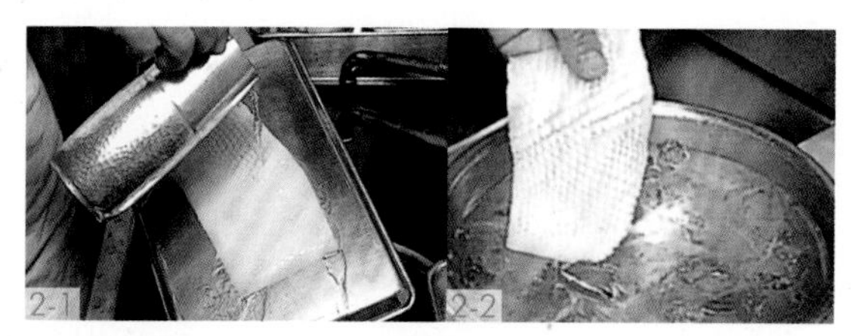

2 将切出刀口的一面朝上放在方形平底盘内，稍微将盘子倾斜，先浇热水，再浇冰水，使刀口凸起。

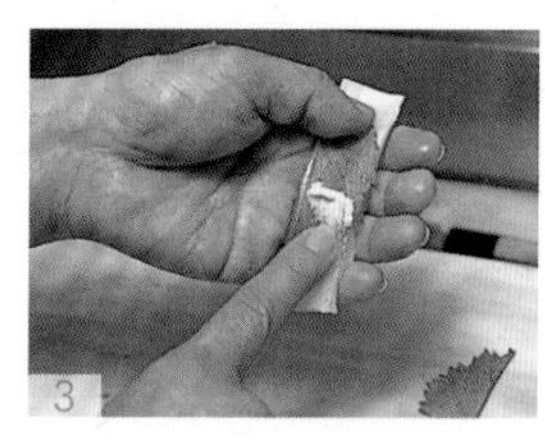

3 待水分完全擦干后，将乌贼肉切成薄片，加上紫苏嫩叶，再涂上芥末。

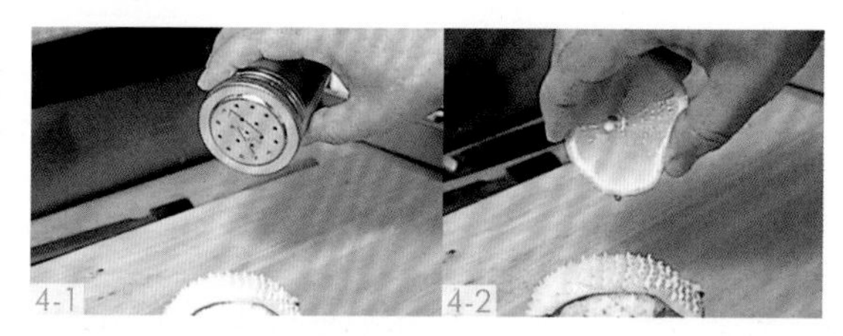

4 和搓得小小的寿司饭一起握成寿司，稍微撒点盐，再挤点柠檬汁。正因为增添了咸味和酸味，所以更能突出长枪乌贼肉的香甜。

虾握寿司

来源于虾的煮法，即将生虾以醋、酱油调味后直接食用即可。使用传统的甜醋和鱼虾肉松握成寿司，表面稍微烤制后可引出本身的甜味，此烹饪技术需下工夫，所以特别受关注。

明虾

明虾

如今，说起虾握寿司，一般指将虾煮过后握成的寿司。在江户派古老的做法中，就有用甜醋腌渍煮过后味道变淡的明虾，弥补其缺憾的美味。直到今天，有些日本寿司店在处理明虾时依然保留着这种传统的寿司技术。

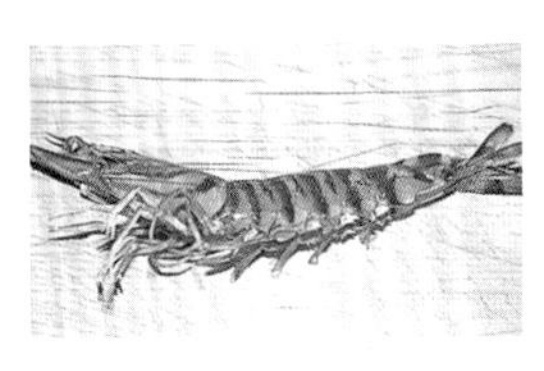

图为天然的肉质柔软且肥美的明虾。一般使用大小为 10 厘米左右的明虾。

明虾的准备工作　将明虾串起来，用盐水煮

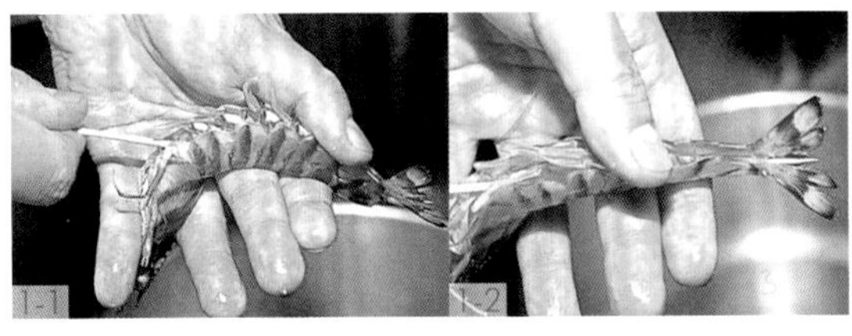

1 将用水稍微洗过的明虾串起来。捋直明虾的身体，用竹签从明虾的腹部刺入，沿着背部刺穿至明虾的尾部。

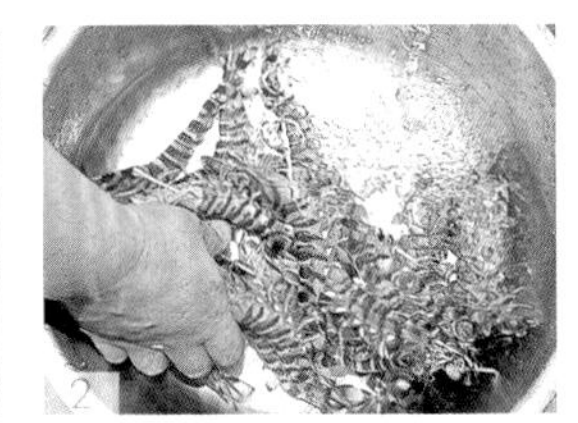

2 将串好的明虾放入盆里，以流水仔细冲洗。

3 待锅里的水全部煮沸，撒入一把盐，将明虾焯水。放入盐是为了使明虾表面变坚硬，使虾壳中的美味不会流失，还可防止虾肉破碎。

4 待水再次沸腾后，将火关小，要时常撇去浮起的脏物。

5 水再次沸腾后，待明虾全部浮起，关火。将明虾捞到笸箩上，马上放入冷水中降温。

剥掉虾壳，以甜醋腌渍

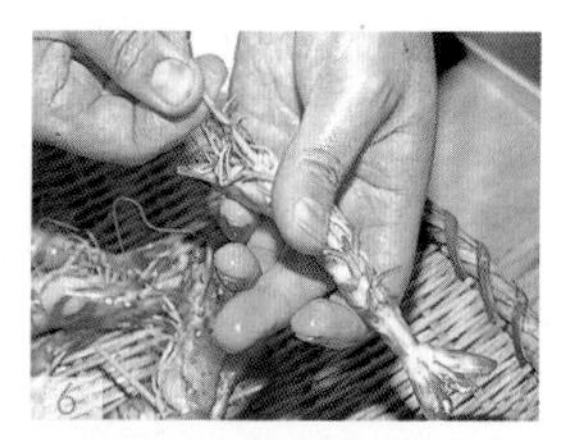

6 明虾冷却后，将其捞到笸箩上沥干，准备拔出明虾身上的竹签。将明虾腹部朝上，一边来回转动竹签，一边慢慢地将其拔出。

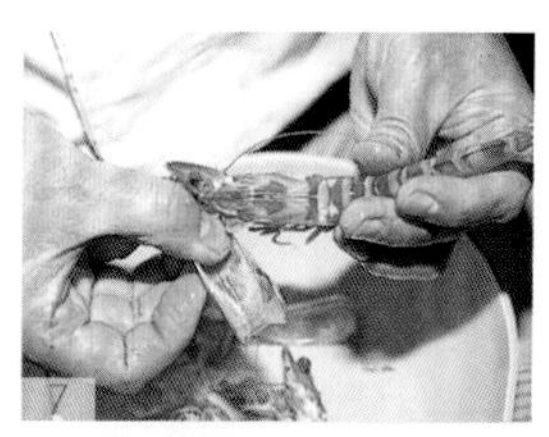

7 抓住明虾头部前端，将虾头折弯后取下。之后，在将虾壳整个去除时，注意不要将虾肉弄碎。

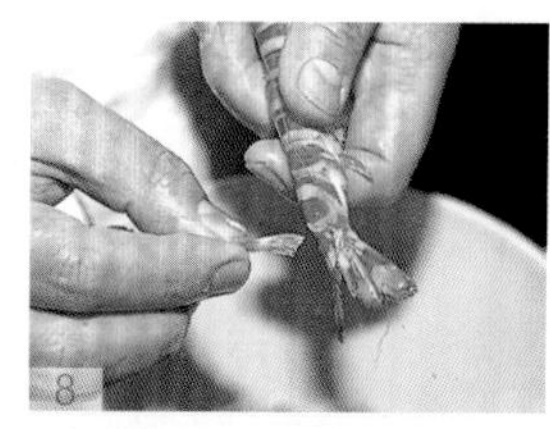

8 尾部必定会有虾壳残留，用手指夹住尾部和虾肉之间尖尖突起的虾壳，朝上拔掉。

9 将去壳后的明虾码放到笸箩上，撒盐，静置 20 分钟左右沥干水分。

10 轻轻地洗掉表面的盐分后，以盐水腌渍，接着再洗掉细小的污垢。

11 擦干盐水后，将明虾码好放在盘子里，倒入能刚好浸没明虾的甜醋，腌渍 10 分钟左右，使明虾入味。

切片·握寿司　将明虾开膛后，夹上虾肉松

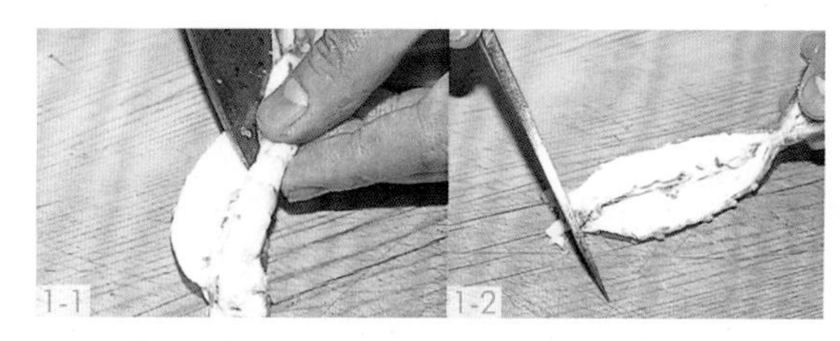

1 用甜醋腌渍好后，擦干明虾上的汁水，将其开膛，并作为寿司原料。从明虾腹部入刀，剖开至虾尾根部，将虾头方向最前端的肉切平整，修整明虾的形状。

2 将长在被开膛的虾肉中心部位的虾线清理干净。可用手或菜刀刀尖进行处理。

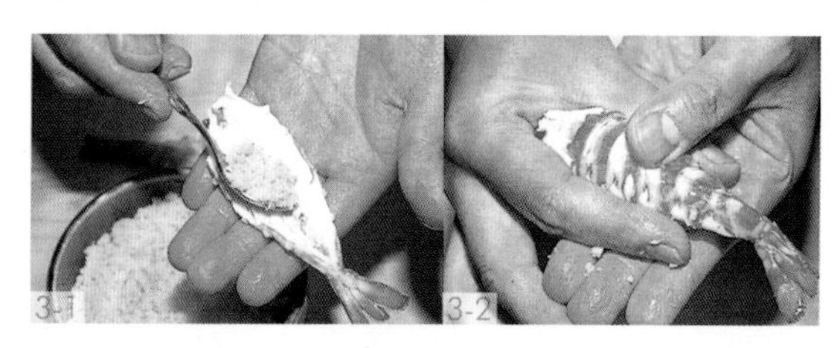

3 将剖开后的虾肉朝上、虾尾朝外放，涂上芥末后，使甜味与酸味配合得恰到好处。夹上新对虾制成的虾肉松，再握成寿司即可。

明虾具有奢侈感及新鲜的口感，所以在进行宣传时使用了“活蹦乱跳”这个词。活蹦乱跳的寿司出现在日本东京战后，但也有流传说始于关西战前。明虾具有很高的观赏价值，随着水族箱的普及，很多寿司店开始制作明虾握寿司。在不破坏其鲜味的前提下进行快速的处理，这样能够发挥出明虾自然的甘甜和美味，因此该做法非常关键。

明虾的处理方法　去掉虾头，剥掉虾壳，剖开虾腹

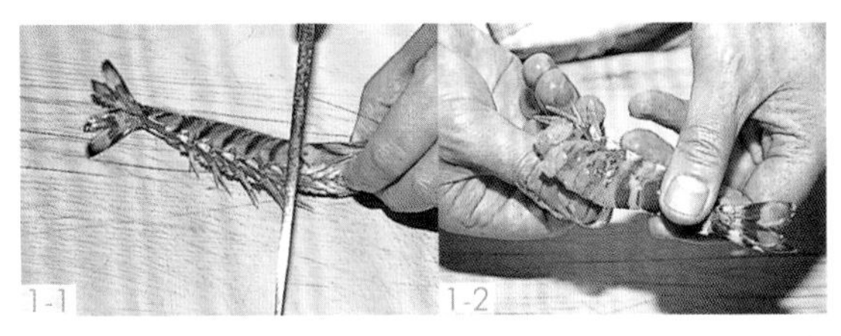

1 用菜刀切下鲜活的明虾头部。为了保持虾肉完整，注意不要将虾脚立起，用手指剥掉虾壳，去掉虾脚。

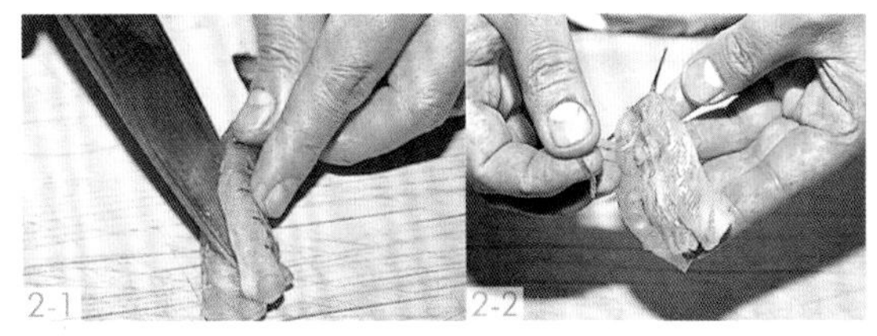

2 将去壳的虾开膛。虾尾朝向自己、虾腹朝右放，用菜刀刀尖沿着虾头方向切开，切至虾尾根部，用指尖抓住虾线并将其去除。

握寿司　加上紫菜后握成寿司，撒盐，并挤酸橘汁

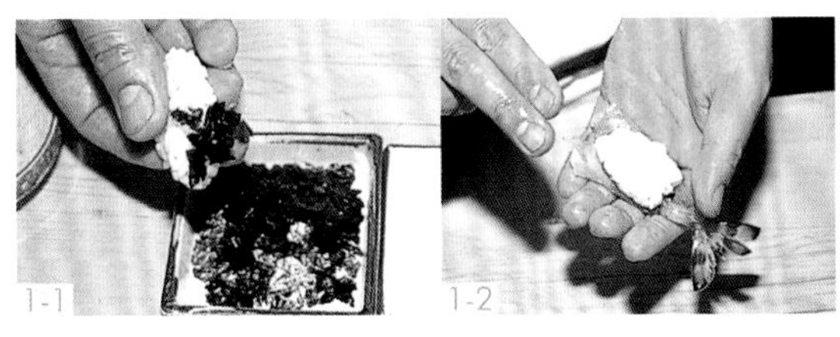

1 轻轻地往握成团的寿司饭上撒小紫菜片。将剖开的虾腹这一面朝下，涂上芥末，握寿司时注意不要将虾肉弄碎。

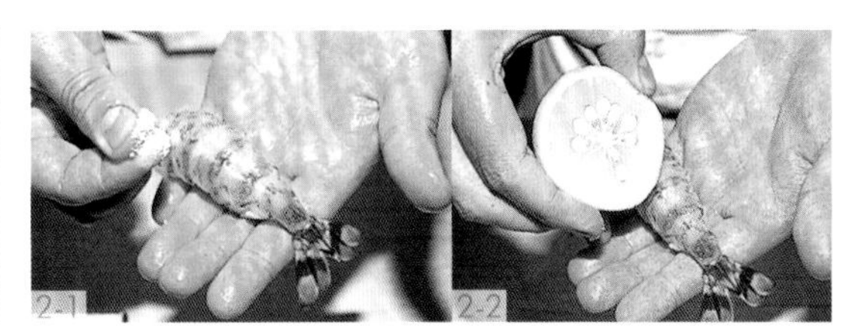

2 给虾身撒盐，挤酸橘汁后，甜味会更加突出。

古老的明虾加工法

腌渍小明虾

此法属于腌渍小明虾的传统方法。使用小明虾，因不用竹签串起来而直接用水煮，整个虾身会蜷起来。将明虾以甜醋腌渍后，从虾背处切开，加上鱼虾肉松后制成握寿司。

将用甜醋腌渍好的明虾从虾背处切开，取出虾线。

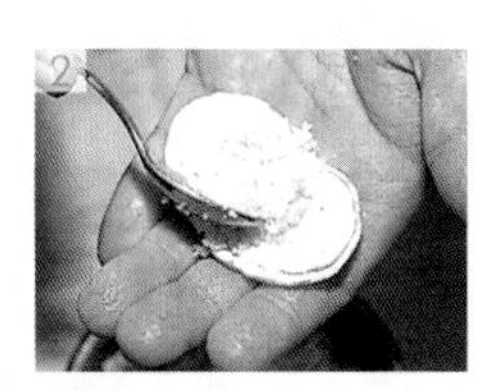

将切开后的虾背摆成一个环形，撒上鱼虾肉松。

对活明虾的
表面进行烤制

在处理现代寿司原料时，我们发现一种倾向，即将寿司原料稍微烤制后再制成握寿司。因为食材经过烤制，肉质会变紧实，美味也被浓缩起来，所以即使制成寿司也非常适合。一些寿司店会采用此烹饪方法，即用火仅烤制明虾表面，在虾肉还是生的状态下制成握寿司，味道芳香扑鼻、肉质多汁。当然，也有烤至肉质变白且透明的明虾寿司。

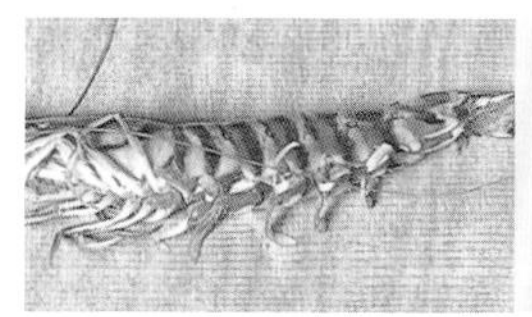

要严格挑选并采购新鲜、色泽鲜艳的活明虾，其是一种很棒的寿司原料。

明虾的准备工作　去除虾头，剥去虾壳

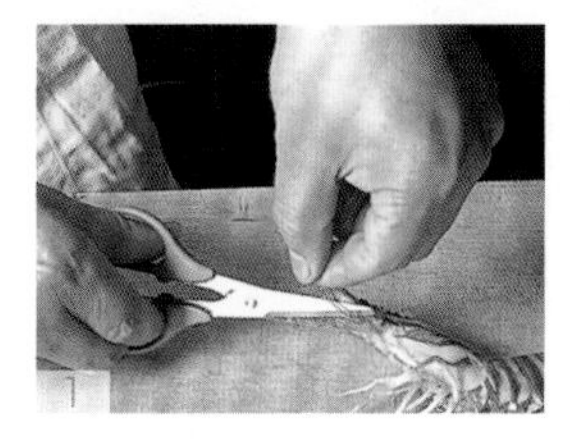

1 为了方便剥壳，用剪刀剪掉明虾的长须。

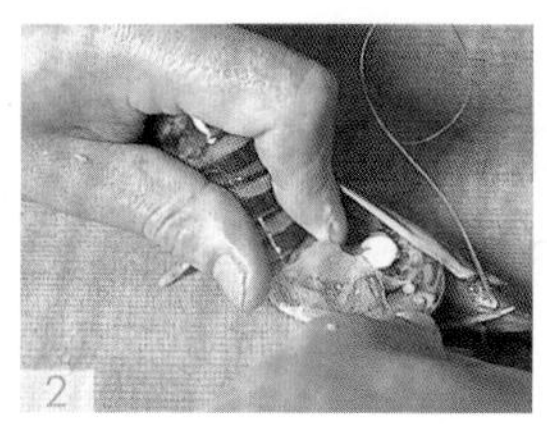

2 将虾头的壳往上提，取出虾头内的脑汁。虾的脑汁做成的下酒菜非常美味。

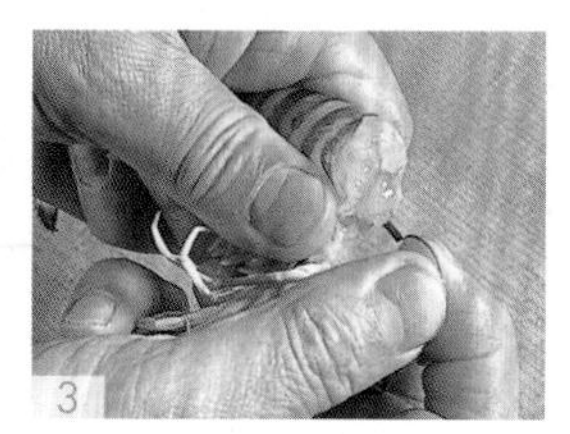

3 抓住虾头和虾腹，将虾头慢慢地拧下来，将虾线轻柔地拉出，注意不要将其弄断。

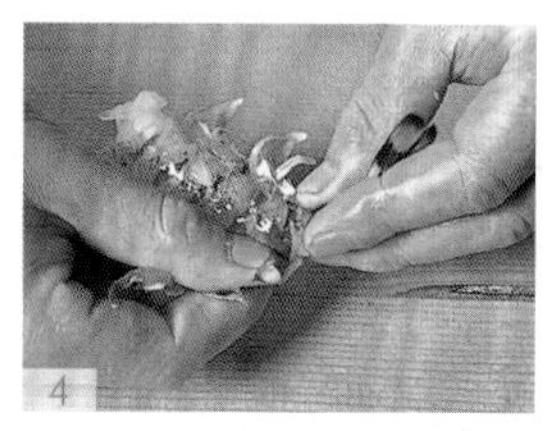

4 同时，注意不要将虾肉弄碎，在去掉虾头后，将整个虾壳仔细剥去。

切片·握寿司　将虾肉表面稍微烤制后，制成握寿司

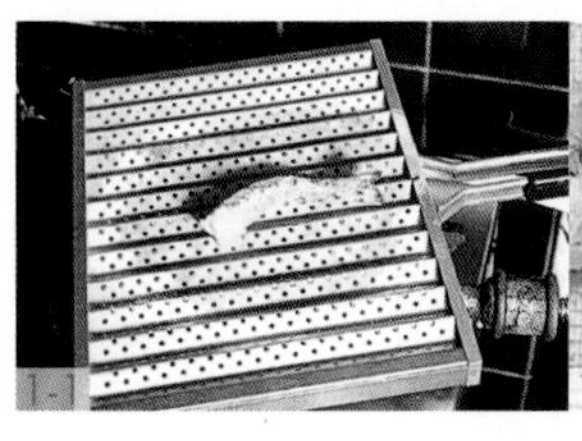

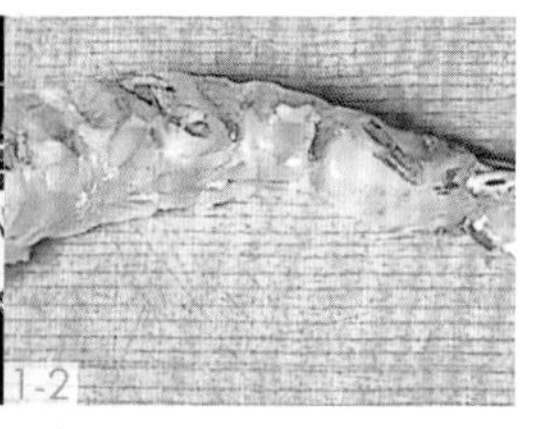

1 将剥壳的虾肉放到烤架上烤制，将表面烤至稍微变红即可。这时，虾肉内仍然是生的，从烤架上取下。

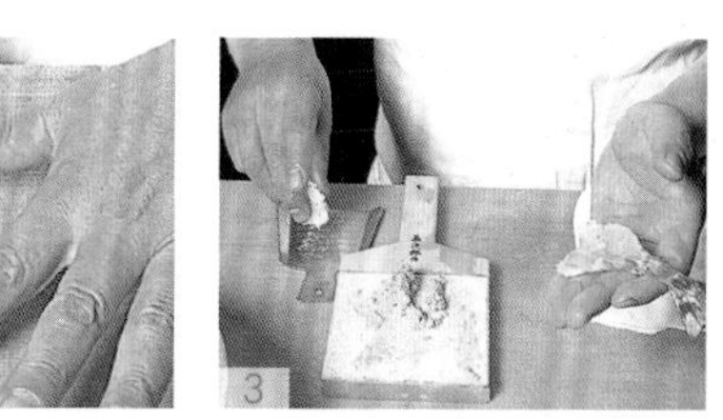

2 将烤制的明虾虾尾朝外、虾背朝右放，用菜刀从虾背切开。

3 为了露出经过烤制的虾肉的纹路，将剖开的那面朝上，涂上芥末后，在寿司饭上放（搓成细丝的）日本柚子，制成握寿司。

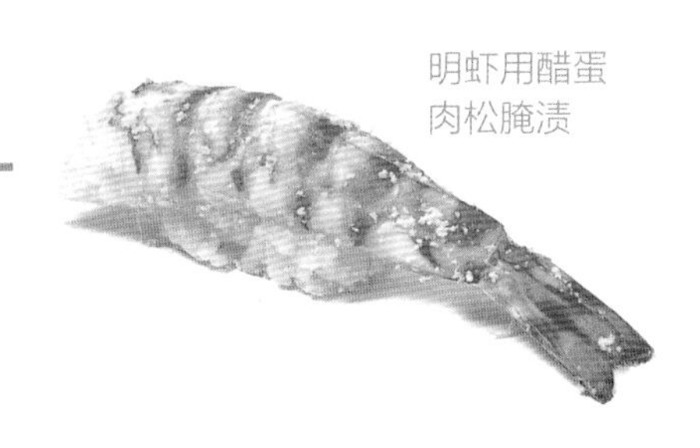

明虾用醋蛋
肉松腌渍

煮过的明虾，用醋与鸡蛋制成的肉松腌渍后可握成独特的寿司。煮过的明虾味道会变得很淡，加上醋蛋肉松的味道，就创造出了独具一格的美味寿司。

只用鲜活的明虾，因准备工作要花上2天，所以需控制采购数量。

醋蛋肉松的做法　将甜醋和鸡蛋混合后，放入锅中炒制

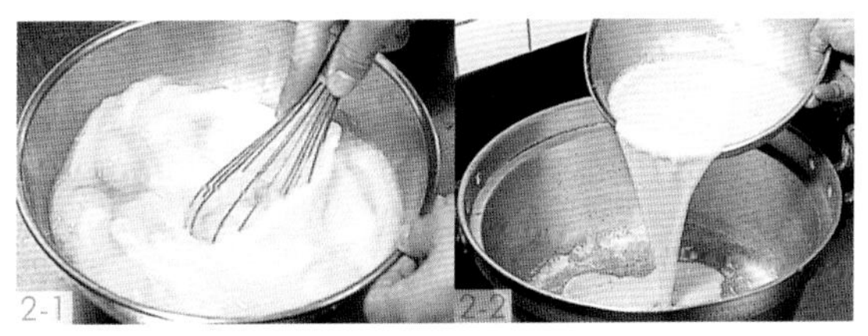

1 事先在纯醋里加入白糖制成甜醋备用。在锅内倒入少量甜醋后开火，将甜醋煮沸后与鸡蛋混合。

2 在盆内打入20个鸡蛋，用打蛋器将鸡蛋打散后仔细搅拌。待锅内的甜醋沸腾后将火关小，将充分打散的蛋液慢慢地倒入锅内。

3 开中火，用木勺在锅内充分搅拌。刮掉黏在锅底的蛋液，注意不要使其变焦。

4 待蛋液凝固至一定程度后，用四根筷子一边搅拌，一边炒成颗粒状，做成没有焦痕的干净醋蛋肉松，装盘即可。

明虾的准备工作　将明虾穿成串，用盐水煮并剥壳

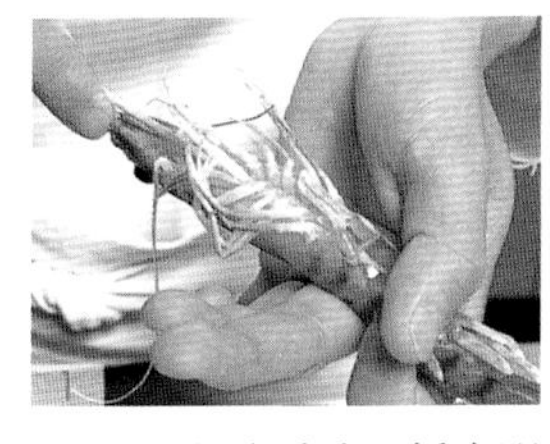

1 将明虾穿成串。捋直明虾虾身，将竹签从虾腹处刺入。沿着虾腹穿透虾壳和虾肉，从虾尾下方穿出。

2 在锅内倒入满满的水，撒一把盐，将明虾倒入，并用盐水焯一下。

3 待虾肉变红，且整个浮起后关火。将明虾从锅里捞到笸箩上，让其自然冷却。

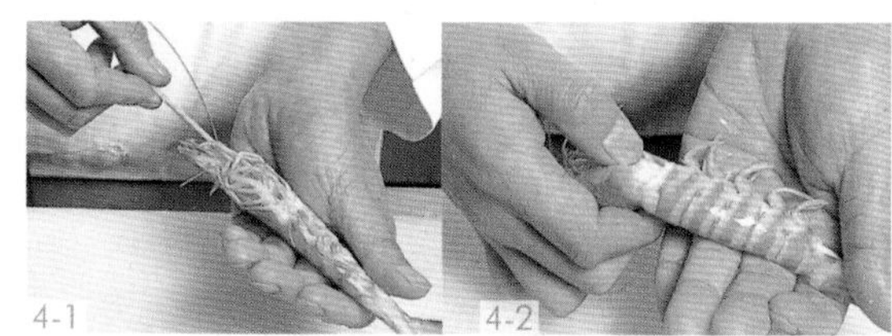

4 充分冷却后，拔出竹签。不要一下子拔出，要一边转动竹签，一边慢慢地拔出，注意不要将虾肉弄碎。

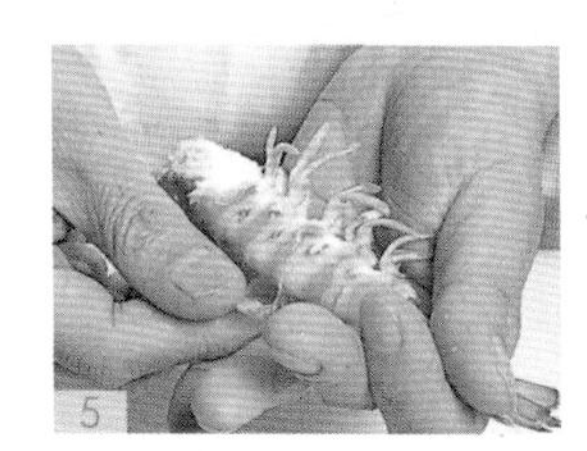

5 将虾头弯曲后拔掉，剥掉从虾头数起的第三节虾壳，再剥掉第二节，最后剥掉第一节。

切开虾腹，用盐水清洗

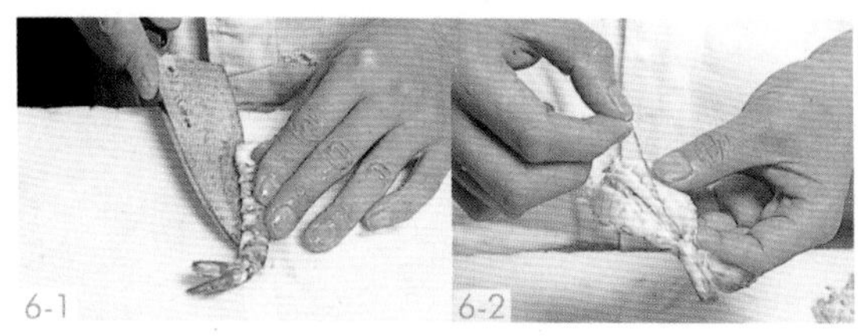

6 将剥壳的明虾切开，虾尾朝外、虾腹朝右放置，将菜刀从虾腹下刀，切至虾尾根部。用手指抓住虾肉中间的虾线，将虾线朝虾尾方向拉出。

7 用盐水清洗明虾，去除残余的虾壳和脏物。将明虾码好放于长毛巾上，将水分充分擦干。

放入醋蛋肉松中腌渍 2 天

8 在密封的透明容器底部，薄薄地铺上冷却后的醋蛋肉松。

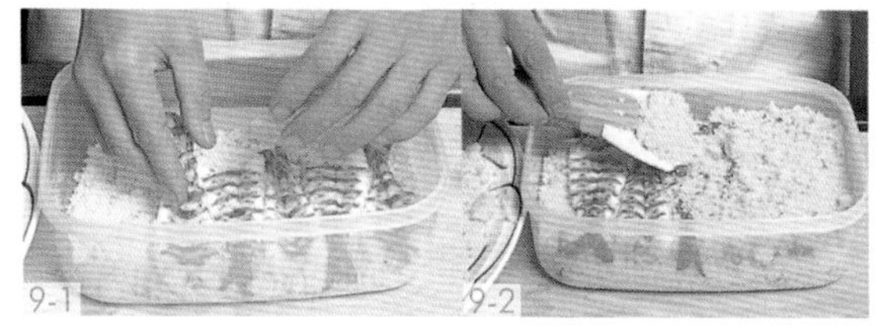

9 将明虾腹部朝下、头尾相互交错排列且紧密地摆放，上面也铺醋蛋肉松。

10 给容器盖上盖子，放入冰箱冷藏。2 天后，取出即可作为寿司原料使用。

握寿司

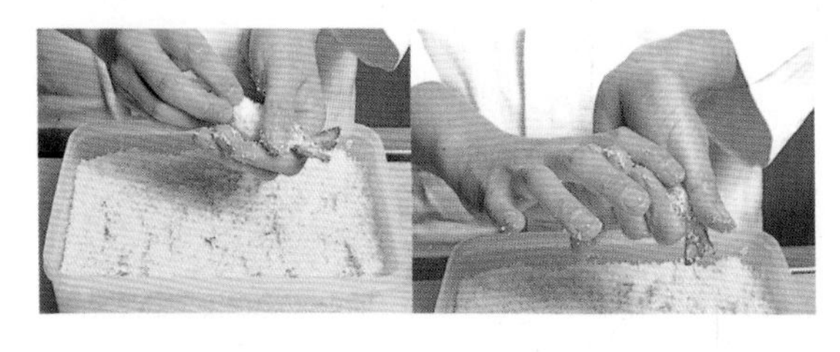

每次点单时，从容器中取出黏着醋蛋肉松的明虾握成寿司。剩下的明虾和醋蛋肉松，仍放于容器中冷藏保存即可。

北方长额虾

北方长额虾

从日本北海道、北陆以及山阴面的寒冷海域捕获的深海虾类即北方长额虾。以前，只能在原产地吃到北方长额虾，但随着物流的发展，不仅是冷冻产品，新鲜的北方长额虾也可以很容易地在市场上买到。因此，北方长额虾变成了广泛使用的寿司原料。北方长额虾的特点是口感爽滑，稍微有点甜味，一般生着握成寿司。技术上并不难，但因其是体型很小的虾，在不弄碎虾肉的前提下干净地去壳，并与寿司饭完美结合非常重要。北方长额虾在其产地也被称为“北极甜虾”和“冷水虾”。

图为产自日本北陆的体长 10 厘米左右的北方长额虾。腹部有青色鱼卵的品种尤其珍贵。

北方长额虾的处理方法　去掉虾头、虾壳及虾尾

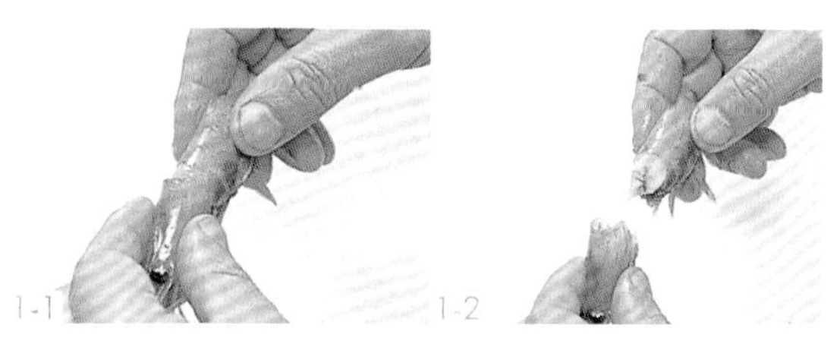

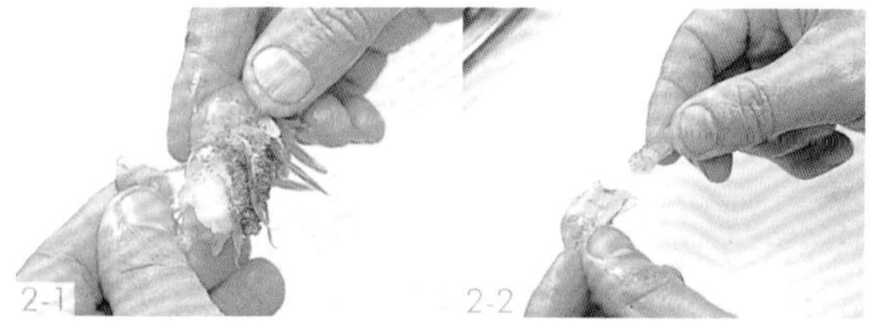

1 用手抓住已用水稍微冲洗过的北方长额虾，将虾头轻轻地往下拉并使其弯曲，这样可很轻松地将其去掉。

2 从虾头开始，将虾壳连着虾卵一起剥去。虾尾的壳也要剥掉，注意剥壳时不要将虾肉弄碎。

涂上芥末后握成寿司，并加上鸡蛋

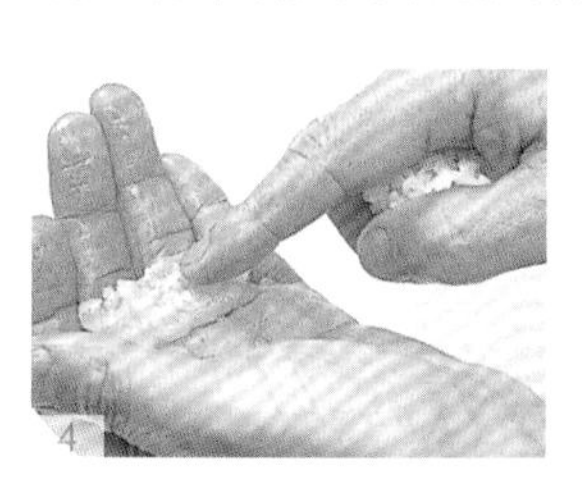

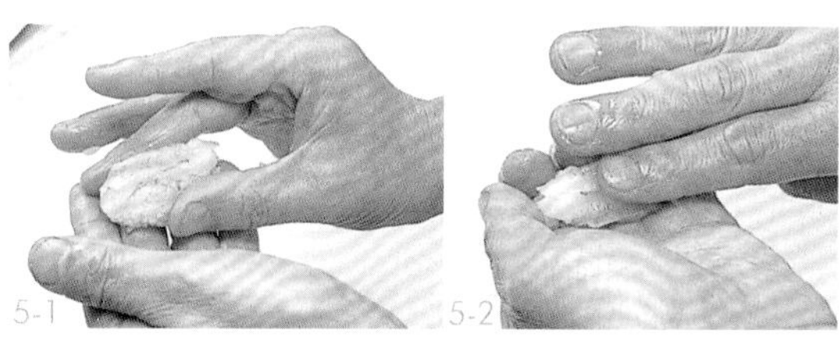

3 之后将背部剖开。用手指轻轻地按住虾肉，将菜刀平行着切开虾背并取出虾线。

4 因北方长额虾肉质柔软，且肉质颜色极易变成红色，所以要事先将寿司饭握成形，将虾腹这一面朝上拿起，涂上芥末。

5 轻轻按压，握成寿司时注意控制力度，不要将虾肉弄碎。不用将虾肉展开，将其切成两片叠在一起制成握寿司，也有系上紫菜带的做法。

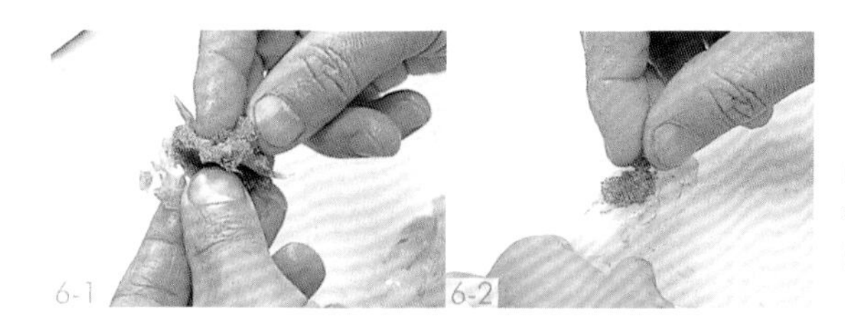

6 从虾壳内取出青色的鱼卵，并将鱼卵放至虾背的切口处再上桌。无论是在味道上，还是颜色搭配上，都提升了北方长额虾握寿司的魅力。

各种各样的
虾寿司

日本长额虾

使用一整条体长 22 厘米的大型日本长额虾制成的握寿司是极具吸引力的寿司。去掉虾头和虾壳，留下虾尾并去除虾线，涂上芥末后上桌即可。

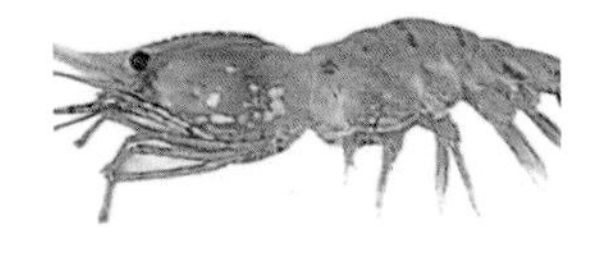

图为产自日本北海道、喷火湾的日本长额虾。虾肉非常柔软，生的虾肉也会呈淡淡的红色。

北海虾

虽然知名度不高，但最近几年，在寿司店里人气慢慢升温的就是北海虾。因要求造型漂亮且肉质鲜美，所以去壳后需保留虾头和虾尾，切开虾腹后，涂上芥末，并用一整条北海虾握成一块寿司。

北海虾的主要产地是日本北海道，体长在 15 厘米左右。特征是虾身上有几条竖条纹。

樱虾

右图为只有在日本骏河湾的捕渔期才能买到的用活樱虾制成的军舰卷。一块寿司上放重量约为 10 克、体长四五厘米的樱虾。入口时会有虾肉融化的浓浓甜味。在捕渔期有很多游客会慕名而来。

在日本静冈的骏河湾，只在春季其中一个月或秋季其中一个月内可捕捞樱虾。

葡萄虾

因虾卵的颜色看上去和一串串葡萄的颜色相似而得名。主要分布在日本三陆以北的地区，冬季味道更为甜美。会用除了夏季以外的其他三季新鲜的葡萄虾，虾尾朝上的黏在寿司饭上握成寿司，这在外观上下了很大工夫。

图为产自日本三陆的葡萄虾，其禁渔期是每年的 7 ~ 8 月，除了这个时期以外，其他季节都可以买到新鲜的葡萄虾。

日本龙虾

有时会将日本龙虾用在整条龙虾生鱼片和烧烤等料理上，但是将其作为寿司原料握成寿司很少见。日本龙虾一般只在宴会上使用。将剥壳后肉质厚实的龙虾肉切开，涂上芥末后制成握寿司，再系上紫菜带。

图为产自日本伊势湾的体长 25 厘米的日本龙虾，其禁渔期是夏季，旺季是从秋季至冬季。

炖煮类握寿司

握寿司的魅力之处不仅存在于新鲜的、生的食材中，在炖煮上花费很大工夫并经过精心烹饪的原料，更能传达出每家寿司店独特的烹饪技术。

康吉鳗

将称为小鳗鱼的小康吉鳗，以很多特殊的东西进行炖煮，并制成握寿司。汤汁不用水，而是用白糖、酒和淡酱油，煮时无须给小康吉鳗上色，所以做好的小康吉鳗肉呈白色。用一整条小康吉鳗握成寿司，将煮汁熬干或稍微烤制后即可上桌。

小康吉鳗 / 煮汁 /

小康吉鳗 / 煮制酱油 /

图为在日本神奈川县佐岛捕获的体长15厘米左右的小康吉鳗，采购鲜活的小康吉鳗，在进行烹饪处理前要将其放在盐水中保存。

康吉鳗和煮汁的分量

小康吉鳗 4 千克
上等白糖 600 ~ 800 克
酒 1 升
淡酱油（生抽）400 毫升

小康吉鳗的开膛方法　将鱼头钉在锥子上，将背部切开

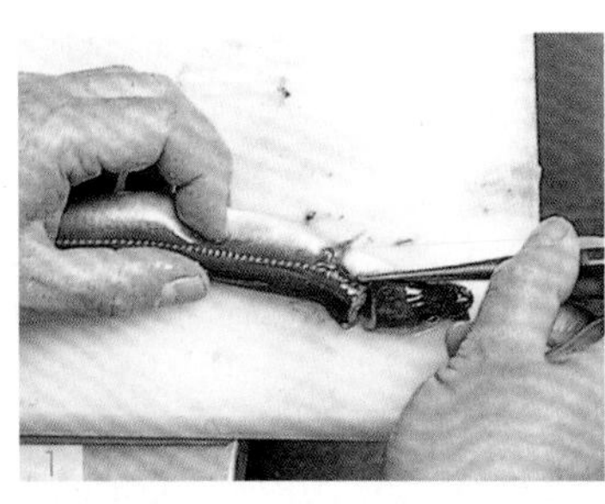

1 将鱼头朝右固定在砧板的右端，背部朝向自己，用菜刀在鱼头切开一个切口，将锥子钉入鱼头。

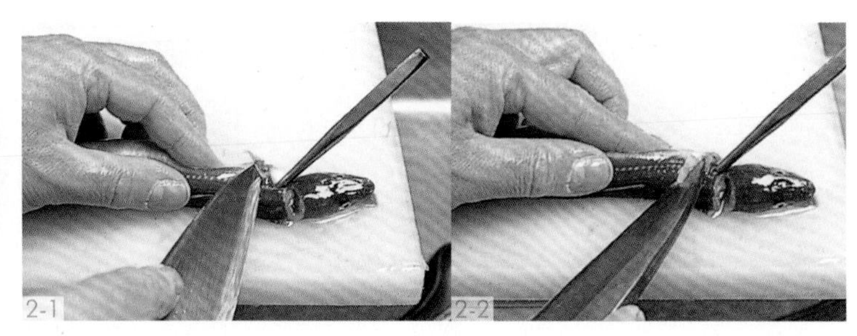

2 从胸鳍的根部开始，将菜刀稍微朝上切入，一边向右折回，一边切入胸鳍下方。

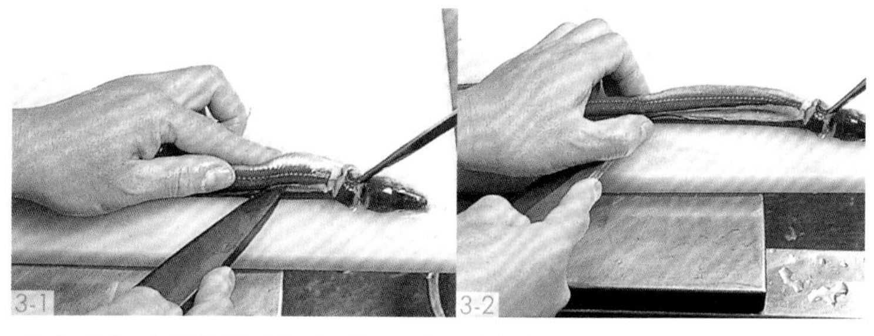

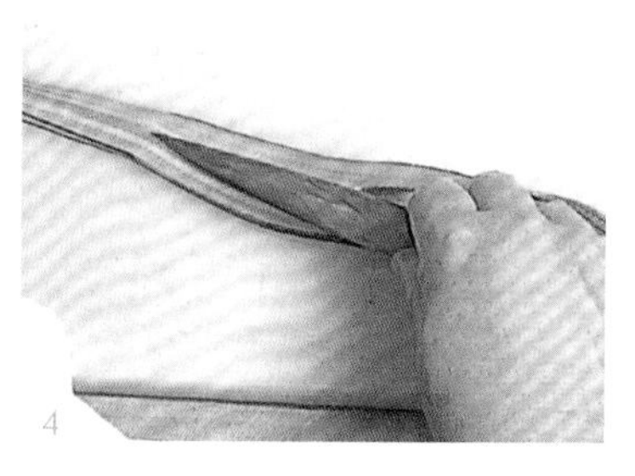

3 如步骤2切进胸鳍下方后，将刀刃转个方向朝向鱼尾，用左手大拇指扶住鱼身，一边拉直鱼身，一边切至鱼腹末端。

4 切到肛门附近时，需将菜刀一口气抽出来。将菜刀返回鱼头方向，将背部剖开，为了便于去除脊柱部位，要将菜刀的刀刃向上逆着切入脊柱边缘，从尾至头划出切口。

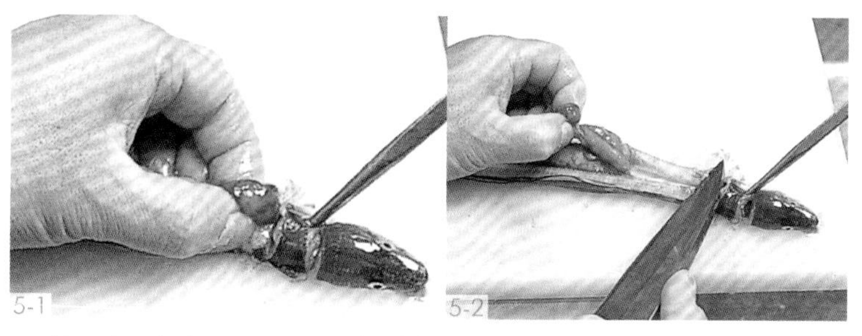

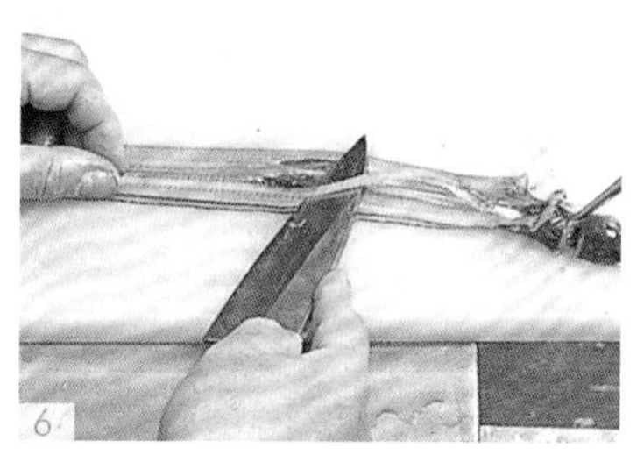

5 接下来，去除肠子和肝等内脏。用菜刀稍微在内脏连接处切一个切口，以刀尖按住鱼身，用手拉出内脏。

6 去除脊柱部位。放平菜刀，从鱼头向脊骨根部切入，沿着脊骨下方，一点一点地切开并去除脊骨。

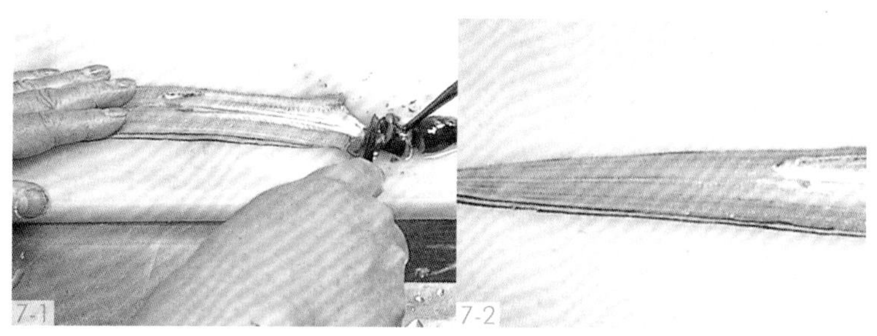

7 用菜刀刮掉血合，最后切下鱼头。保留背鳍和腹鳍。

8 开膛后的小康吉鳗用水清洗黏液，将鱼身捋直，鱼腹朝下码放在笸箩上，将水分完全沥干。

小康吉鳗的煮法 不要给小康吉鳗上色，一次性将其用水煮沸

1 锅内倒入白糖、酒、淡酱油后，开大火，盖上小锅盖，将水煮沸。

2 待汤汁煮沸后，将沥干水分的小康吉鳗慢慢地放入锅内。

3 4千克的小康吉鳗分4次左右下锅，每次都要盖上小锅盖。

4 起初先煮鱼肉那面，中途将其翻面使鱼皮朝下，继续用大火煮。

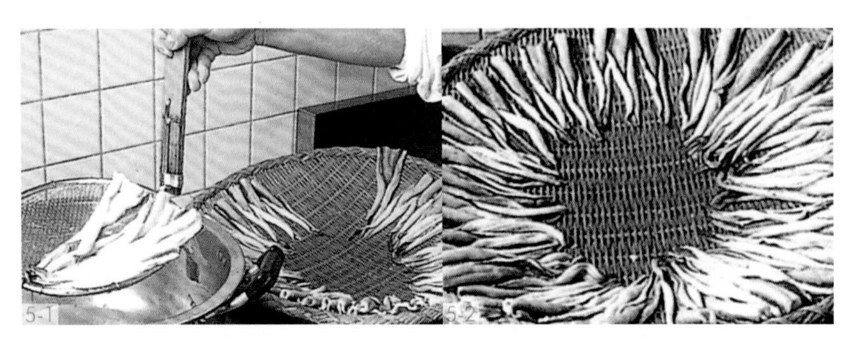

5 鱼肉和鱼皮全部煮熟后，将鱼皮那面朝上码放在笸箩上。

握寿司 做成熨斗形状，涂上煮汁

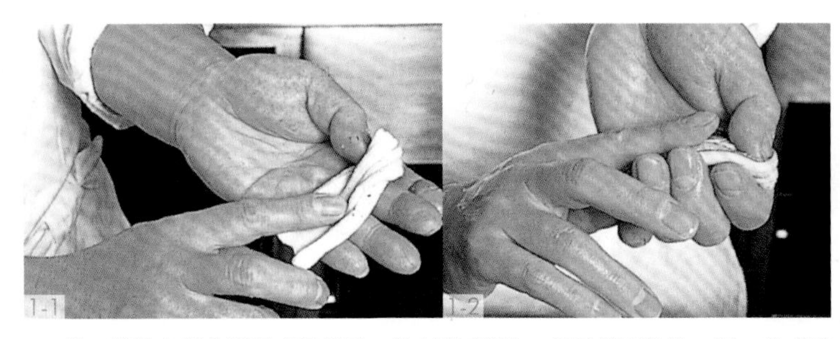

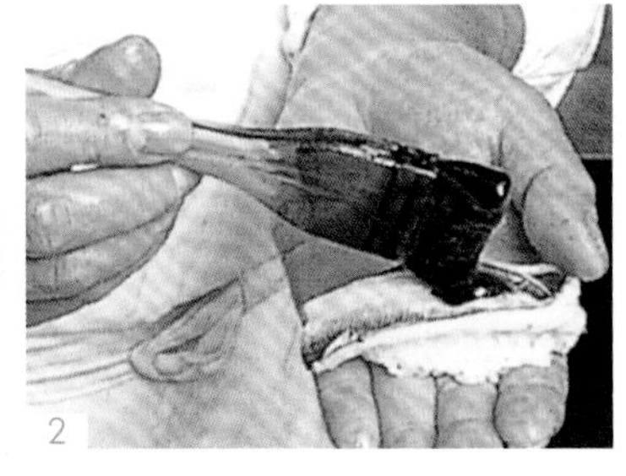

1 将一整条小康吉鳗制成握寿司。鱼肉那面朝上，鱼尾折到身体一侧，做成熨斗形状后握成寿司。

2 给小康吉鳗涂上混合其味道及乌贼味道的浓郁的煮汁。

将小康吉鳗烤制后，涂上酱油

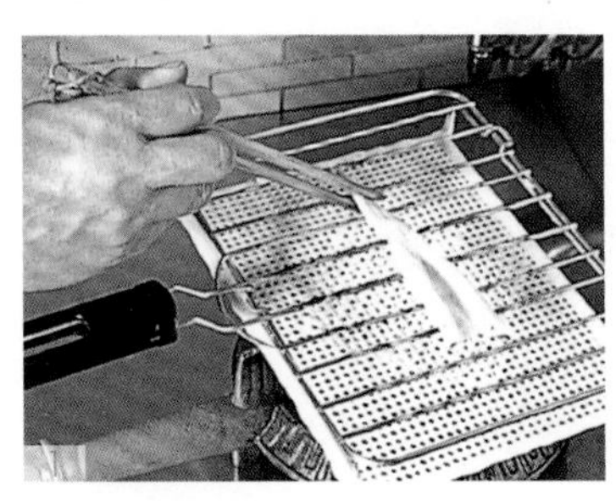

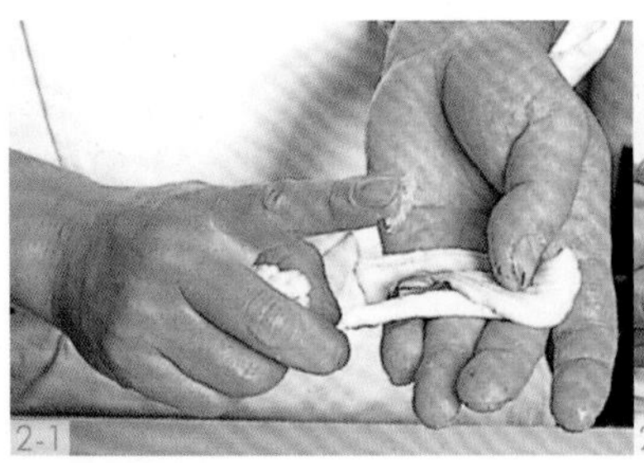

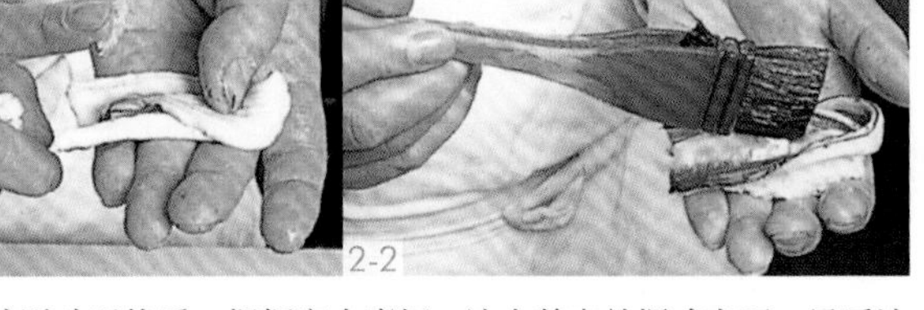

1 将小康吉鳗放在烤架上，将鱼肉和鱼皮两面烤出香味。

2 将小康吉鳗做成熨斗形状后，根据客人喜好，涂上芥末并握成寿司。最后涂上用汤汁煮制的酱油后上桌即可。

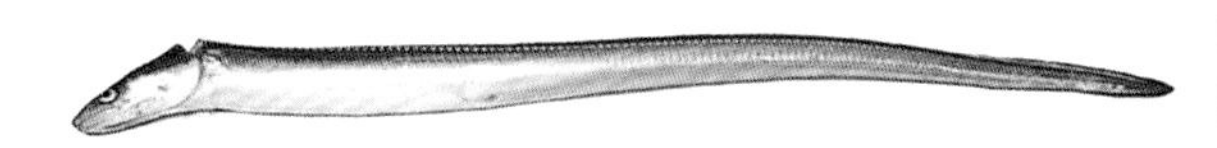

将煮过的小康吉鳗倒入煮汁中进行腌渍，待味道慢慢渗透进去后，再放入冰箱冷藏，使肉质变紧实。之后将小康吉鳗稍微烤制后制成寿司，称为“名代康吉鳗寿司”。

图为产自日本神奈川、小柴的鲜活的星康吉鳗。寿司店一般会采购体长为 30 ~ 40 厘米的星康吉鳗 10 ~ 30 千克。

康吉鳗的开膛方法 切开康吉鳗背部，去除内脏、鱼头、鱼鳍

〈煮汁的原料〉

水
味醂
酒
淡酱油
白糖

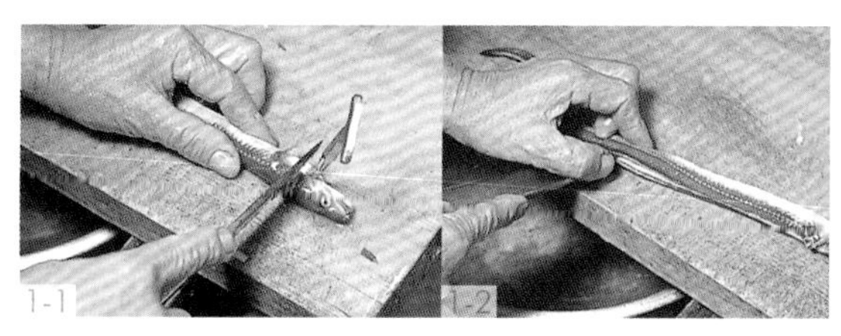

1 将锥子钉入鱼头，菜刀从鱼鳃边缘切入，要紧贴着脊柱上侧，切至鱼身的中间，用左手拇指扶住鱼身，再切至鱼尾。

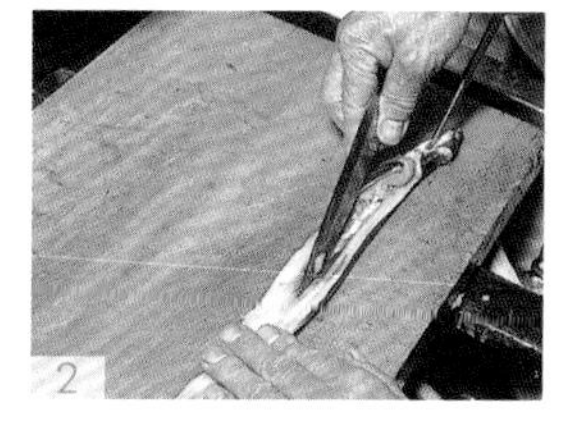

2 将菜刀沿着切口返回，将鱼背剖开，用菜刀刀尖在脊柱边缘部位从尾至头划一刀，将其完全摊平。

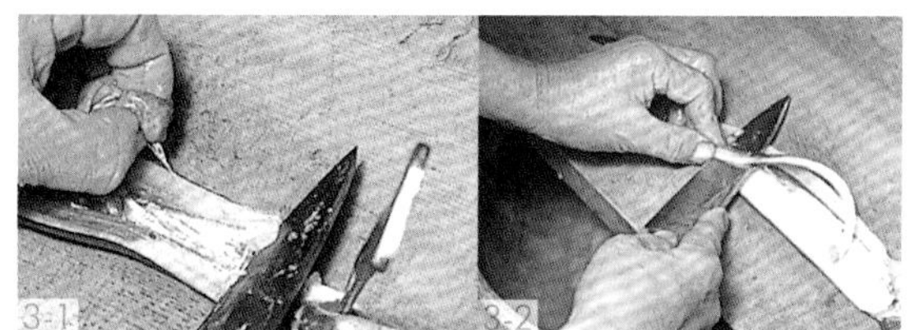

3 去除内脏后，切开鱼头根部的脊骨，要紧贴着脊柱下侧，切至鱼尾，并将脊骨剥下。

4 去除鱼头。用菜刀刀尖从鱼尾方向一口气将背鳍和胸鳍切下。

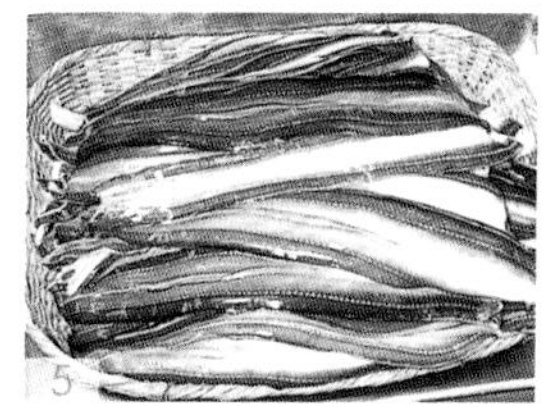

5 用流水将开膛的康吉鳗的脏物和黏液清洗干净，之后将其捞到笸箩上，沥干水分。

康吉鳗的煮法　将煮过的康吉鳗以煮汁腌渍

1 往锅里加入水、味醂和酒，开大火。调味料的比例根据康吉鳗的大小以及季节而有所不同。

2 接下来倒入淡酱油和白糖，将煮汁煮沸。为了使康吉鳗不变色，要用淡酱油调味。

3 待煮汁煮沸后，将康吉鳗鱼皮那面朝上放入锅内，盖上小锅盖。其间，将康吉鳗搅散，注意不要让鱼肉黏在一起。

摆平后放入冰箱

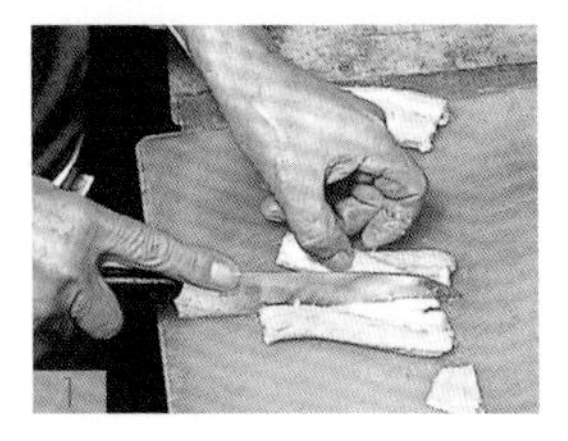

4 待再次煮沸后调成小火，盖上小锅盖再煮 20 分钟，关火。将康吉鳗放在煮汁中腌渍 2 小时。

5 入味后，将煮汁沥干，将康吉鳗摆平放在方形平底盘上，盖上保鲜膜，放入冰箱冷藏 3 小时。

切片・握寿司　切成寿司原料大小后烤制，并握成寿司

1 将体长约 30 厘米的康吉鳗切成三四段。

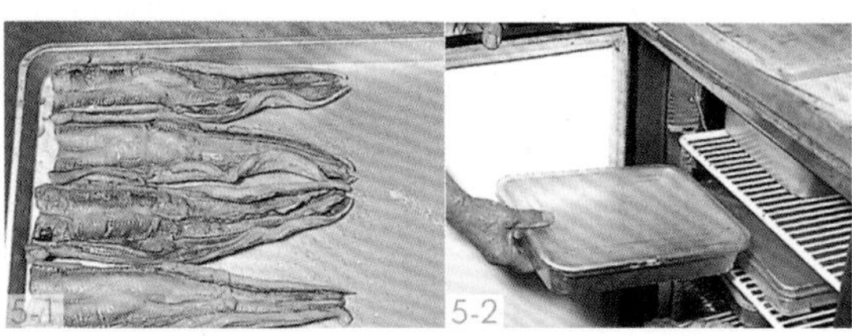

2 将切段后的康吉鳗用大火烤至轻微焦黄即可。

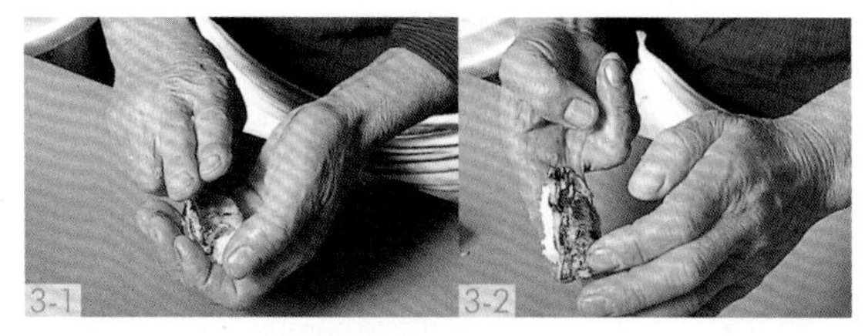

3 因康吉鳗很容易黏在寿司饭上，所以要徒手将鱼皮那面朝上、仔细握成寿司。

煮汁的做法

将 1/5 的汤汁事先进行熬煮，一个月一次，将这些煮汁混合熬煮。

1 将煮过康吉鳗的煮汁加入淡酱油和白糖，去除鱼腥味后进行熬煮。

2 将每天熬煮出的煮汁全部混合后开火熬煮，煮至可拉出丝的程度即可。

各种各样的

康吉鳗寿司

康吉鳗

煮汁里加入粗粒糖和白糖后，会形成一种高品质的甜味。将刚刚煮好的康吉鳗，涂上加入味醂的酱汁，将其尾部弯曲，露出鱼皮那面，并握成寿司。使用的煮汁在夏季要浓稠一点，冬季则清淡一点。

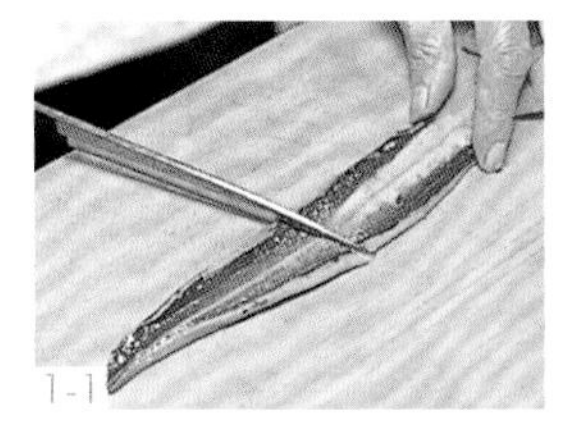

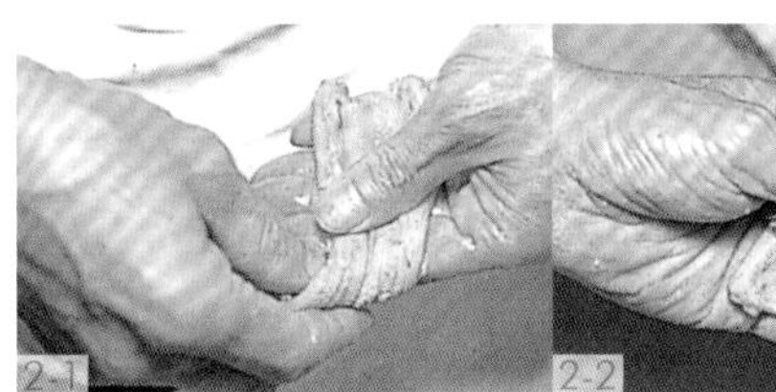

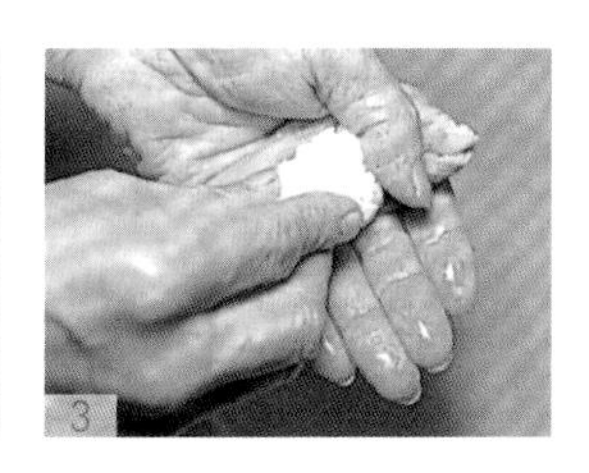

1 将一条煮好的康吉鳗切成前半段和后半段两段。

2 在用后半段握成寿司时，要将鱼肉这面朝上，弯曲鱼尾并叠到鱼肉下面。

3 加上轻轻搓成团的寿司饭，握成船底的形状即可。

康吉鳗

为了能充分品味康吉鳗，会用一整条康吉鳗握成寿司。点餐时，将烤过的康吉鳗对折卷起，包裹住寿司饭并握成寿司，涂上煮汁后上桌即可。

将康吉鳗鱼皮那面朝上，放上寿司饭后对折卷起。

康吉鳗（芥末、盐、酸橘汁）

提前将每天熬煮过康吉鳗的煮汁取出，以此为原料，用来作为次日的煮汁。其特点是和鳗鱼酱料一样具有浓郁的味道。寿司不仅要涂上煮汁，还要撒盐并挤酸橘汁。这些步骤需下很大工夫。

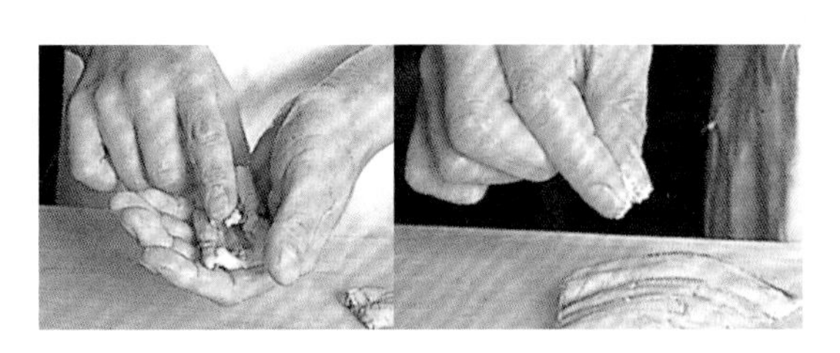

对于喜欢康吉鳗清淡味道的客人，只需涂芥末后握成寿司，撒盐并挤点酸橘汁就可以上桌了。

康吉鳗

右图为在喜欢点套餐和康吉鳗的客人中很有人气的一款寿司。将煮得软糯的康吉鳗，稍微烤制后握成寿司，放上切成细丝的芥末茎，涂上甜度适中的煮汁，再撒上白芝麻增香即可。

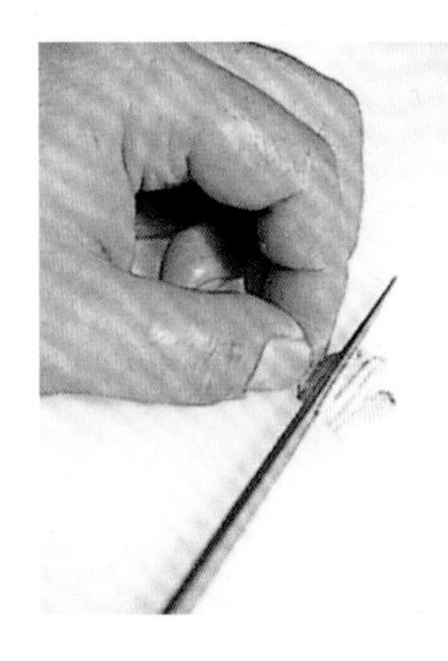

将芥末茎切成细丝放到康吉鳗寿司上。

康吉鳗的鼓握寿司

将一条康吉鳗涂上煮汁后，整个卷起夹住寿司饭。再卷上切得细细长长的紫菜，竖着对切开，就成了形似鼓面的寿司。一般用产自日本明石或淡路岛等地濑户内海的康吉鳗制作。

煮乌贼

煮乌贼握寿司
/ 商乌贼 /

在现代，生食或煮乌贼的情况较常见，但是在传统的江户派握寿司中，乌贼是作为炖煮类的一种原料使用的。作为炖煮类的乌贼，主要选用枪乌贼和长枪乌贼，但是肉质厚实的商乌贼，若变软会变得容易食用，所以也非常适合作为原料。煮乌贼时，会有汁水从乌贼肉中流出，所以煮时汤汁要少放一点，并将煮汁浇到乌贼肉上。给寿司涂煮汁后即可上桌。

〈煮汁的原料〉

三温糖
烧酒
浓酱油（老抽）

乌贼的准备工作 剥掉乌贼薄薄的表皮后，将乌贼用水焯一下

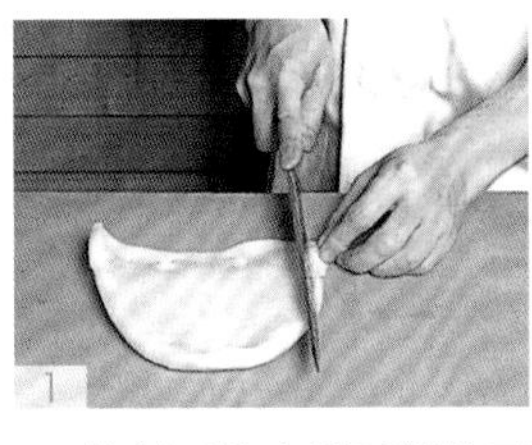

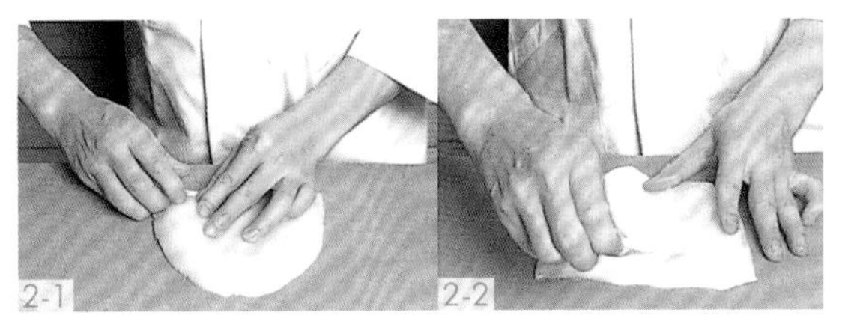

1 将剖开的乌贼两端的刀口切整齐。

2 在乌贼躯干的内侧下端轻轻地划出一个刀口，用手指从这个刀口处伸入，将薄薄的表皮剥掉。

3 将乌贼肉一分为二，用煮沸的热水焯过后，放入冷水中进行冷却。焯水的程度控制在半生半熟后再稍微煮一会儿即可。

乌贼的煮法 以三温糖、烧酒、浓酱油制成的煮汁熬煮

1 将少量热水倒入锅内并煮沸，放入甜度很浓的三温糖，使其充分溶解。

2 接着，为了能够使乌贼肉变软，倒入烧酒和浓酱油，再次煮沸。

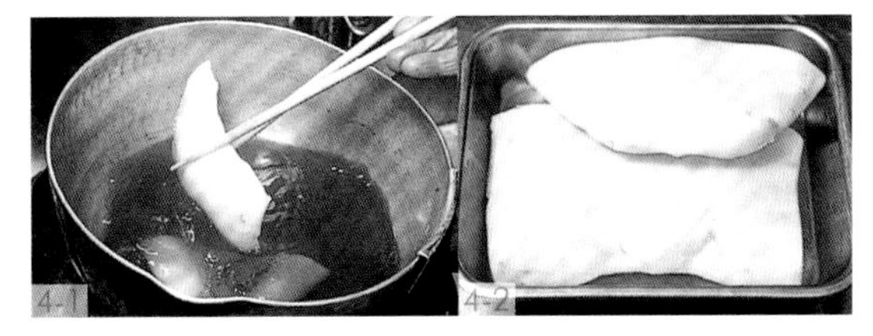

3 待煮汁沸腾后，放入乌贼肉，并将乌贼肉浸入煮汁内。

4 先煮至七分熟，三分则用煮汁完全煮透后捞起。

切片 切成波浪形

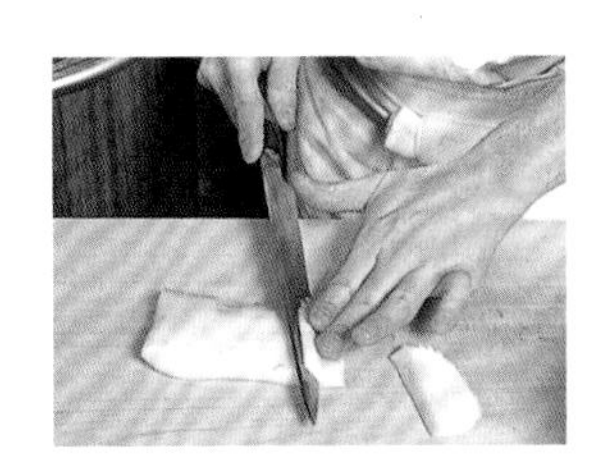

将乌贼切割成形后，前后轻轻地抽动菜刀，切出波浪形的纹理。也可以制成柔软的可方便食用的寿司。

章鱼

章鱼炖煮类

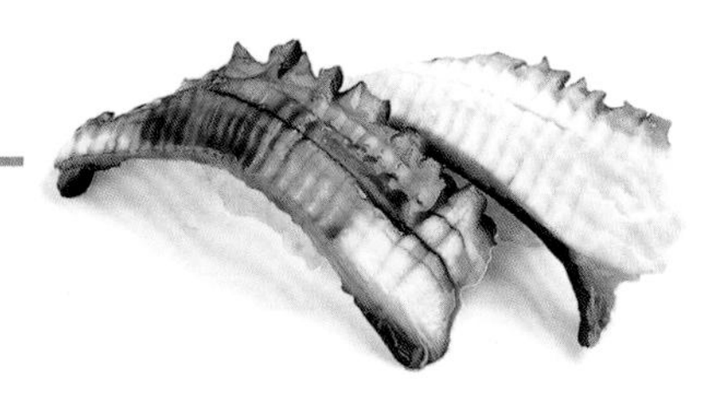

很多寿司店会用在日本鱼河岸（译者注：鱼河岸是日本东京都中央批发市场的简称）焯过水的章鱼。寿司店买来生的章鱼，煮好后肉质变得很有嚼劲，颜色也呈漂亮的红褐色，因而大获好评。准备章鱼时，最重要的诀窍就是用盐揉搓清洗这一步，这在很大程度上左右了章鱼的口感。在煮法上，寿司店吸收了日式料理的工艺，在煮汁中加入白萝卜和粗茶，制成肉质柔软、颜色鲜艳的炖煮类原料。

〈煮汁的原料〉

水	浓酱油
酒	白萝卜
味醂	粗茶
煮制酱油	

章鱼的准备工作　用盐揉搓清洗

1 选用吸盘吸力强的非常新鲜的章鱼，撒盐，用手从章鱼头至章鱼脚捋几遍，仔细地揉搓清洗。

2 将头部翻面，去除墨囊、内脏、眼睛和嘴巴。

3 再次撒盐进行揉搓清洗，将内脏等清洗干净。

章鱼的煮法　煮汁中加入白萝卜和粗茶后炖煮

1 在锅里加满水，放入切成半圆形的白萝卜片后开火。待白萝卜煮熟后，将粗茶放在滤网内并浸泡在锅里。

2 对煮汁进行调味。先倒入酒、煮制酱油，再倒入味醂增加甜味，最后倒入浓酱油调味。

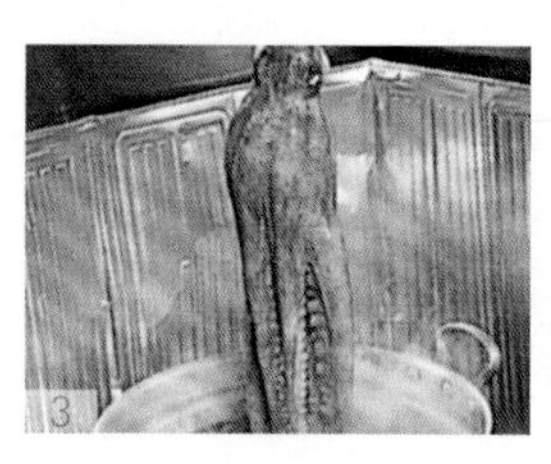

3 抓住章鱼头部，从其脚尖开始一点一点慢慢地浸入煮汁里。

4 为了不让章鱼在水里翻动，盖上小锅盖。待煮沸后，调至中火继续炖煮。

5 从章鱼躯干处穿入竹签，之后将整个章鱼捞到笸箩上自然冷却。

切片　切成薄薄的波浪形片状

切下章鱼脚，从脚粗的一头开始，切成波浪形的片状。

虾夷盘扇贝

煮虾夷盘扇贝

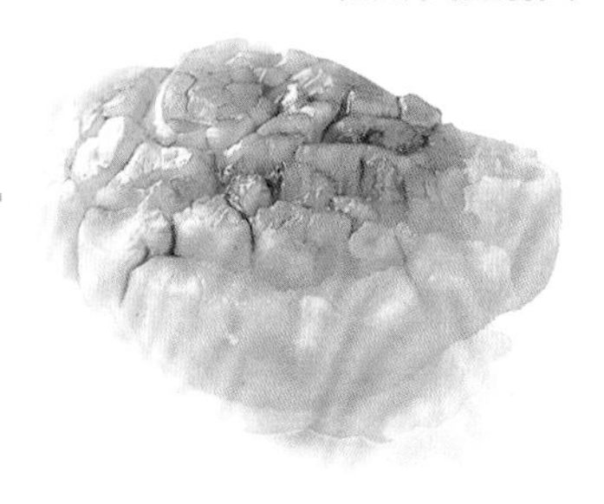

虾夷盘扇贝寿司用的是产自日本北海道和东北地区的新鲜带壳的虾夷盘扇贝，一般生着握成寿司。以东京为代表的其他地区，会采购那些包装好的、煮至半熟的扇贝肉。近年来，除了主产地以外，也出现了很多生扇贝上桌的情况，而从前虾夷盘扇贝是作为炖煮类原料使用的。现今，一些寿司店也会将虾夷盘扇贝作为炖煮类原料。处理时，将贝柱用煮汁稍微焯一下，再用煮汁腌渍一晚，待完全入味后握成寿司。

〈煮汁的原料〉

浓酱油　酒
味醂　白糖

虾夷盘扇贝的准备工作　往贝柱上撒盐后，用热水焯一下

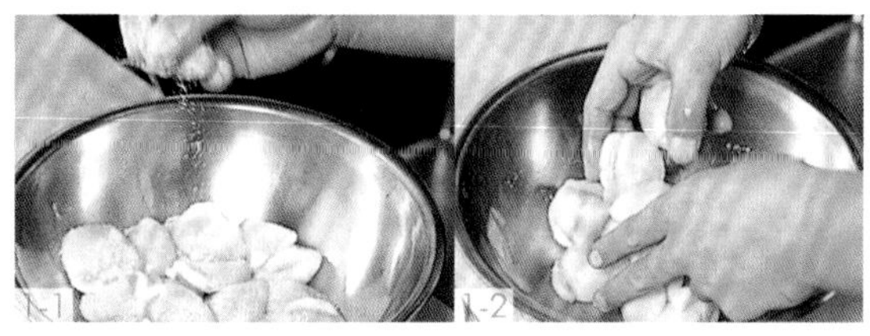

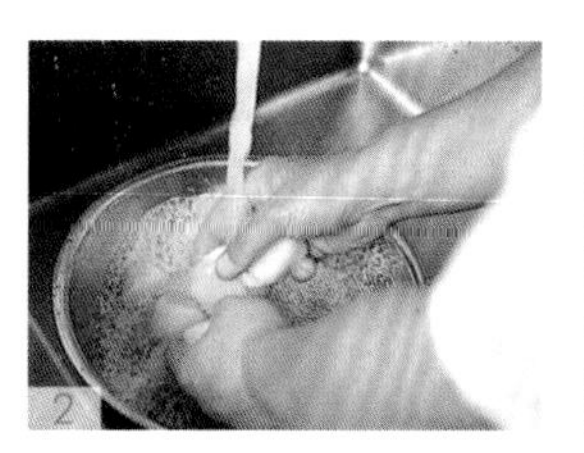

1 用的是产自日本北海道的新鲜扇贝肉。在盆里放入贝柱肉，薄薄地撒一层盐，用手轻轻揉搓并去除黏液。

2 将用盐揉搓后的贝柱用水冲洗干净，洗掉黏液。

3 将贝柱擦干水分后放入盆里，倒入热水将贝柱焯一下。

虾夷盘扇贝的煮法　将扇贝放到煮汁中煮沸后，再进行腌渍

1 将浓酱油、酒、白糖及味醂入锅后煮沸。

2 待酒和味醂里的酒精成分全部挥发后倒入贝柱，煮时用筷子来回搅拌。

3 待贝柱煮沸后，将锅离火，待其完全冷却后，与煮汁一起倒入容器中，并腌渍一晚。

握寿司 用手掌轻轻地按压贝柱肉，放上日本柚子

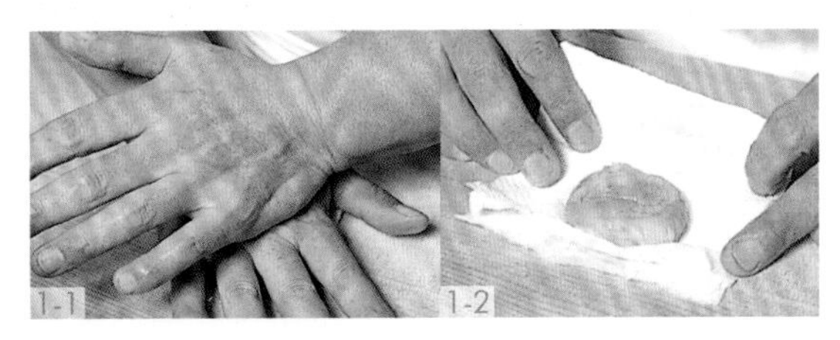

1 将腌渍好的贝柱肉用毛巾包住，用手掌使劲按压，把贝柱肉压扁。这样既去除了贝柱肉内的汁水，同时也使贝柱肉更容易和寿司饭完美结合。

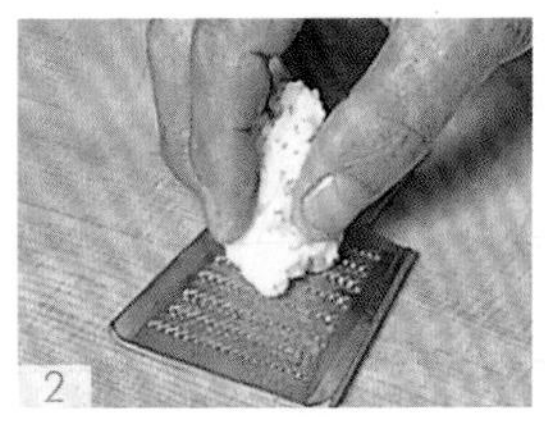

2 为了弥补虾夷盘扇贝寿司清淡的味道，会放上搓成细丝的日本柚子。

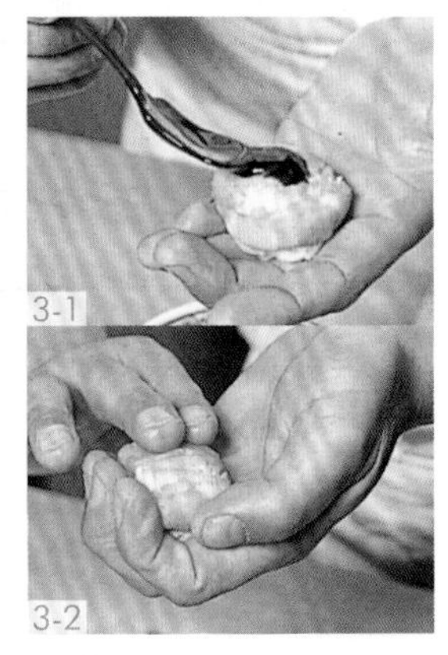

3 将压扁后的贝柱肉放在上面握成寿司，涂上乌贼和康吉鳗的煮汁即可。

文蛤

水煮文蛤

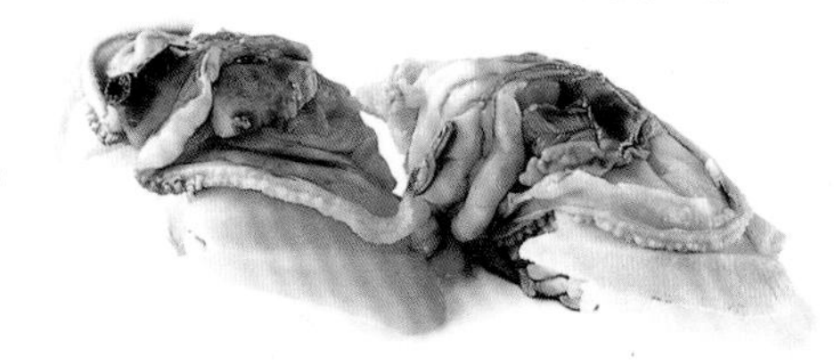

从冬季开始至初春的炖煮类原料中，最不可缺少的就是文蛤。文蛤煮过后，肉质就会变硬，所以要用混合了调味料的煮汁作为腌渍溶液进行烹饪。如果用煮过文蛤的汤汁制作的话，汤汁里就会有文蛤的味道，这样会更加美味。给寿司涂的正是这种煮汁。

图为产自日本茨城、鹿儿岛的连着贝壳的文蛤。贝壳和贝壳相互敲打时若发出梆梆的声音，说明文蛤肉既厚实又新鲜。

〈腌渍溶液的原料〉

煮过文蛤的汤汁
淡酱油
白糖

文蛤的准备工作 剥开文蛤壳，将文蛤串起并清洗

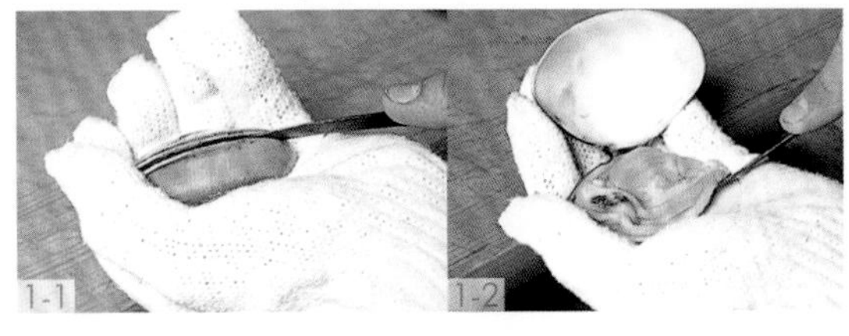

1 将控制贝壳开合的像铰链的部位朝下，插入撬刀，切下两边的贝柱。打开贝壳后，取出文蛤肉。

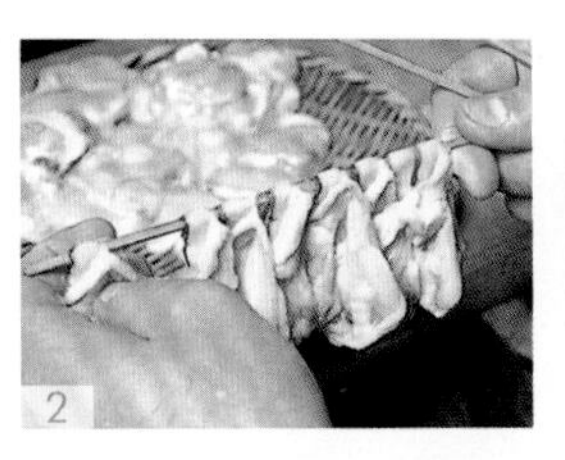

2 将文蛤肉排成一圈，并用竹签从文蛤的嘴巴处串起。

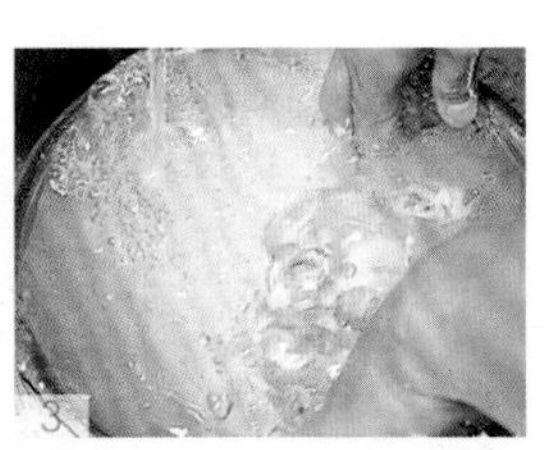

3 将串好的文蛤肉放到水里来回转几圈，将文蛤肉里的沙土仔细清洗干净。

将文蛤肉用水焯过后冷却

4 将文蛤肉从竹签上取下，放入煮沸的热水中炖煮。因为使用腌渍溶液进行炖煮，所以要仔细撇去煮汁中的浮沫。

5 文蛤肉浮起后捞到笸箩上，沥干水分并使其自然冷却。

利用煮过文蛤的汤汁制作腌渍溶液

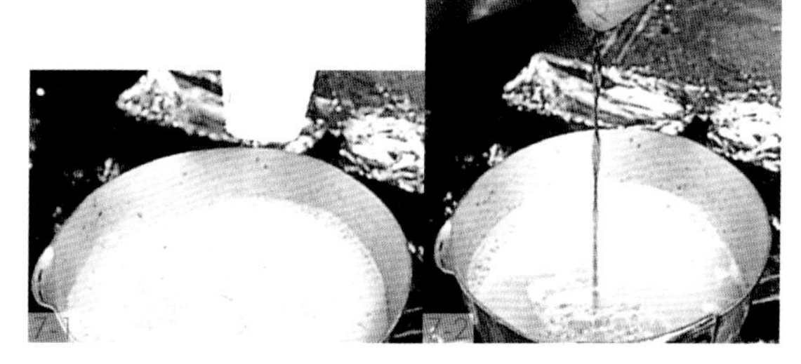

6 将剩下的汤汁再煮 30 分钟左右，使文蛤的美味更加浓缩，用滤网过滤并倒入另一口锅内。

7 之后放入白糖、淡酱油进行调味，再煮 20 分钟左右。

将文蛤肉切开后进行腌渍

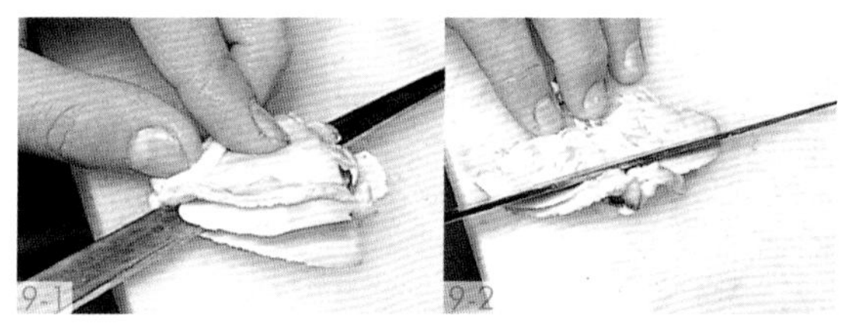

8 熬好后关火冷却。

9 将文蛤肉切开，注意不要弄破其亮亮的外膜。挤出肠子，并去除干净。

10 将切开的文蛤肉叠在一起，整齐地排列在容器中。倒入冷却的腌渍溶液，刚好浸没文蛤肉的程度，腌渍一晚。

握寿司 控制手指按压的力度，握成寿司

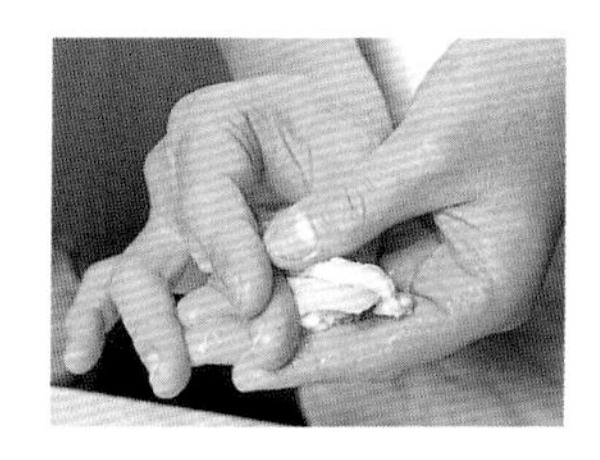

这时，文蛤肉呈现出漂亮的玳瑁般的颜色，沥干汤汁后，转移到其他容器中放置，控制手指按压的力度，握成寿司，涂上煮汁后上桌即可。

牡蛎

慢煮烤牡蛎

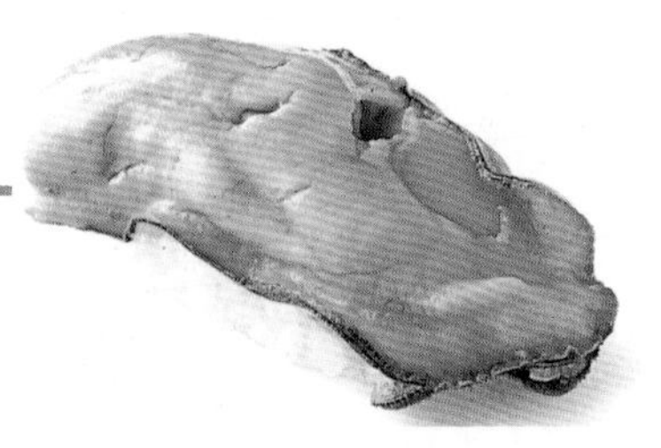

牡蛎作为炖煮类原料是一种新开发的寿司原料。将保留美味的、可加热用的牡蛎肉，用热水焯过后，在专用的煮汁中炖煮，并腌渍一晚，待牡蛎肉充分入味后即可握成寿司。

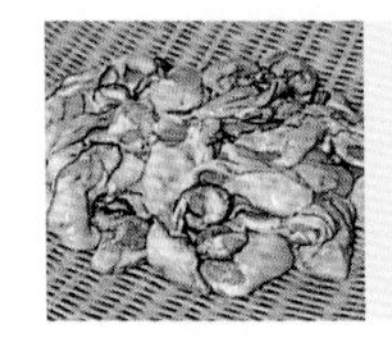

图为产自日本岩手的牡蛎肉。采购保留了美味的、可加热用的牡蛎肉。

牡蛎的准备工作　用盐揉搓，去除黏液，并用热水焯一下

1 将牡蛎肉放入盆内，撒盐，仔细揉搓并去除黏液。再用清水进行搓洗，冲掉黏液和泥沙。

2 将完全沥干水分的牡蛎肉放入盆内，反复浇热水，将牡蛎肉焯一下。

〈腌渍溶液的原料〉

水	酒
味醂	淡酱油

在腌渍溶液中煮沸后，浸泡一晚

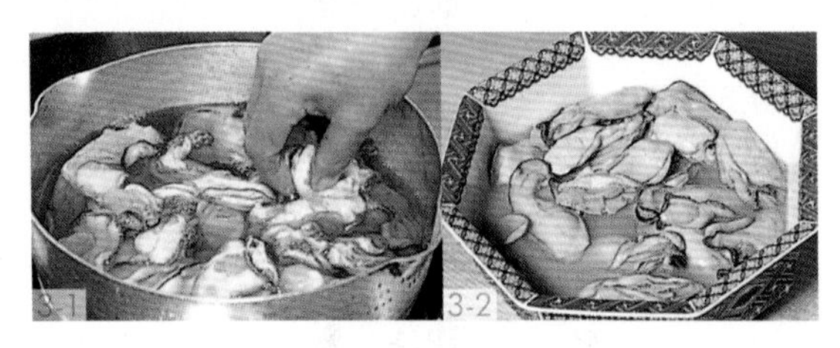

3 将水和调味料放入锅内煮沸，倒入牡蛎肉。煮沸后，离火冷却。将牡蛎肉放在煮汁中腌渍一晚。

握寿司　加上葱握成寿司，再涂上煮制酱油

将腌渍过的牡蛎肉用毛巾吸干汁水，在寿司饭上放切成细丝的葱，握成形状滚圆的寿司，涂上煮制酱油即可。

贝类握寿司

在贝类的处理方法上，要注意原料的新鲜程度，在取出贝壳里的肉时注意不要弄碎肉身。最重要的是要将外套膜和肠子仔细分离后使用。

赤贝

赤贝肉和外套膜

贝类中作为上等原料使用的就是赤贝。因此食材的新鲜与否特别重要，所以每次点餐后，会当着客人的面，将活的赤贝肉从壳中取出再进行加工处理。将一只赤贝分为赤贝肉和外套膜后，用醋清洗干净。将其做成一组寿司上桌，展现了赤贝握寿司的魅力。

图为称为“本玉”的长而大的、重量感十足的贝类，为产自日本东京湾的赤贝。

赤贝的准备工作　撬开贝壳，取出赤贝肉和外套膜

1 将控制贝壳开合的像铰链的部位朝上，插进撬刀，将撬刀用力朝右拧，切开半边贝柱，一边将撬刀沿着贝壳边缘移动，一边去掉半边的贝壳。

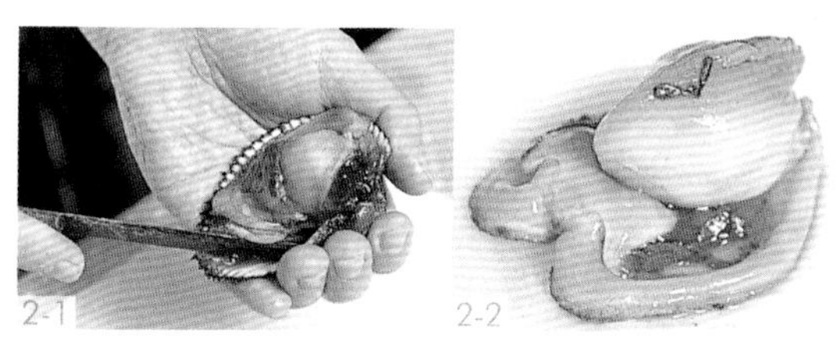

2 将撬刀放回到另外半边贝壳上，切开贝柱，取出赤贝肉，转动撬刀时，注意不要切开外套膜，先要将外套膜连在赤贝肉上。

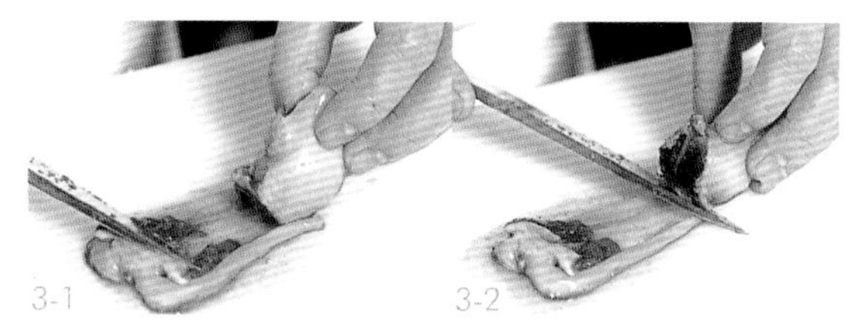

3 取出后将赤贝分成赤贝肉和外套膜两部分。用菜刀按住外套膜，将赤贝肉从外套膜上拉下。抓住凸起部分往上拉，将赤贝肉和外套膜分离。

剖开赤贝肉，去除内脏

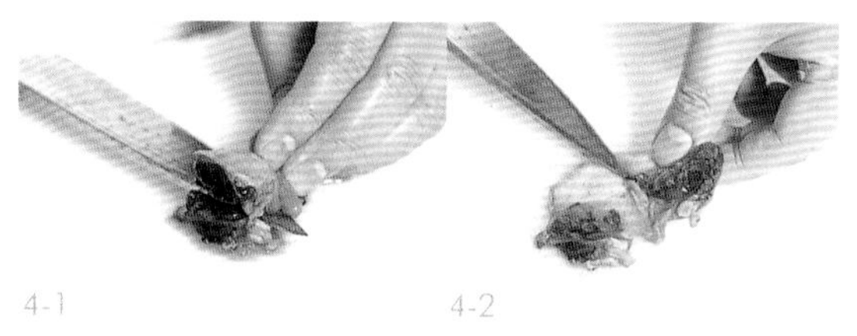

4 剖开赤贝肉。将菜刀从连接内脏的一侧开始切入赤贝中间，将赤贝肉切开至只有一点肉相连即止。

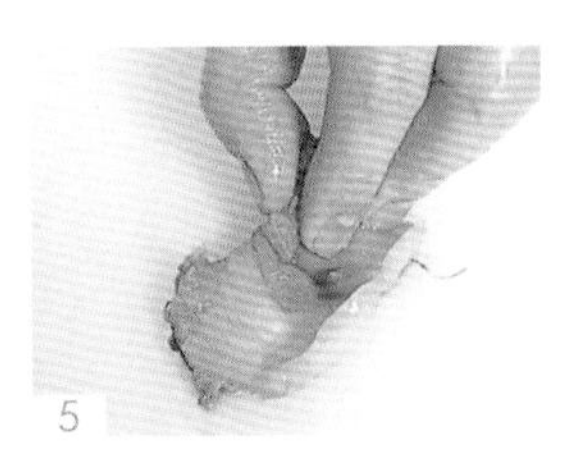

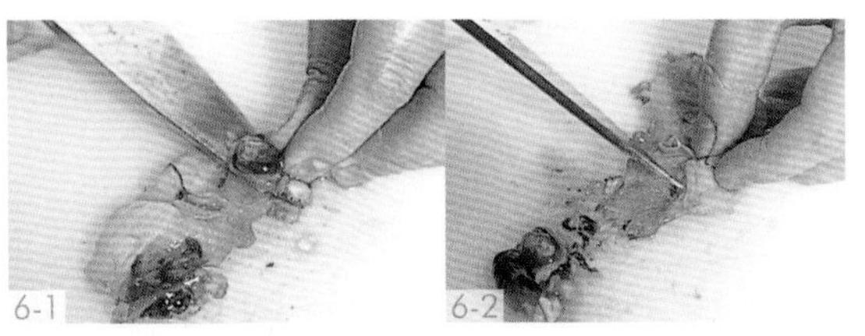

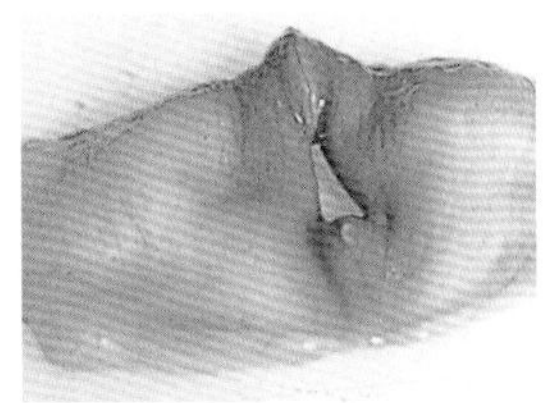

5 将剖开后的赤贝肉翻面，用手指按住中间的凹槽，使赤贝肉变平整。

6 用菜刀从剖开的长在两侧的肠子下面切入，将其刮掉。反面也进行同样的处理，去除肠子。用菜刀刀尖将赤贝肉上残留的肠子去除。

将去掉外套膜、肠子后的赤贝肉放到笸箩上，用流水冲洗干净。

切掉外套膜上的肠子，去除泥沙

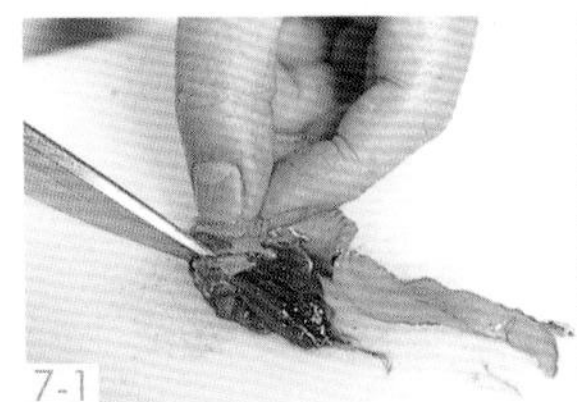

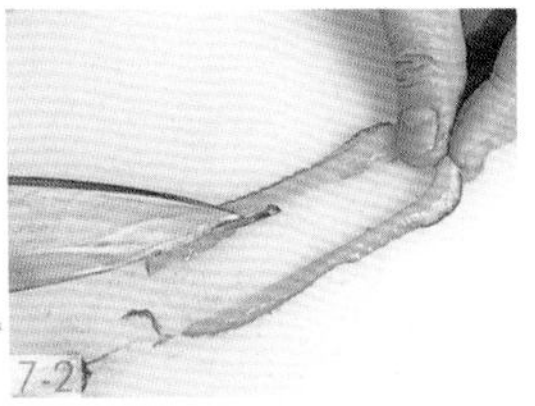

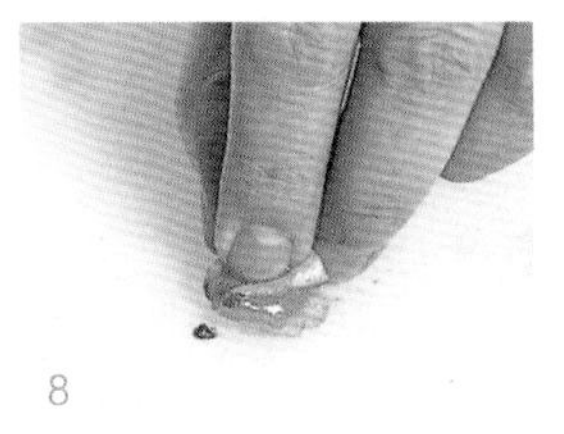

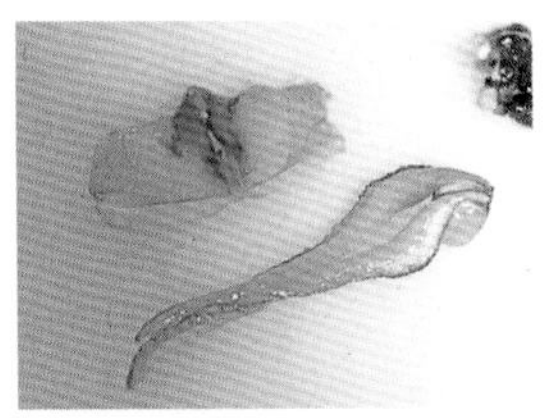

7 去除残留在外套膜上的肠子，长在内侧包着外套膜的那部分是无用的，将其切掉即可。

8 如果外套膜的根部残留泥沙的话，用手指挤出并去除干净。

左上为赤贝肉，下面是外套膜，右上为肠子。很多寿司店里会将外套膜制成下酒菜或作为散寿司的原料，其实它也能作为握寿司的原料被充分使用。

晃动 赤贝肉和外套膜用醋清洗干净后，握成寿司

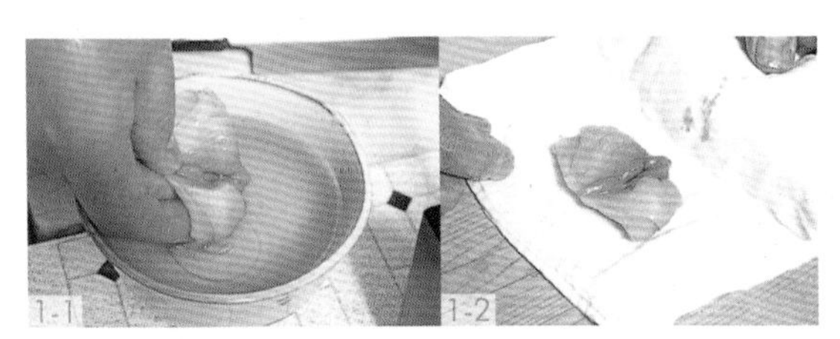

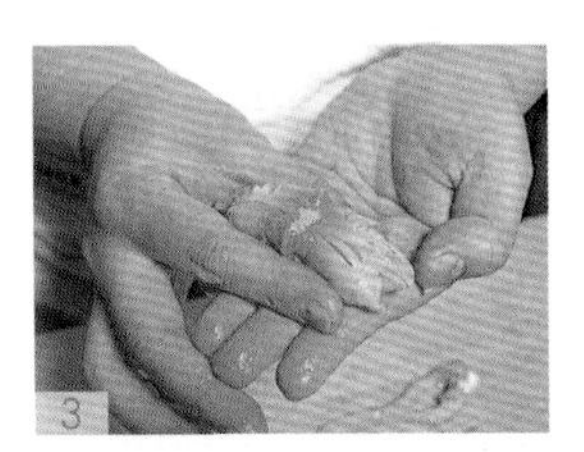

1 将用水清洗过的赤贝肉和外套膜再用醋稍微清洗一下后放在毛巾上，轻轻地按压去除醋液。

2 用装饰菜刀从赤贝肉的边缘处下刀，放在砧板上敲打，使赤贝肉变得更嫩。在赤贝肉的表面用菜刀切出鹿点花纹，做出优美的形状。

3 涂上芥末后握成寿司。加工时，因为从张开的中间的凹槽中可以看到芥末，红绿搭配得刚刚好。

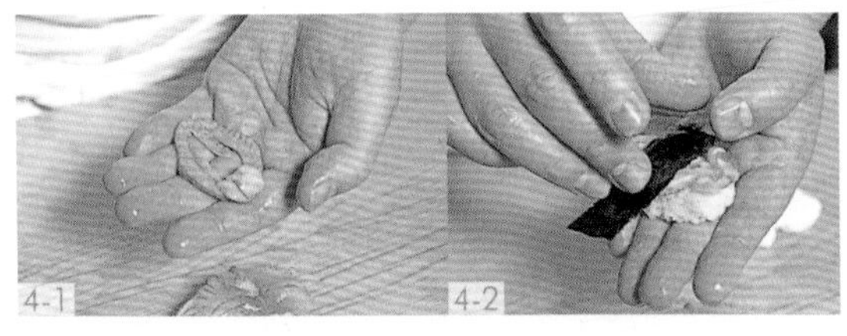

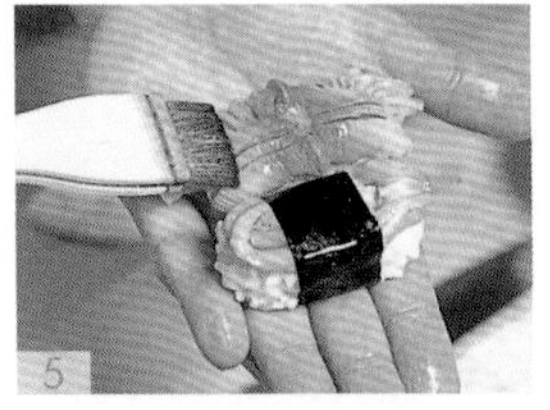

4 外套膜不用切，卷起放在手上，涂上芥末后握成寿司。系上紫菜带定型，注意不要破坏寿司形状。

5 将赤贝肉和外套膜制成一组寿司，快速涂上煮制酱油后上桌即可。

水松贝

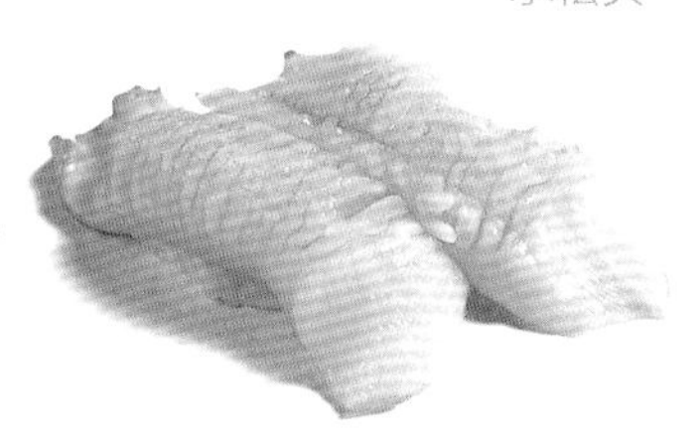
水松贝

食用鲍鱼的季节结束后，紧随而来的是食用水松贝的季节。水松贝和其他贝类不一样，会从贝壳前端长出褐色的水管。这个水管可作为寿司原料，即称为“水松”的部位。水管上长着坚硬的黑皮，但是用热水稍微焯一下的话，皮就会很容易被剥掉。水松贝的肉质较硬，切片后的原料需用菜刀拍打后方可容易地握成寿司，这样客人吃起来也比较方便。

其正式名称为开口蛤。从贝壳的开口处长出的部分即可食用的水管。

水松贝的准备工作　撬开贝壳，分解成水松、水松舌头及贝柱

1 去掉半边贝壳。从控制贝壳开合的像铰链的部位伸入，将贝壳撬开。将水管的开口方向朝向自己，用撬刀插入紧紧闭合的贝壳之间。

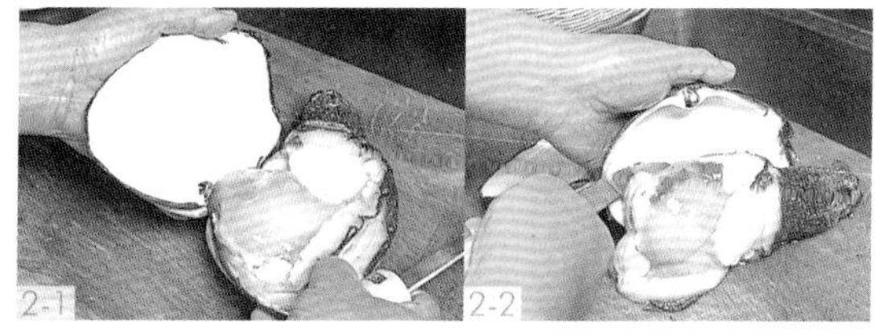

2 用手向上拉并去掉左侧的贝壳，用撬刀挖掉长在肉上的贝柱，取出水松肉。

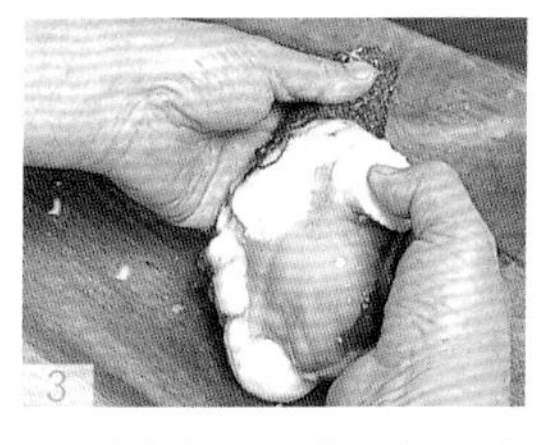

3 从水松贝里将贝柱、水松舌头、肠子用手拉出。

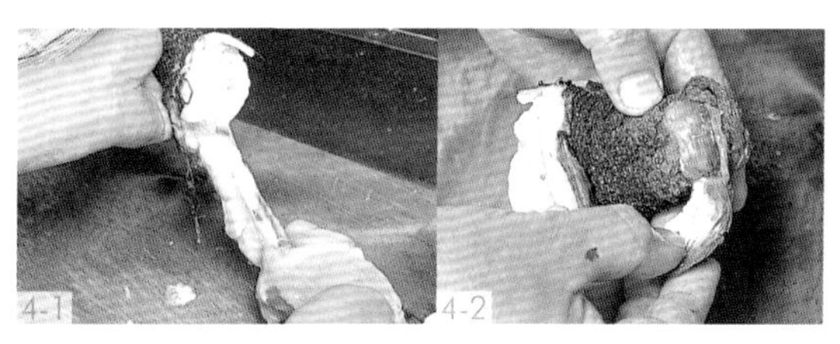

4 长得像嘴巴一样的水管前端有一层像壳一样坚硬的物质，将此用手扯下。

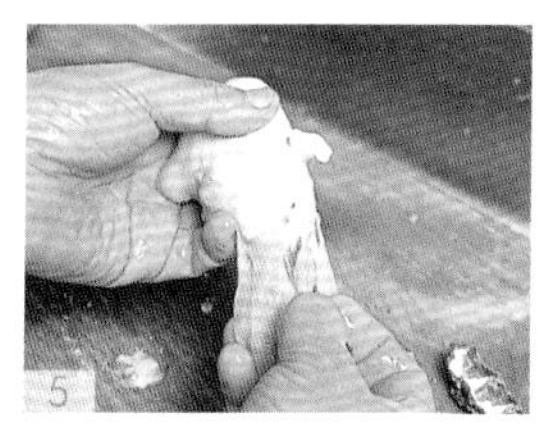

5 将长在水松舌头上的肠子去除。水松舌头可制成下酒菜。因肠子误食的话会有危险，所以需将其丢掉。

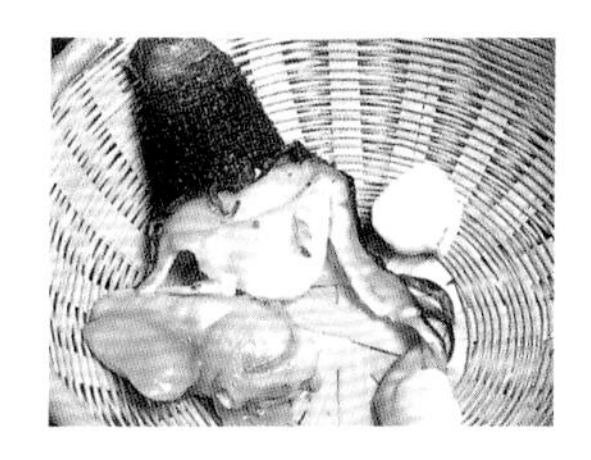

左上为连着外套膜的水松（水管），下面是去除肠子的水松舌头，右边是两个贝柱。也可将水松的外膜套去掉。

用热水将水松焯一下后剥皮

6 将连着外套膜的水松和水松舌头并排放在筐箩上，薄薄地撒一层盐，放置一会儿后去除水松里的水分，之后用水清洗干净。

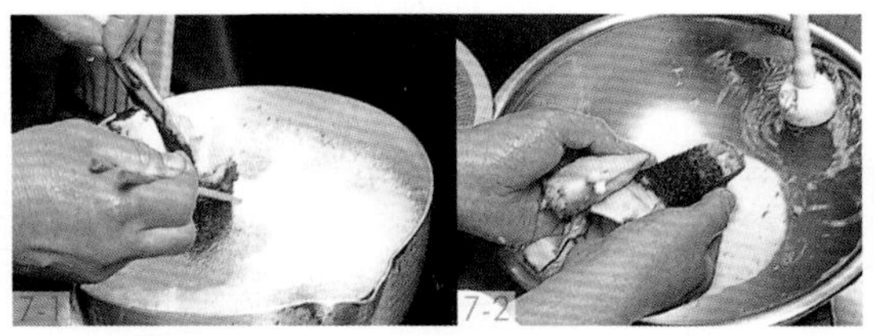

7 为了能更加方便地去除水松的黑色表皮，稍微用热水焯一下，再放入冷水中冷却。

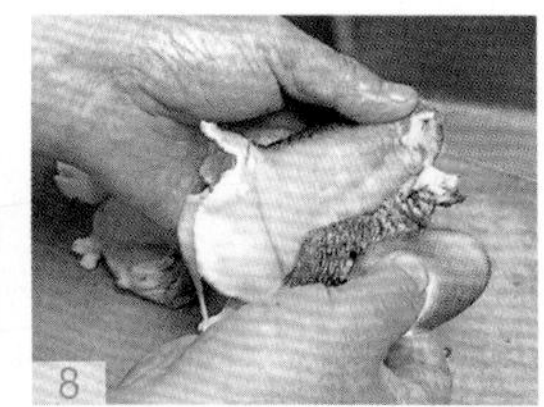

8 将水松拿在手上，将汤匙翻面，从前端开始刮掉黑色表皮。用汤匙刮比用手剥更不容易弄破水松。

将水松贝的肉切开

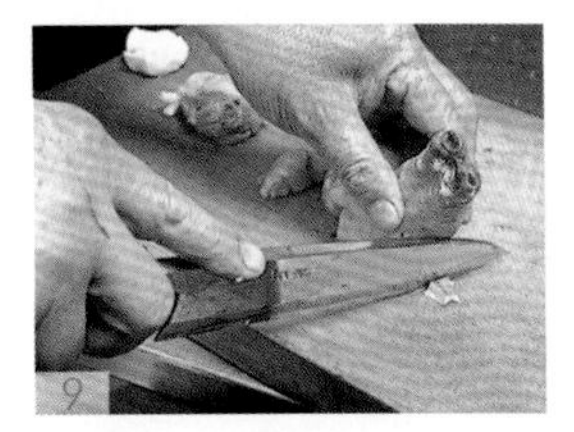

9 保持水松连着外套膜，将肉的两端用菜刀修整干净。调整水松贝的形状，使其变成更易使用的寿司原料。

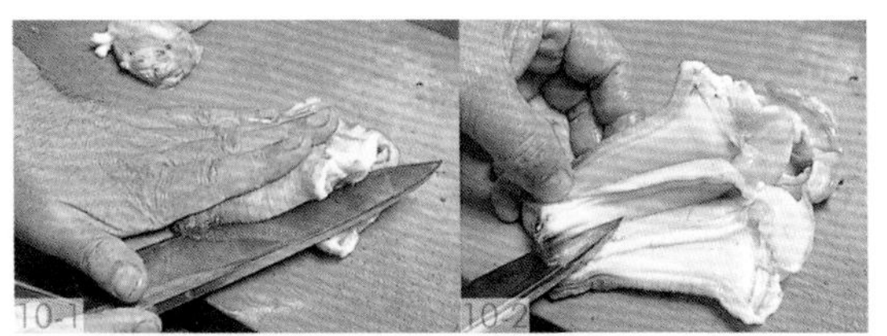

10 将菜刀平着从水松正中间切入，将其对切开。这时注意不要将水松贝的肉整块切开，在切断前停下菜刀。

11 将切开的肉内侧朝下，用菜刀将水松前端的坚硬部分削薄一点。

切片・握寿司 切片后用菜刀敲打

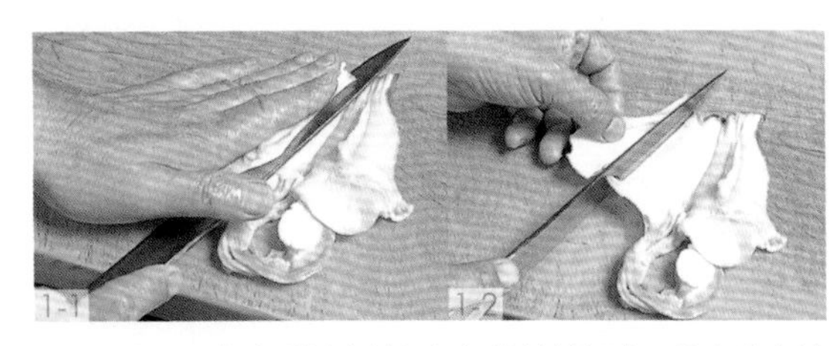

1 切片是要充分利用水松贝细细的前端部分，将半片水松贝的肉用菜刀竖着切成薄片。

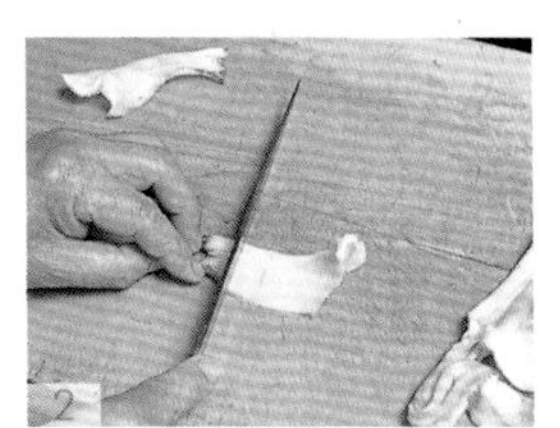

2 水松贝肉质很硬，将切片后的寿司原料横放后，用菜刀刀刃轻轻地敲打表面。这样做不仅更容易握成寿司，吃起来也更加方便。

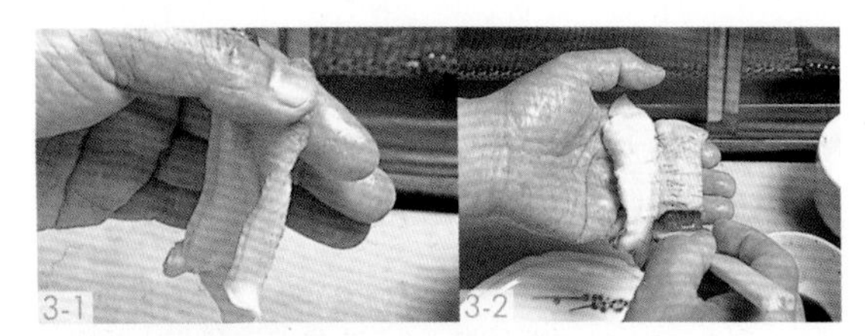

3 用大拇指和食指轻轻夹住水松贝的肉，涂上芥末、握成寿司，再涂上酱油后上桌即可。

滑顶薄壳鸟蛤

滑顶薄壳鸟蛤
/ 生的，煮制酱油 /

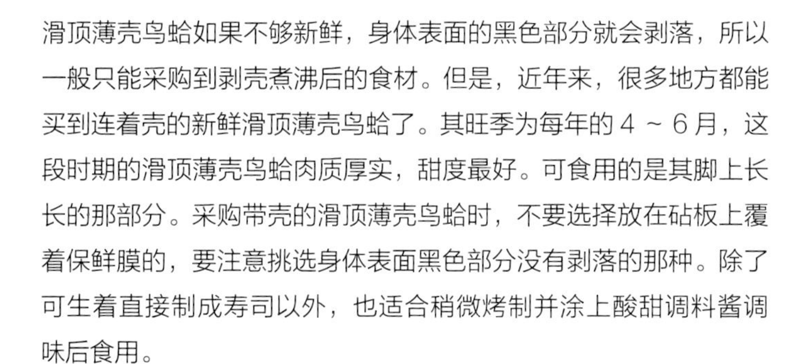

滑顶薄壳鸟蛤如果不够新鲜，身体表面的黑色部分就会剥落，所以一般只能采购到剥壳煮沸后的食材。但是，近年来，很多地方都能买到连着壳的新鲜滑顶薄壳鸟蛤了。其旺季为每年的 4 ～ 6 月，这段时期的滑顶薄壳鸟蛤肉质厚实，甜度最好。可食用的是其脚上长长的那部分。采购带壳的滑顶薄壳鸟蛤时，不要选择放在砧板上覆着保鲜膜的，要注意挑选身体表面黑色部分没有剥落的那种。除了可生着直接制成寿司以外，也适合稍微烤制并涂上酸甜调料酱调味后食用。

图为壳长、壳厚约为七八厘米的鲜活的滑顶薄壳鸟蛤。请挑选贝壳很厚的那种。

滑顶薄壳鸟蛤的准备工作

撬开贝壳，去除肠子，将肉切开

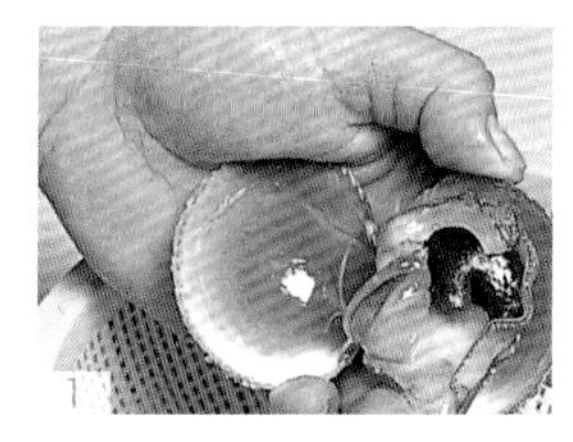

1 将控制贝壳开合的像铰链的部位朝下，撬刀从贝壳口伸入，切开贝柱后，将贝壳撬开。

2 将取出的鸟蛤肉放到笸箩里，薄薄地撒一层盐，放置一会儿。再用水迅速冲洗干净，去除黏液和肉内的泥沙。

3 在砧板上铺保鲜膜，放上鸟蛤，将外套膜从肉上剥离下来。用菜刀按住外套膜，扯下鸟蛤肉。

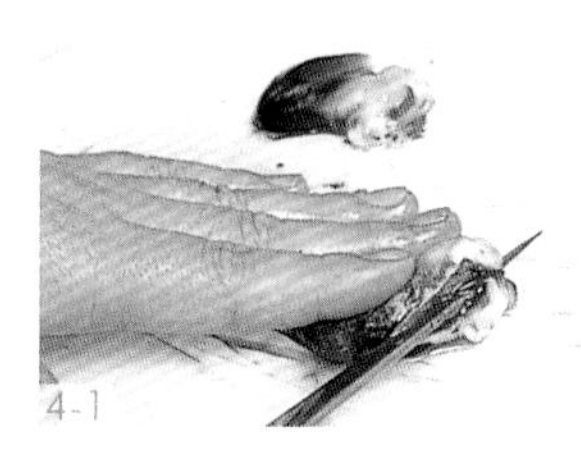

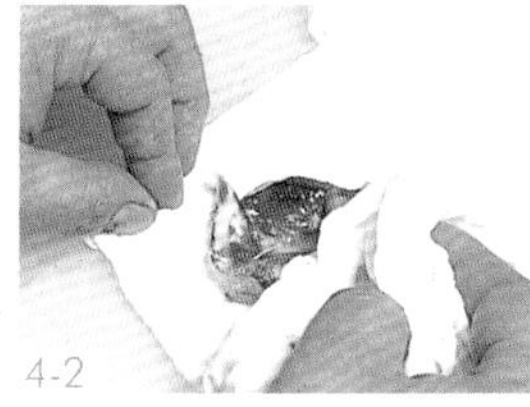

4 将鸟蛤肉横着切开，刮掉长在内侧的肠子，用毛巾擦掉肉上的脏物。因为鸟蛤很容易掉色，所以尽量不要用手触碰它。

握寿司

将鸟蛤肉细的一端朝向自己手掌的左侧，握成寿司

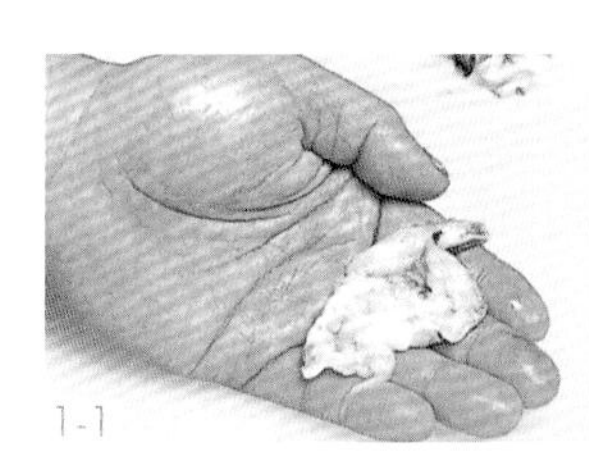

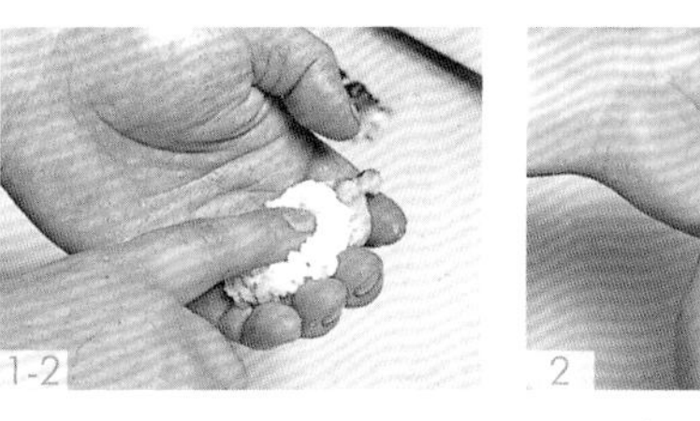

1 用整个鸟蛤肉握成一块寿司。将剖开的鸟蛤肉细的一端朝向自己手掌的左侧（大拇指方向）放置，涂上芥末后，轻轻地放上握好的寿司饭。

2 注意不要让滑顶薄壳鸟蛤变色，握寿司时注意握的力道，并仔细地握成寿司。

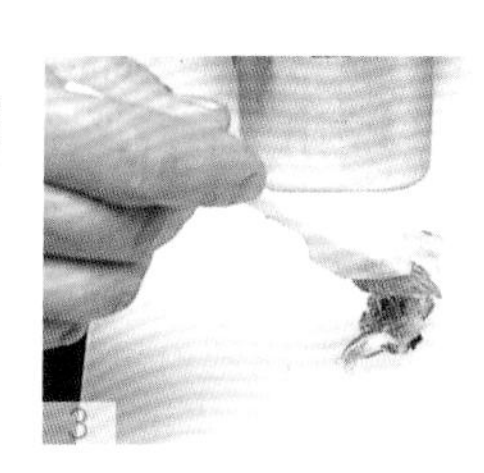

3 迅速涂上混合了酱油和味醂的煮制酱油。

北极贝

北极贝除了夏季的禁渔期以外，一整年都可以买到，特别是冬季到春季的北极贝，味道最好。以前，因为产地的原因，其仅作为日本北海道和东北地区地方性的寿司原料，但如今，即使是在其他地区，也开始广泛使用北极贝。既可以直接使用生的北极贝，也可以热水焯过再使用。但是，用热水焯的话，北极贝肉的前面一部分就会变成漂亮的红色，外形会非常美观。

其正式名称为库页岛厚蛤蜊。上市作为商品售卖的尺寸要达到9厘米以上。

北极贝的准备工作　从贝壳中取出肉，拿掉外套膜和贝柱

1 将贝壳开合的那面朝上，从稍微开了点间隙的贝壳嘴巴处插入撬刀，沿着贝壳边缘，将紧紧连着贝壳和肉的贝柱切开，撬开贝壳。

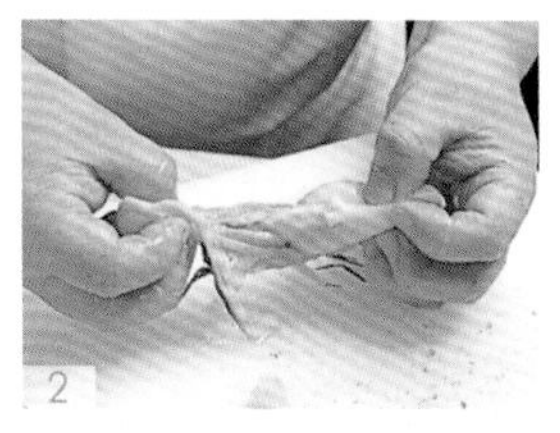

2 取出北极贝肉后，用手拉掉外套膜。

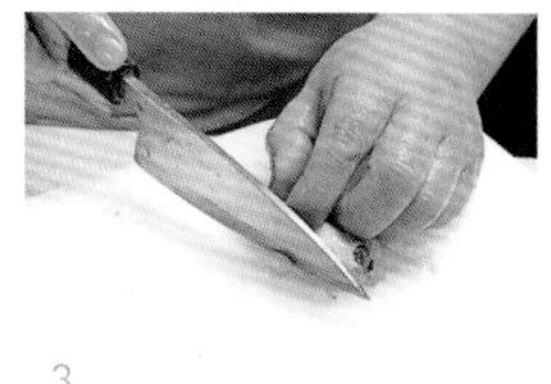

3 将从肉上突起的水管部分切除，将肉的周围清理干净。

去除肠子，用热水焯过后将北极贝肉剖开

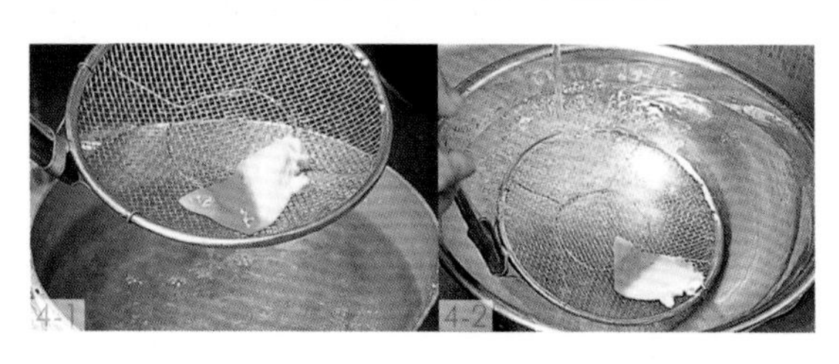

4 对肉进行调色。将北极贝肉放在滤网上，放入热水里焯一下，再放到冷水中。

5 用水焯过后，肉的前端就会带一点红色。将上色后的北极贝肉用刷子轻柔地刷一下，去除黏液。

切片・握寿司　剖开北极贝肉，去除肠子，涂上芥末，握成寿司

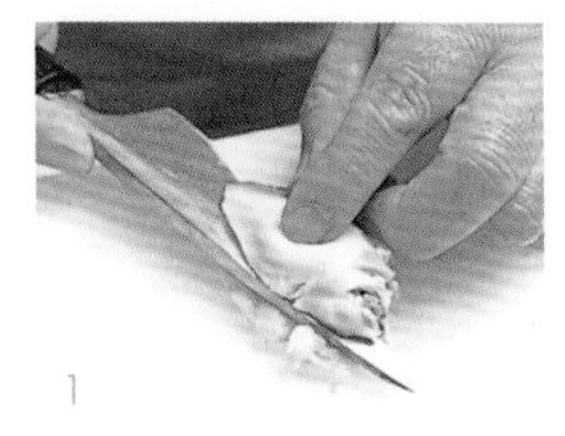

1 将菜刀从北极贝肉的白色鼓起的地方横切进去，并将其剖开。

2 剖开的这面朝上，去除内部的肠子，用刀将肉的周围进行修整。

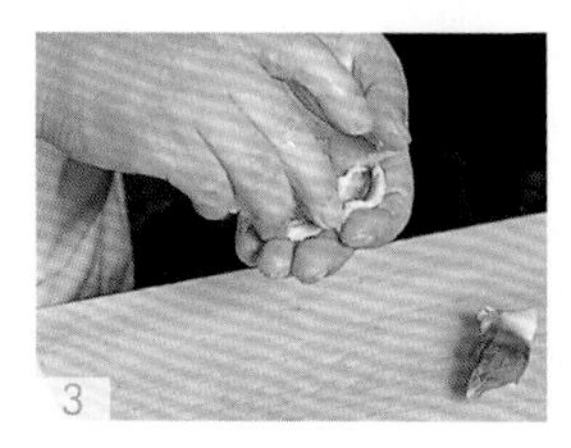

3 将上色的前端部分一分为二地切开，涂上芥末后握成寿司。

蛤蜊肉

蛤蜊肉，顾名思义就是去壳后的这部分肉。挑选身体肥瘦程度刚刚好的、颜色有光泽的蛤蜊肉。而且，轻轻地触碰蛤蜊身体的话，会动的那种就是新鲜的蛤蜊。在烹饪的准备工作上，没有什么特别困难的地方，若焯水后使用的话，焯水的程度会很重要。一般是将焯过水的蛤蜊肉剖开制成握寿司，但有些寿司店会根据客人的喜好，用涂了豆酱并在铁板上烤制出香味的蛤蜊肉握成寿司，且这款寿司很受欢迎。

图为产自日本北海道的蛤蜊肉，身体柔软且肥厚，颜色也很漂亮。

蛤蜊肉的准备工作 去除内脏，用水焯一下，剖开蛤蜊肉

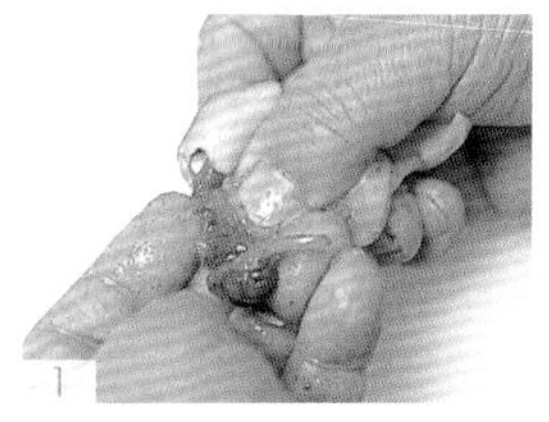

1

1 抓住蛤蜊肉，用手指使劲按压其身体，去除内脏。

2

2 放入筐箩里，用水清洗时，用手指轻轻搅动。

3-1 3-2

3 将筐箩浸上热水，将蛤蜊肉烫至半生半熟的程度后，放入冷水中冷却。

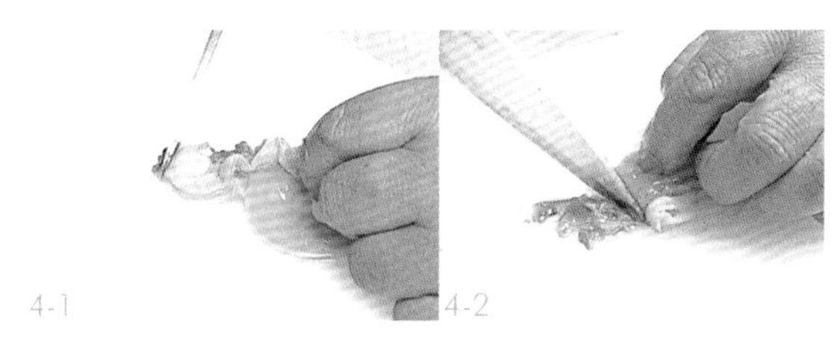

4-1 4-2

5

4 切除蛤蜊肉前端的嘴巴，残留的内脏也要去除干净。

5 剖开蛤蜊肉，将菜刀从其背部方向往下剖开。如果还有内脏残留的话，一定要去除干净。

握寿司 涂上豆酱，用铁板烤制

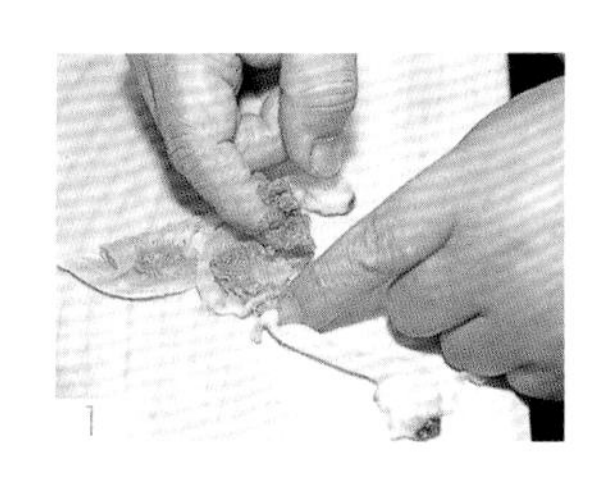

1

1 在剖开的蛤蜊肉身体的内侧涂豆酱，将其铺平。涂上豆酱后增加了淡淡的甜味，浓度和香味也会更加完美。

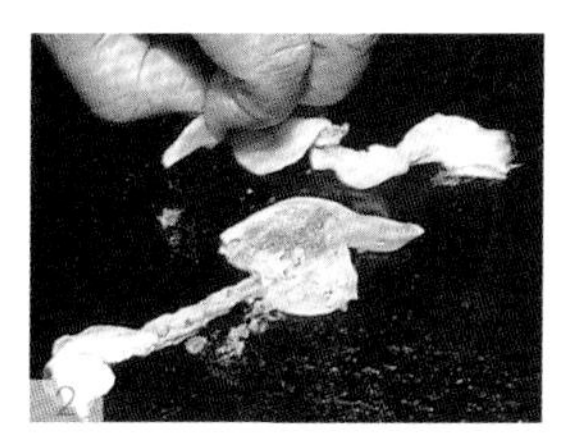

2

2 用铁板烤制涂了豆酱的那面。将烤制过的那面朝里握成寿司。

小贝柱

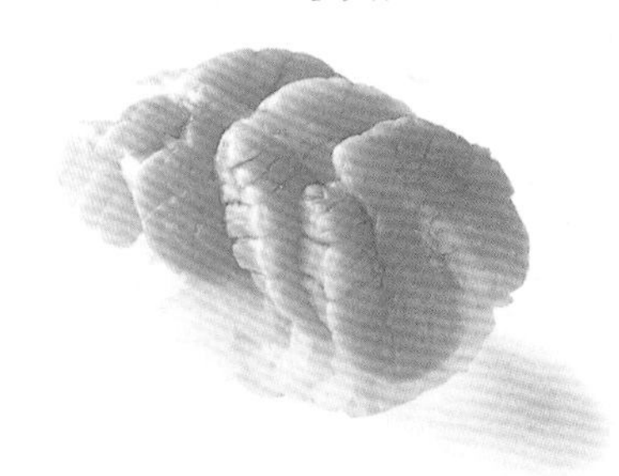

小贝柱属于高级寿司原料其中的一种。比起蛤蜊肉、蛤蜊的贝柱，其商品价值更高。一只贝壳只有两个贝柱，能成为商品售卖非常不易，这一点也很好地反映在价格上。小贝柱一般会用在军舰卷上，但有些寿司店不使用生的贝柱，而是在握成寿司前，将小贝柱用醋稍微清洗一下，这样加上一点酸味，更能衬托出小贝柱的甜味。

图为用来制成握寿司的小贝柱，要严格挑选那些颗粒大、形状整齐的品种。

小贝柱的准备工作　用盐水给小贝柱吐沙后，用醋清洗

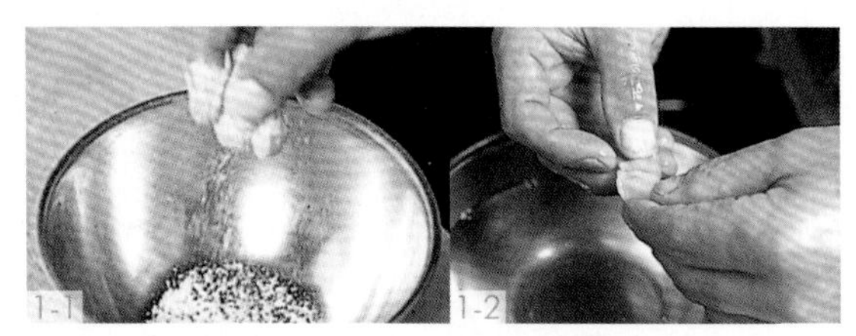

1 将淡盐水洒在小贝柱上，将泥沙和贝壳清洗干净。

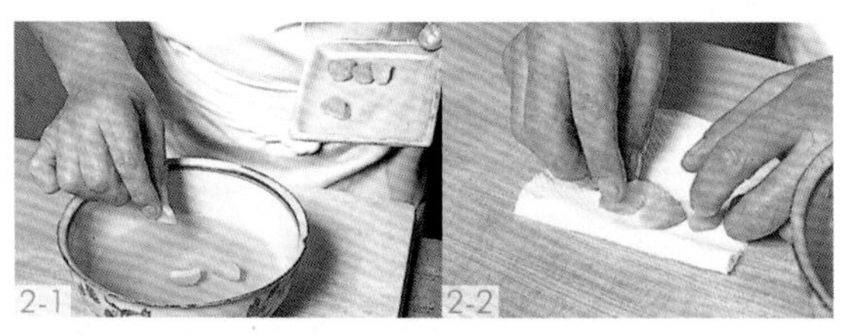

2 将吐沙干净的小贝柱一颗一颗地浸入醋内，之后用毛巾将醋擦干。

切片·握寿司　剖开小贝柱的身体，叠在一起后握成寿司

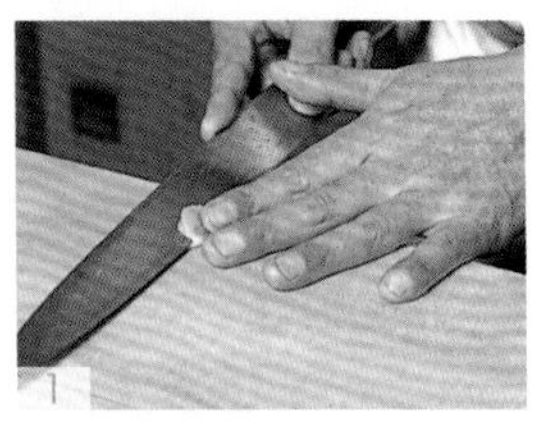

1 从身体柔软的部分开始下刀，切至中间部分。

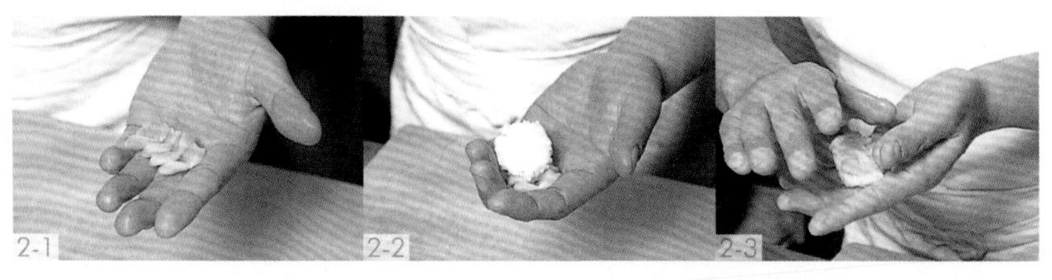

2 将剖开的那面朝上，将4片小贝柱叠在一起放置，放上搓得小小的寿司饭。将寿司饭与小贝柱紧紧地黏在一起握成寿司。

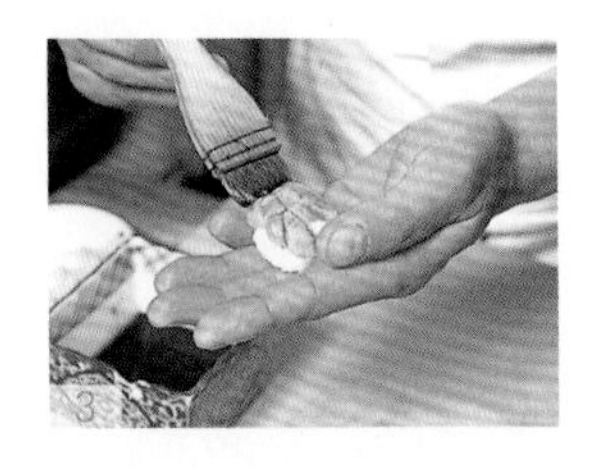

3 为了不让小贝柱的形状变形，要加重手按压的力道，使小贝柱整齐地叠在一起。用酱油将小贝柱的肉全部涂一遍。

鲍鱼

鲍鱼

夏季的寿司原料中最不可或缺的就是鲍鱼了。现在，客人还是比较倾向于鲍鱼爽滑的口感，虽然现在将鲍鱼生着握成寿司很普遍，但是一直到“二战”前，鲍鱼都是夏季代表性的炖煮类原料。在鲍鱼的准备工作中，最重要的就是撒盐。撒盐会使肉质变紧实，并充分发挥鲍鱼特有的美味。做成炖煮类使用的话，若想使肉质变柔软，鲍鱼内就要浸满煮汁。

图为产自日本千叶、大原的鲜活的鲍鱼。适合用在寿司和生鱼片上，属于肉质坚硬的贝壳类。

鲍鱼的准备工作　撒满盐，剥开鲍鱼肉，去除内脏和外套膜

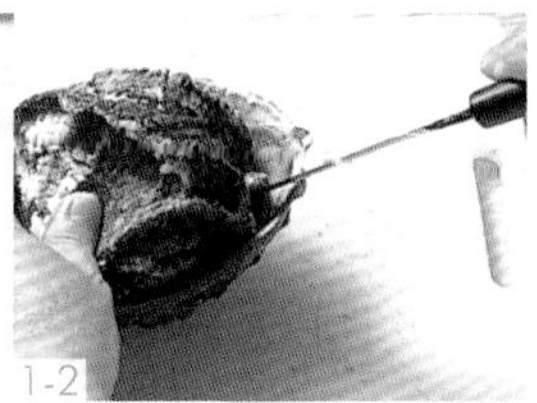

1 给鲍鱼撒上相当程度的粗盐后，立刻将鲍鱼嘴部切下。

2 放置 10 分钟左右。将盐撒满鲍鱼全身，使其肉质变紧实。之后用刷子在水里清洗鲍鱼肉。

3 将搓菜板的柄从切掉的鲍鱼嘴部前面使劲地插入，取下鲍鱼肉。

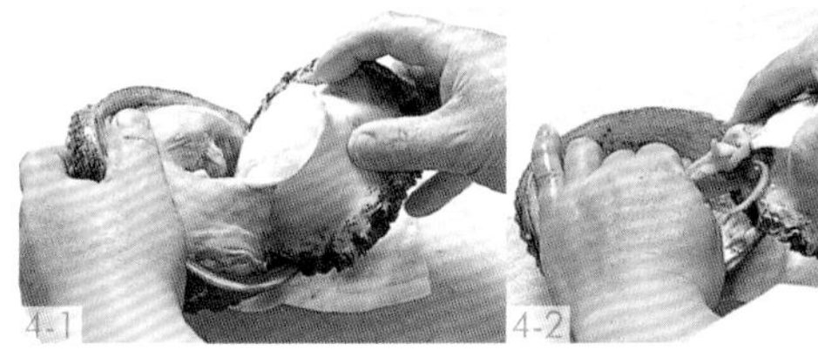

4 抓住贝壳上的贝柱，将周围的外套膜和内脏拉出。

5 去除外套膜和内脏后，将鲍鱼肉的周围部分仔细用水冲洗，去除黏液。

切片 · 握寿司　将一个贝柱的盖子部分剖开后握成寿司

1 擦干水分后，将称为“盖子”的贝柱上段部分切下。

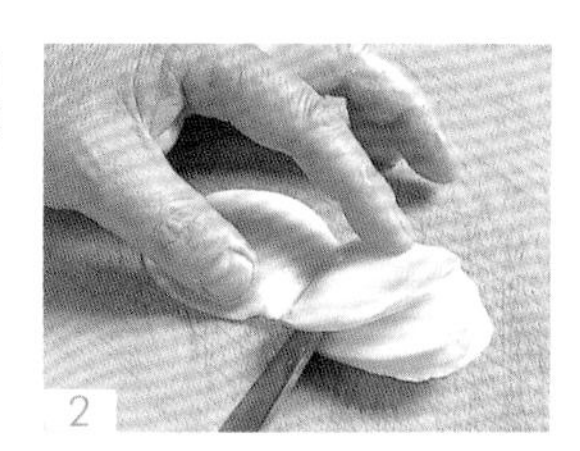

2 将切下的盖子部分打开，制成一块寿司。若盖子太大，可将其切成薄片使用。

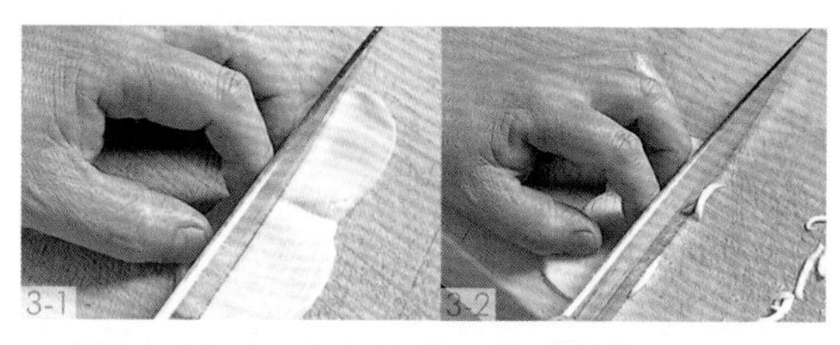

3 因鲍鱼肉很硬，所以要用菜刀在打开的盖子表面轻轻地敲打。两端尤其坚硬，为了能够让客人食用起来更方便，将两端稍微削掉一点。

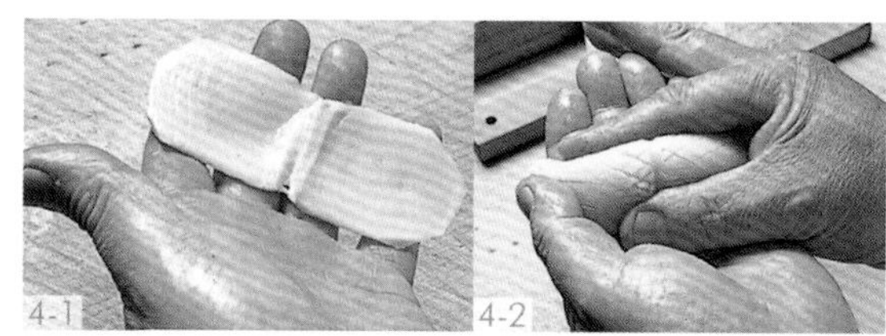

4 将鲍鱼切开后竖着放置，涂上芥末并与寿司饭紧紧黏在一起，握成寿司。

鲍鱼竖着切片后，握成寿司

5 另一块寿司是用切掉盖子后的鲍鱼制作的。考虑到寿司的长度，将鲍鱼竖着切片。

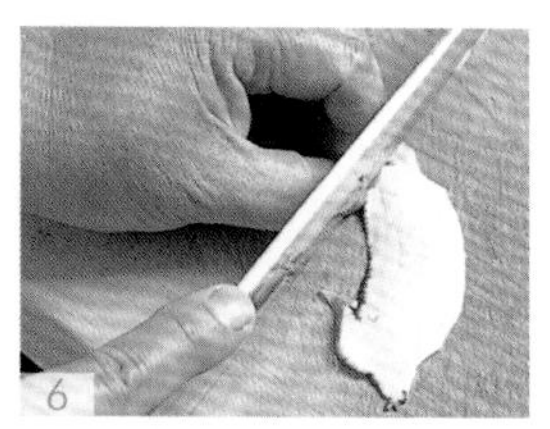

6 为了能更方便地握成寿司，在切成片的鲍鱼表面，轻轻地斜划出刀口。

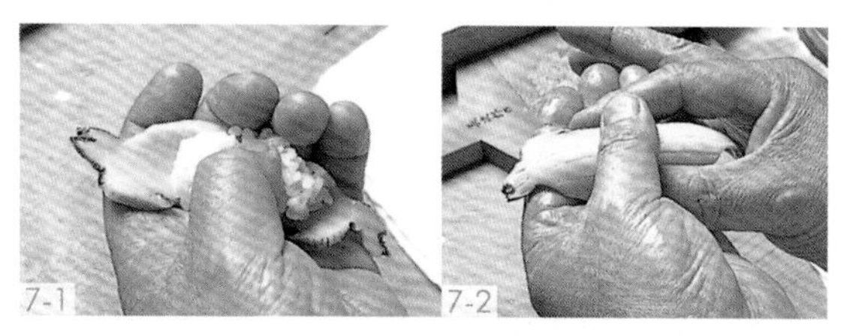

7 给鲍鱼涂上芥末，放上寿司饭，将寿司饭和鲍鱼紧紧黏在一起握成寿司，将寿司两侧握紧。

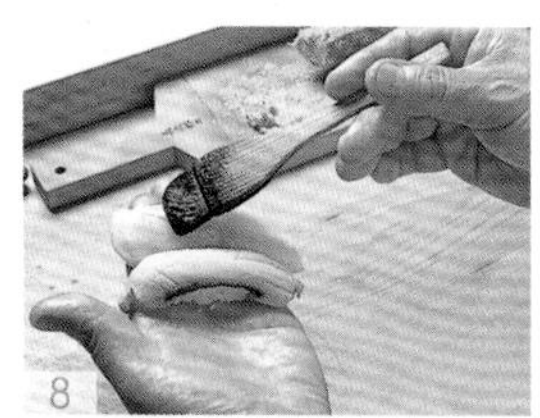
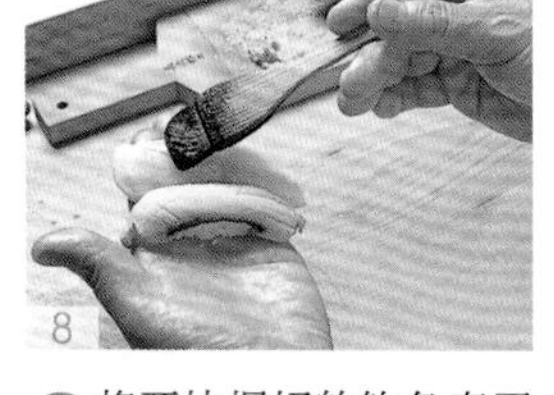

8 将两块握好的鲍鱼寿司放在手上，涂上酱油。这是在原料切法上有很大变化的寿司。

用鲍鱼的炖煮类制成的握寿司

炖鲍鱼

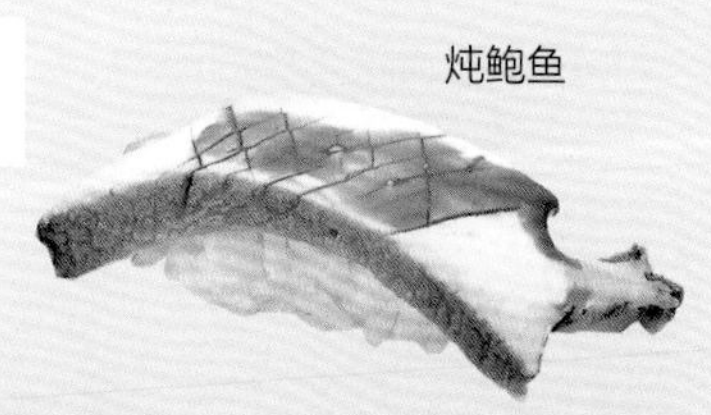

鲍鱼作为炖煮类上桌时，与生着握成寿司的鲍鱼一样，选用雄鲍鱼。撒满盐后，将撬开贝壳的鲍鱼，用酒事先煮二三小时，煮酥软后放入盐、酱油调味。煮汁要稍微控制酱油的用量，用盐增加点咸味即可，这样就能充分发挥鲍鱼本身的味道。和生的鲍鱼握寿司一样，将鲍鱼用菜刀轻轻敲打后握成寿司，涂上煮汁上桌即可。

1 在锅内放入鲍鱼，加入满满的酒进行炖煮。

2 用小火熬煮，用竹签刺刺看，待鲍鱼变柔软后进行调味。

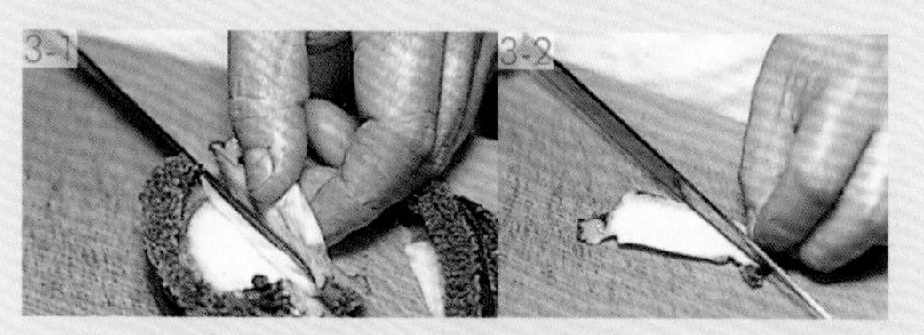

3 将入味的鲍鱼切片，为了能更好地吸收煮汁，事先用菜刀在鲍鱼片上轻轻地敲打。

蔬菜握寿司

蔬菜握寿司的魅力之处在于与鱼类和贝类等原料具有不同的口感。如果最为清口的腌菜上品被引入寿司中的话，寿司的味道会变得更为丰富。

小胡萝卜

小胡萝卜

将小胡萝卜去皮后，放在铺满酒糟的腌渍床上腌渍 8 小时，使味道充分融合。将小胡萝卜竖着切开两道刀口，展开成扇形，这样不仅萝卜会变软，同时也更容易摆在寿司饭上。给寿司系上紫菜带后上桌即可。

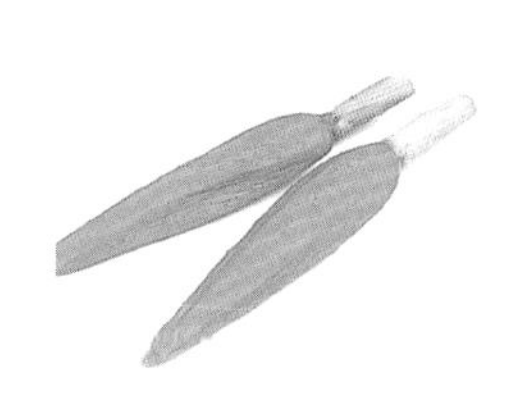

图为长度 9 厘米左右的小胡萝卜。此为去皮后、还未进行腌渍的状态。

小胡萝卜的准备工作　去皮，用酒糟腌渍

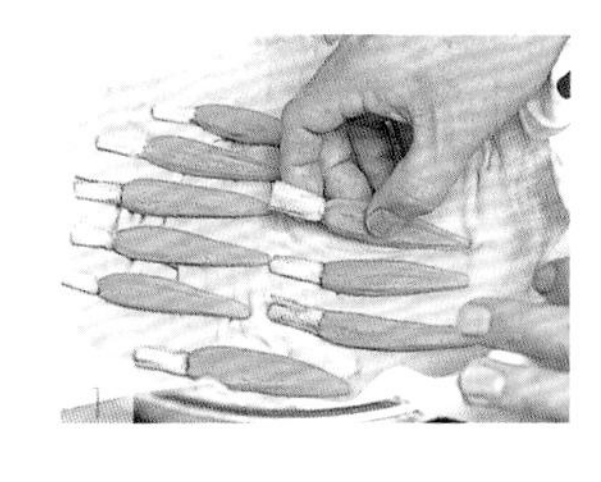

1 在酒糟制作的腌渍床上铺纱布，放上去皮的小胡萝卜。酒糟是以 5 克酒糟、1 升味醂、1 千克白糖、15 克精盐、20 克化学调味料混合制成。

2 盖上纱布，在纱布上也涂上酒糟，腌渍 8 小时左右。

切片・握寿司　将小胡萝卜竖着切开，制成握寿司

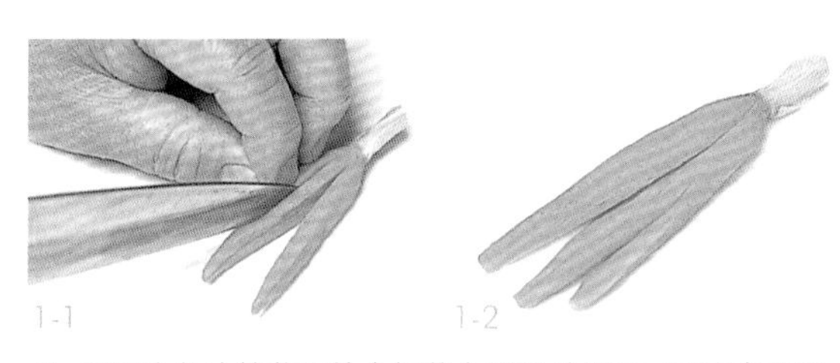

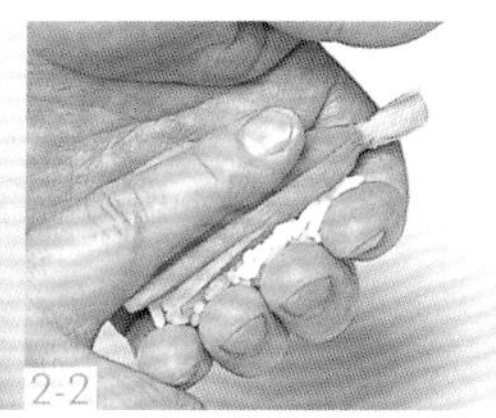

1 用切生鱼片的菜刀从小胡萝卜蒂头处切开，展开成扇形。

2 将步骤 1 中切好的小胡萝卜放在手上，盖上寿司饭修整形状，再握成寿司。酒糟带有一点甜味，也会为寿司带来一种特别的味道。

秋葵

秋葵

充分利用秋葵黏黏的特殊口感，制成魅力十足的寿司。仔细去除称为“苞叶”的坚硬部分，在表面撒盐，放入沸水中炖煮。表面变色后，立即捞起过冷水冷却。待冷却后用毛巾擦干水分，再以干制鲣鱼、海带、酒、盐、淡酱油制作的渗入液腌渍四五小时，将秋葵的下半部分切开握成寿司，在寿司上放梅肉摆盘成天盛式，调味后即可上桌。

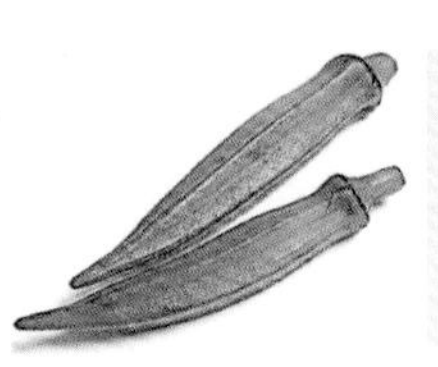

选用长度 6 ~ 10 厘米的秋葵作为寿司原料。用渗入液腌渍，使秋葵变柔软。

秋葵的准备工作　在沸水中调色后，再放到渗入液中腌渍

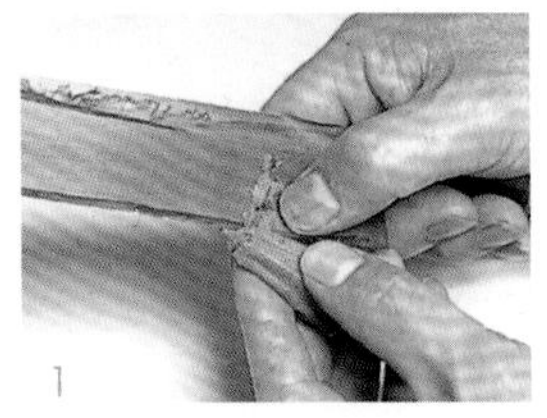

1 用薄刃菜刀将称为“苞叶”的坚硬部分去除。

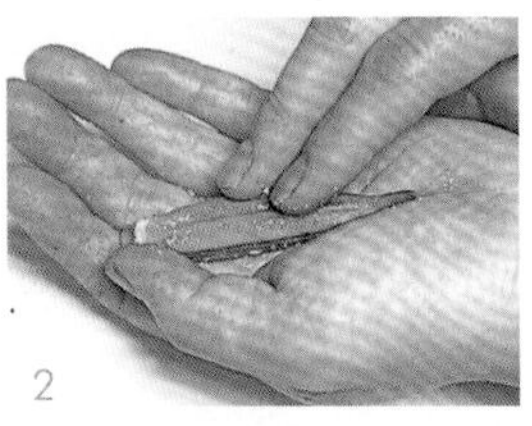

2 在秋葵表面薄薄地撒一层盐。

3 放入沸水中，待秋葵稍微变色后，捞至冷水中冷却。

4 冷却后的秋葵用毛巾包住，仔细擦干水分后，放到浸入液中腌渍四五小时。

切片・握寿司　将秋葵下半部分切开后握成寿司，加上梅肉调味

1 用切生鱼片的菜刀将秋葵的下半段切开。

2 盖上寿司饭，调整形状后握成寿司，注意不要将秋葵弄破。

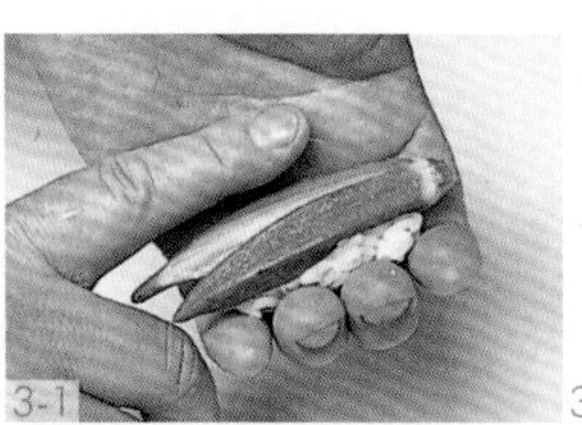

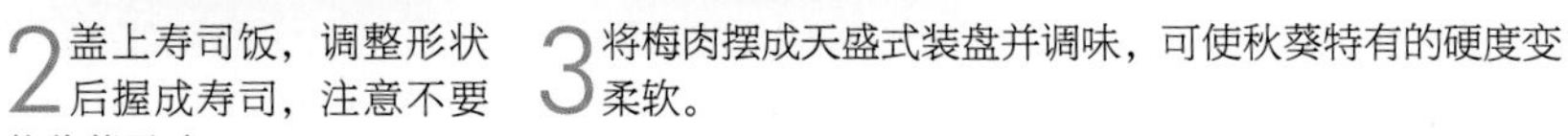

3 将梅肉摆成天盛式装盘并调味，可使秋葵特有的硬度变柔软。

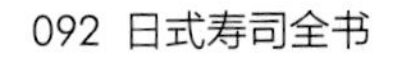

土当归

土当归

土当归的魅力之处在于其清脆爽口的口感，但是食材本身却有一种特有的苦涩的味道。将这种苦味高明地中和后，就能用来制成清口的寿司。土当归的皮很硬，所以要厚厚地切掉一层后，放入混合了水和醋的锅中煮沸，可去除其特有的苦味。在混合了醋、白糖、水、海带、辣椒的甜醋中腌渍半天，使其充分入味。也可在甜醋里加入梅肉调色，使土当归变成淡淡的桃红色。

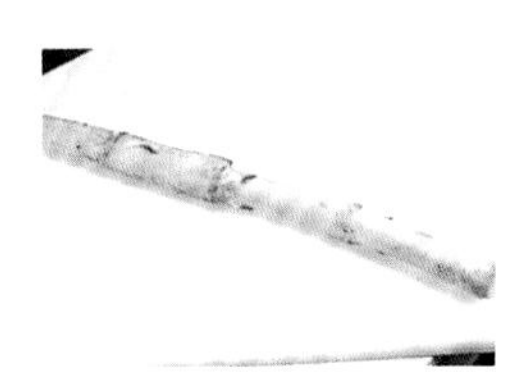

参考寿司的长度，将土当归全部切成 8.5 厘米的长度。土当归的魅力之处在于其独特易嚼的口感。

土当归的准备工作　去除苦味后，以甜醋腌渍，使其变成淡淡的桃红色

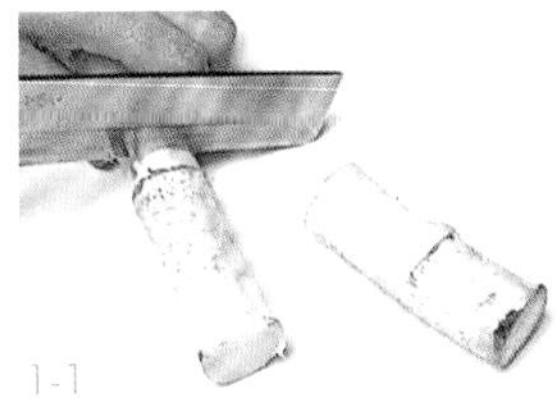

1-1

1-2

1 将土当归切成 8.5 厘米的长度。这么一段可制成二三块寿司。因其表皮很硬，所以要厚厚地削掉一层后才能使用。

2

2 将水和醋以 9 ： 1 的比例混合后将土当归放入，煮沸后就能去除其苦味。

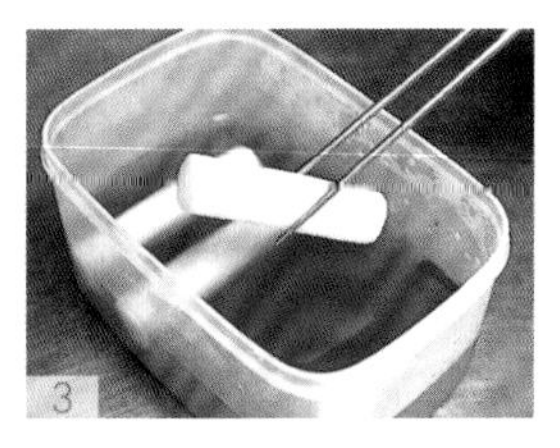

3

3 向混合了醋、白糖、水、海带、辣椒的甜醋中加入适量梅肉，将大致煮熟的土当归放入其中腌渍半天左右。

4

4 甜醋里加入梅肉的目的是为了能够更好地调色，让土当归变成淡淡的桃红色，做好后颜色会很漂亮。

切片·握寿司　切成薄片后握成寿司，系上紫菜带

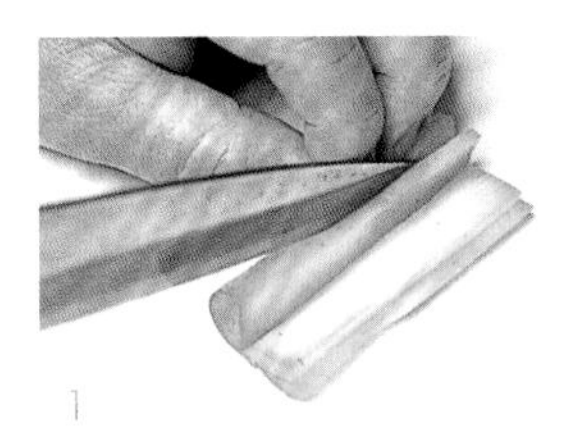

1

1 竖着切成薄片，一块土当归可切成4 ~ 6片左右。

2-1　2-2

2 将切成薄片的两片土当归叠起来使用更能突出其清脆的口感，与寿司饭充分黏合后制成握寿司。

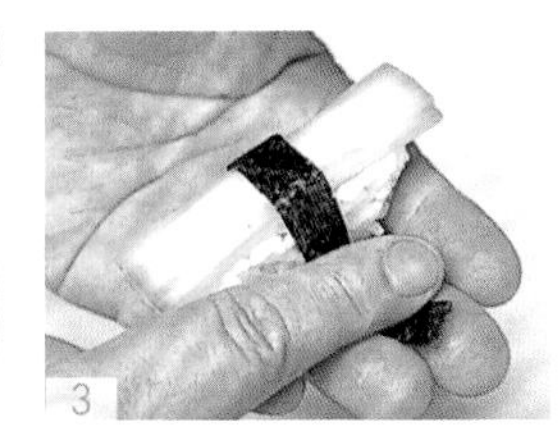

3

3 为了能使土当归和寿司饭看上去是一个整体且不分散，要系上紫菜带。

茄子

茄子

说起茄子握寿司，很多都是用腌茄子制成的。但在个别寿司店里，会用油炸过的茄子放在浸入液中腌渍后制成握寿司。茄子用油炸非常适合，炸过的茄子会变得更为美味。但是，油炸之后直接制成握寿司，却不太合适。所以，油炸后的茄子在将油充分沥干后，放在渗入液中加热，需冷却后再握成寿司。吸取了日式料理“油炸浸泡”的手法，可称为新型的蔬菜握寿司。

茄子的准备工作　去皮后油炸，再放入热水中去油

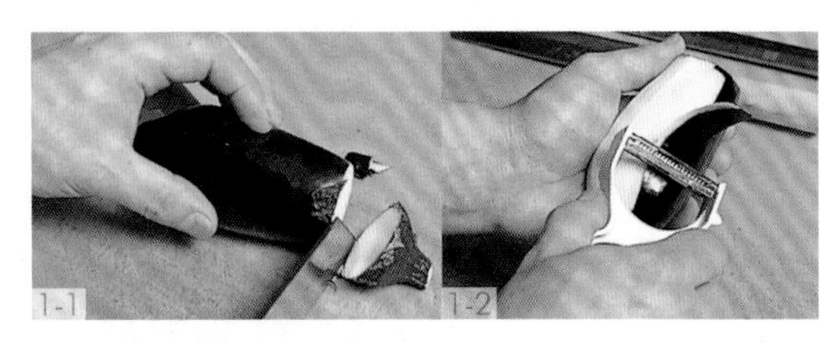

1 茄子用水清洗后，切掉茄子的蒂头部分，削皮。茄子皮带有涩味，所以要事先去皮，这样烹饪时比较不容易出现涩味。

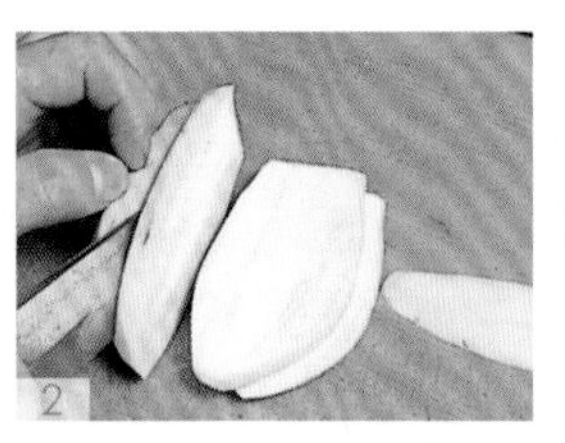

2 将去皮后的茄子竖着切成薄片，这样在制作寿司时比较容易使用。

3 在160℃的高温色拉油里，不用给茄子裹上面粉，直接下油锅炸。

4 待茄子稍微变色后，从油锅里捞起，放入热水中去油。

在渗入液中加热并腌渍

5 充分沥干油分后的茄子，放入倒满渗入液的锅内立刻加热。

将茄子捞至容器内，倒入刚好浸没茄子程度的渗入液，放置一会儿使其充分入味。

握寿司　不用加芥末，只加生姜

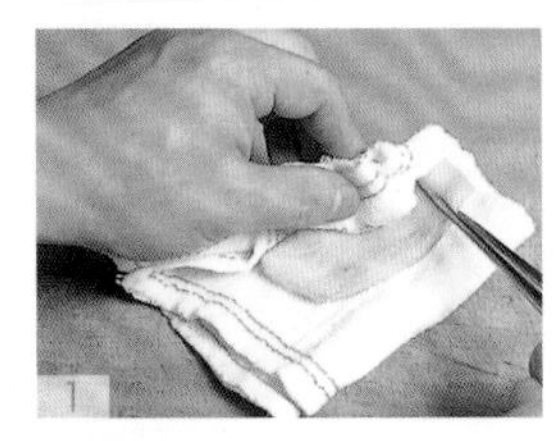

1 将浸透了渗入液的茄子放在毛巾上，充分去除汁水。

2 握成寿司时，要先将寿司饭握出形状，控制手按压的力道，注意不要将茄子弄破。

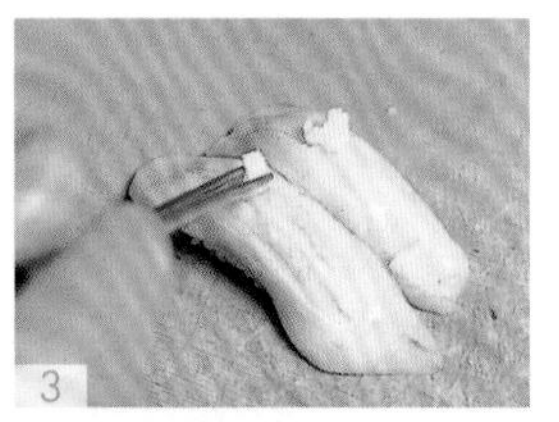

3 不用涂上芥末，直接握成寿司，可以放上与茄子相配的切成细丝的生姜和万能葱。

芦笋

绿芦笋

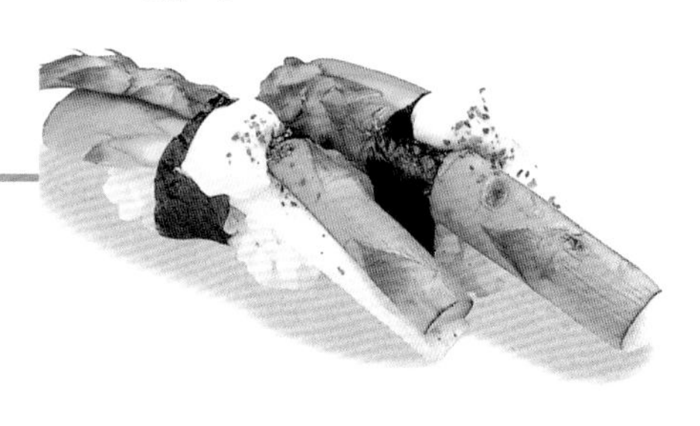

右图为充分利用绿芦笋清脆的口感和鲜艳的绿色制成的握寿司。重点是要将芦笋根部的坚硬部分和难以食用的筋部全部去除干净。用电烤炉将芦笋烤熟后，再加上蛋黄酱和五香粉等佐料，使得这款寿司很受欢迎。

芦笋的处理方法　去筋后用电烤炉烤熟

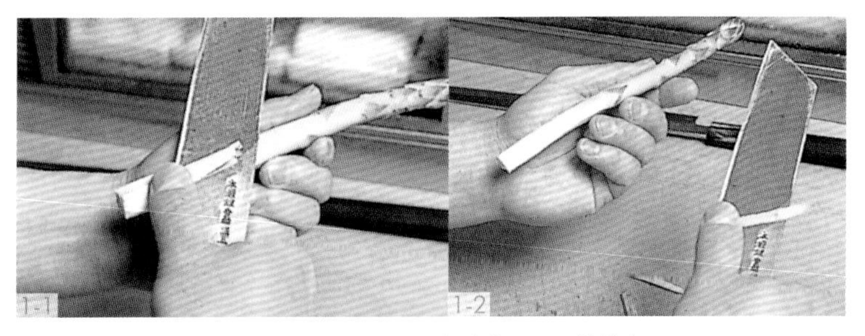

1 削掉绿芦笋根部附近的部分，用菜刀去除茎干下面的筋部。

2 用电烤炉，将芦笋完全烤熟。

切片 · 握寿司　将笋尖和笋茎组合制成握寿司

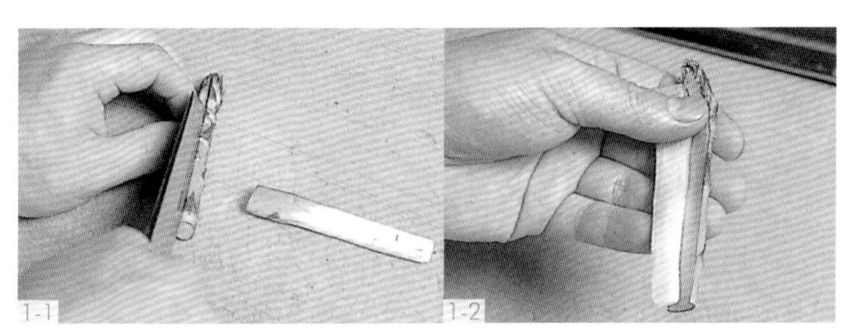

1 将一根芦笋竖着切成两段，每一段再从中间对劈开。将笋尖和笋茎组合在一起并握成寿司。

2 为使芦笋不会散开，用紫菜带绑起，涂上蛋黄酱和五香粉即可。

香菇

香菇

在生鱼片寿司后面上桌的一般是很受客人喜欢的香菇握寿司。肉头厚实、个头很大的香菇，涂上寿司的煮制酱油并烤出香味，再制成握寿司。烤制过程很简单，将香菇柄从根部去除，再将香菇放平并均匀地烤熟，并且烤制香菇伞状的背面，只有这样香菇的美味才不会流失。若卷上紫苏嫩叶，系上紫菜带，挤上柠檬汁后上桌，味道会更好。

香菇的处理方法　在香菇伞状部位划出刀口后，涂上煮制酱油烤制

1-1　1-2

1 将新鲜香菇的柄去除后，在香菇伞状部位的背面划出十字刀口。将背面进行反复烤制，其间，要在香菇上不停地涂煮制酱油。

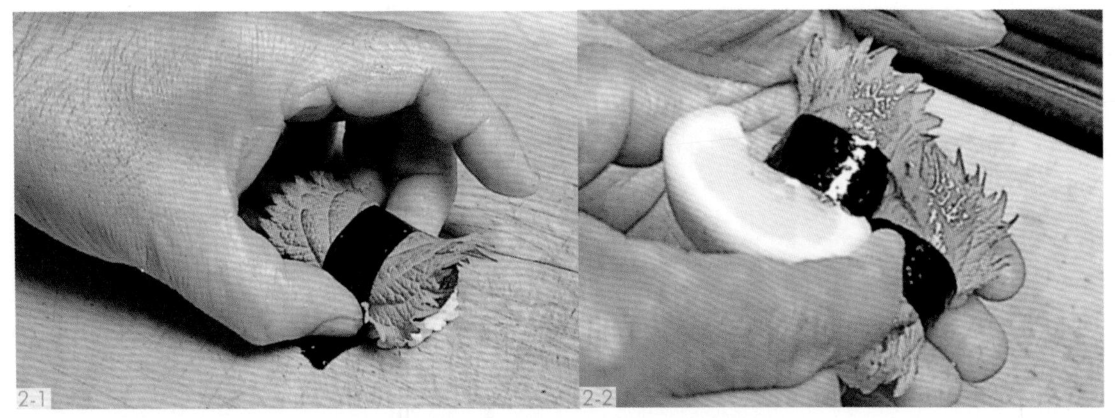

2-1　2-2

2 香菇伞变软后，从烤架上取下。待稍微冷却后涂上芥末握成寿司。之后，卷上紫苏嫩叶，系上紫菜带，挤上柠檬汁即可。

玉子烧握寿司

有一种深受好评的寿司即玉子烧握寿司。下面介绍几款在蛋液中混合了鱼肉末和调味料，在烤法和握法上都下了一番工夫的寿司。

厚蛋烧

玉子烧内塞入寿司饭

将新鲜的日本方头鱼（又称马头鱼）和明虾的肉末混合，可做出类似蛋糕一样烤制得焦焦的玉子烧。加入肉末和蛋清的“雪花羹”口感会非常松软，特点是要控制白糖的用量，充分突出肉末和鸡蛋的美味。准备工作一般花三四小时。

原料 /2 人份

半片日本方头鱼鱼肉 300 克
明虾 10 根
鸡蛋（本鸡蛋）42 个
味醂 1 合（注：1 合 =0.1 升）
白糖 150 克
酒 2 合
淡酱油 1 合

玉子烧的准备工作　将日本方头鱼和明虾肉末混合后，混入蛋黄内

1 使用日本方头鱼、鲜活的明虾和鸡蛋。

2 将明虾肉压成泥。去头剥壳后，去除虾线，用菜刀刀背将虾肉压碎，放入研钵内进行捻磨。

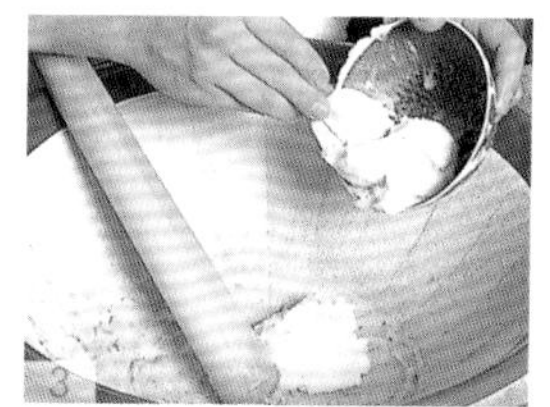

3 待明虾肉变得爽滑后，放入日本方头鱼肉末。

4 将明虾和日本方头鱼的肉末充分混合后，打蛋，分离蛋清和蛋黄，先在研钵中加入蛋黄。蛋清稍后要用，所以事先分开。

5 这一阶段需用 26 个鸡蛋。注意不要一口气放入所有鸡蛋，开始时先放入一二个，剩下的再分多次放入。

将整个鸡蛋和调味料混合，倒入研钵中

6 盆内打入 16 个鸡蛋，将蛋液全部打散混合。

7 事先准备好相当分量的调味料，往盆内依次加入酒、味醂、淡酱油、白糖，用打蛋器搅拌。

8 将调味后的蛋液倒入步骤 5 中混合了肉末和蛋黄的研钵中，再次搅拌并混合。

制作雪花羹，将其与加了肉末的蛋液混合

9 待完全混合后，分开倒入两个盆内。

10 将剩下的蛋清打发后，制成松软的雪花羹。

11 打发充分后，往盆内倒入分开放置的蛋液，再次混合。

用烤箱烤制

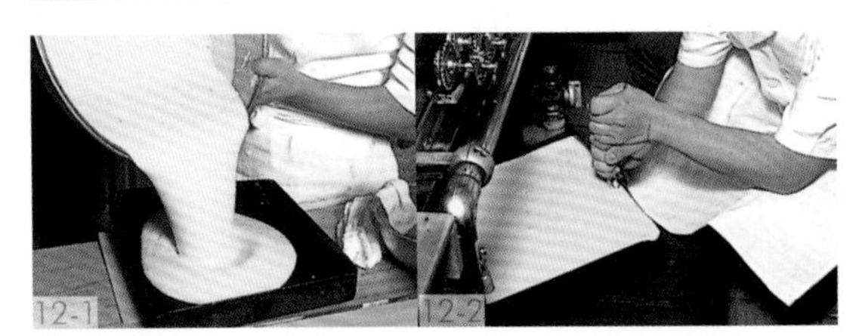

12 将烤箱的铁板充分预热后，全部涂上色拉油。将蛋液倒入铁板中，稍微晃动一下铁板，使蛋液表面变平整。之后先放入烤箱的下面一层，用中火烤制。

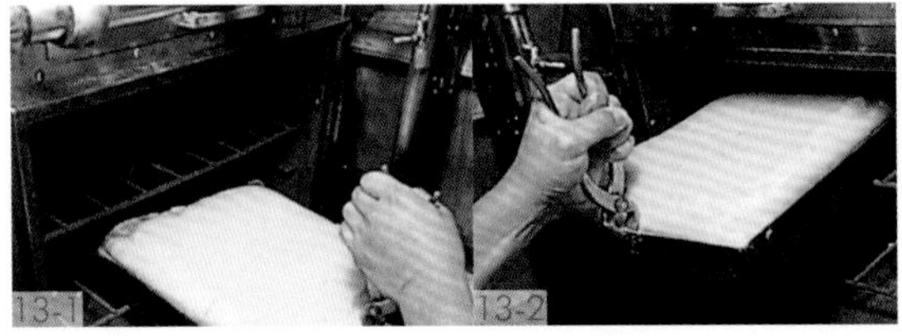

13 慢慢烤制 15 ~ 20 分钟后，将铁板朝向自己的一侧与另一侧颠倒一下，重新放入烤箱的上面一层进行烤制。

14 将烤好的玉子烧放在拨板（译者注：专门用来从铁板上取出食材的工具）上进行冷却。

切片 · 寿司　切成厚厚的块状，中间夹入寿司饭

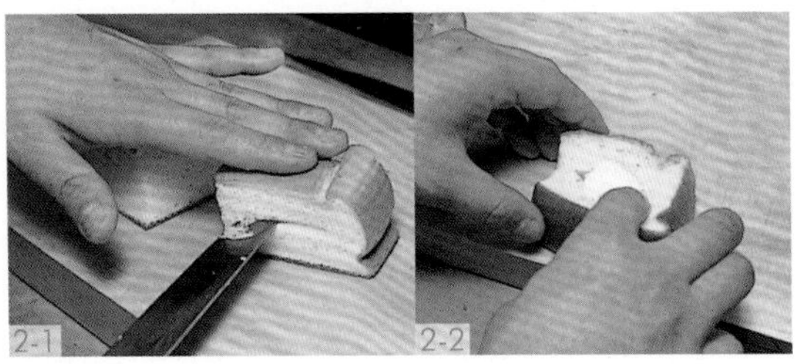

1 将铁板上烤制的一整块玉子烧切成长方形的四等分。每一份都切成大概能做四五块寿司的厚厚蛋片。

2 将切成片的玉子烧摆在柜台上时，要在其横着的正中间用菜刀切出一个刀口，里面夹入寿司饭后上桌即可。

鸡蛋卷

现在，提起寿司店主流的玉子烧握寿司一般指鸡蛋卷寿司。蛋液中不放入鱼肉末，直接用酱汁调味后打入鸡蛋烤制成玉子烧。这本来是来自日式料理的一种工艺。要制作鸡蛋卷，就要对酱料的做法、如何不让鸡蛋在锅里烧焦以及卷成蛋卷的技术进行探究。

原料

鸡蛋 60 个
干鲣鱼片 1 把
水 2 合
白糖 360 克（注：1 合 =0.1 升）
浓酱油 0.5 合
味醂 2 合
盐少许

玉子烧的准备工作

将酱汁过滤后与鸡蛋混合

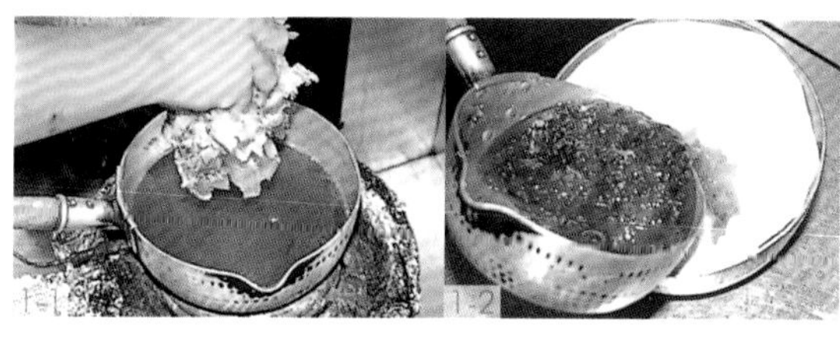

1 将锅里熬煮过的味醂和水煮沸，待白糖溶解后，放入盐、浓酱油调味，加入上等鲣鱼制作的干鲣鱼片，待再次煮沸后，将锅从火上移开进行过滤。

2 将适量的鸡蛋全部打散后，与过滤的酱汁混合。

卷成三折后烤制

3 在锅内涂上色拉油并加热，倒入蛋液，将蛋液中的气泡全部弄破。

卷成三折后烤制

4 从蛋液下层开始烤制，上层的蛋液变软后，将蛋皮朝向自己对折三次卷起。

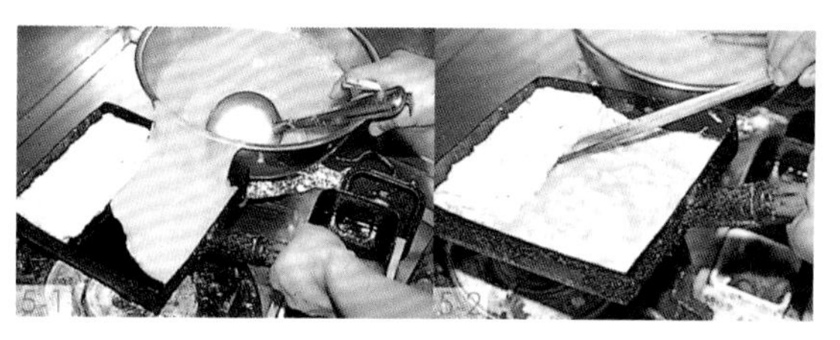

5 将卷好的鸡蛋往前推到烤盘的另一侧，从自己面前再次放入蛋液，卷好的鸡蛋卷下层也要薄薄地流一点蛋液进去。

烤制好后放在拔板上，按上寿司店印记

6 将烤好的蛋皮用同样的方法对折三次卷起，将这一步骤重复二三次。

7 烤好后用木板轻轻地按压鸡蛋卷，去除鸡蛋卷内的空气。

8 按上寿司店名称的印记，切片时要将印记这面朝上，制成握寿司即可。

各种各样的

玉子烧握寿司

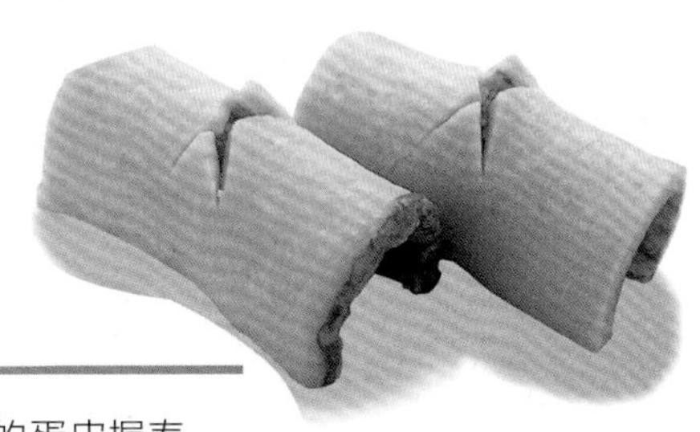

右图为加入了新对虾和阿留申平鲉混合制成的鱼虾肉松后烤制的蛋皮握寿司。保持了传统的将玉子烧和寿司饭融合成一体的握寿司的味道。

1 将鱼虾肉松和鸡蛋混合后，用白糖、味醂、酱油调味后烤制即可。

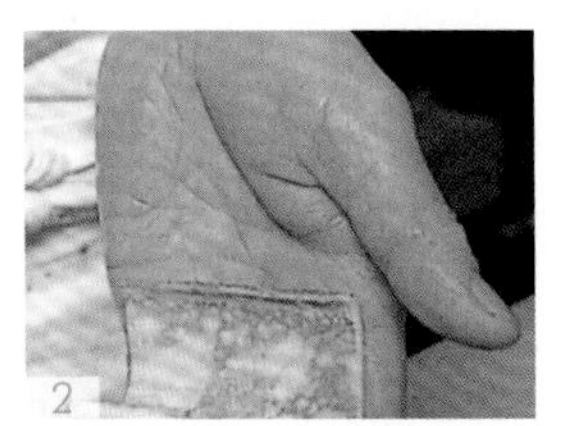

2 根据客人喜好，在玉子烧内夹上鱼虾肉松后握成寿司。这款寿司需用菜刀在蛋皮表面划出十字刀口。

玉子烧（放入小贝柱制成的肉末）

将小贝柱和调味料混合，用搅拌机将其打成肉末状后，与鸡蛋混合烤制成味道独特的寿司。调味料使用酒、淡酱油、盐、白糖，但要控制甜度，并充分发挥小贝柱的美味。

1 锅内放入调味料后开火，待白糖溶解后放入小贝柱。

2 将调味料与搅拌后的小贝柱肉末和蛋液充分混合后进行烤制。

玉子烧（加入新对虾和海鳗肉末）

将新对虾和海鳗制成的肉末，与作为增稠剂使用的切成细丝的佛掌山药混合后进行烤制。使用味道浓郁的本鸡蛋，控制调味料的使用，烤制一块玉子烧需要花 1 小时，这是一种相对精细的烤法。

将新对虾的肉末和海鳗的肉末与鸡蛋混合，可使它们的味道更鲜美。

厚蛋烧

使用产自日本茨城、奥久慈的本鸡蛋，与酱汁和白身鱼鱼肉混合后制成玉子烧。将用干鲣鱼薄片和海带熬煮的头遍汤汁，以淡酱油、味醂、白糖调味，放入少量黄油加强其浓郁的味道即可。

切成大大的鸡蛋块后握成寿司，再系上紫菜带。

海胆·咸鲑鱼子握寿司

“二战”后，在寿司店里被迅速确定下来的寿司原料即海胆和咸鲑鱼子。不管是哪种食材，都可直接生着使用，这在寿司制作上表现出了新的创意。

海胆

虾夷马粪海胆

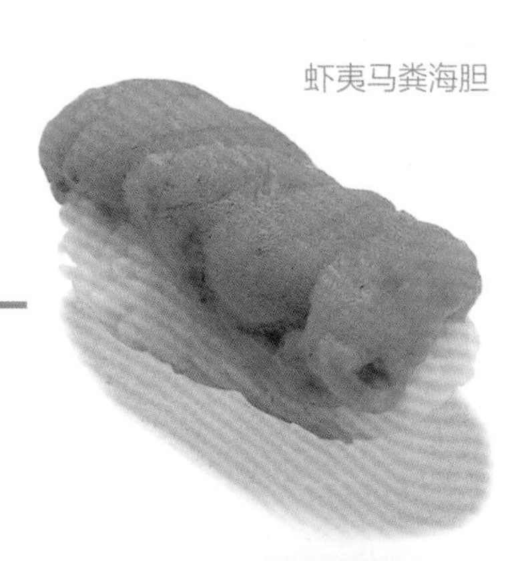

右图为使用产自日本北海道的甜味浓郁的大型虾夷马粪海胆制作的寿司。说起海胆寿司，一般指的就是军舰寿司。在海胆上放紫苏嫩叶后握成寿司，不会破坏寿司形状，反倒使形状更加漂亮。根据客人喜好，可再涂上煮制酱油。

图为产自日本北海道的连着壳的虾夷马粪海胆。身体带有一点红色。

握寿司

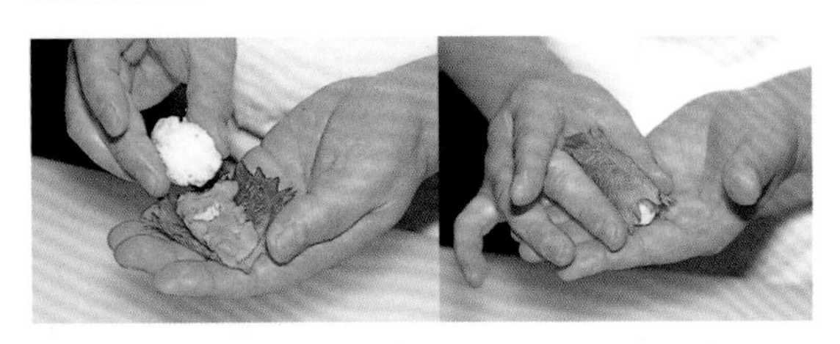

在寿司饭上放一片紫苏嫩叶后加上海胆，轻轻地按压并握成寿司。紫苏嫩叶起到了保护海胆的作用，使寿司形状不容易被破坏。

红海胆

右图其中一块海胆寿司可直接涂上酱油食用，另一块则加上咸飞鱼卵和紫苏嫩叶后，挤柠檬汁或欧橘汁调味。这种变化的寿司组合，增强了海胆的魅力。

图为从日本山口县萩市的北海海岸捕获的夏季的红海胆。整齐排列在薄木盒内的海胆，是从市场上采购来的。

咸鲑鱼子

寿司店使用的咸鲑鱼子，除了在特定时期可买到的生鲑鱼子外，剩下的就是采购那种用盐腌渍过的咸鲑鱼子。很多寿司店都会直接用咸鲑鱼子制作军舰寿司。而在个别寿司店里，会事先将咸鲑鱼子腌渍在以酒和味醂混合的液体中。在使其味道变温和的同时，也在如何能使咸鲑鱼子的颗粒不变小方面下了很大工夫。将准备好的咸鲑鱼子放置一晚后，即可用来制成寿司。

咸鲑鱼子的处理方法　将咸鲑鱼子用盐腌渍后，再以酒和味醂腌渍

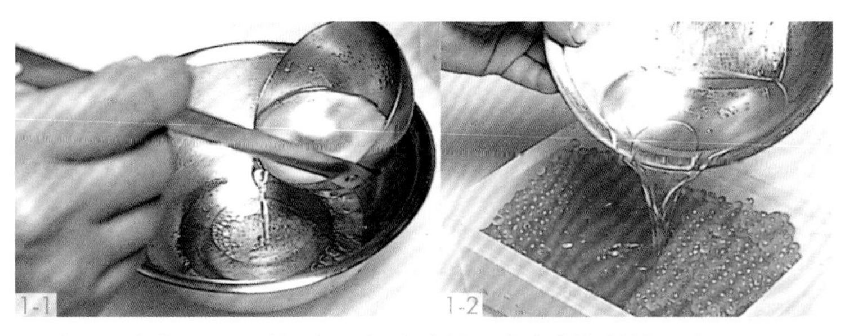

1-1　1-2

1 将酒和味醂以 1 ： 1 的比例混合后，倒入用盐腌渍的咸鲑鱼子内。

2-1　2-2

2 将咸鲑鱼子用筷子一颗一颗仔细分开后，放入冰箱保存。

3

3 寿司饭不用涂芥末，可直接制成军舰寿司，之后在咸鲑鱼子上涂煮制酱油即可。

在一些寿司店里，会将用盐腌渍的咸鲑鱼子，一颗一颗放入水中揉搓清洗，去除盐分后，再用酱油和酒腌渍五六小时，之后制成寿司。将盐分去除后，调味料的味道就很容易渗透进去。将腌渍的咸鲑鱼子倒入中间底部有小孔的容器中，待调味汁全部流至下面容器中，滤干后保存。制作这款寿司时，为了不使酱油的味道过于浓郁，需下很大工夫。

咸鲑鱼子的处理方法　将用盐腌渍的咸鲑鱼子泡发后，再放入酱油和酒中腌渍

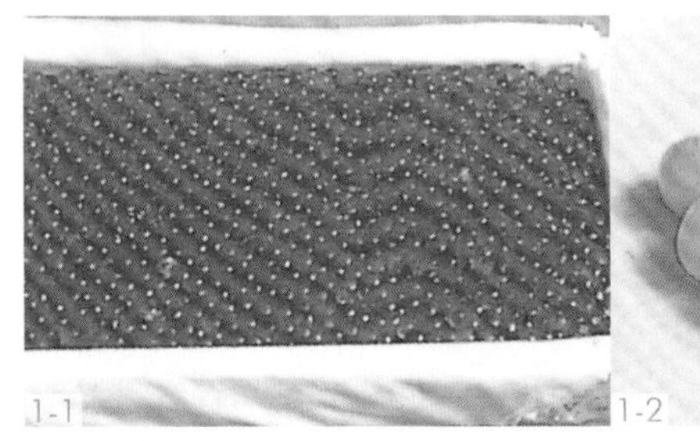

1-1　1-2　2

1 将用盐腌渍的咸鲑鱼子用水冲洗三四小时，至咸鲑鱼子的颗粒发白。

2 将浓酱油和煮沸后的酒以 2 ： 1 的比例混合后，倒入已去除盐分的咸鲑鱼子进行腌渍。

3

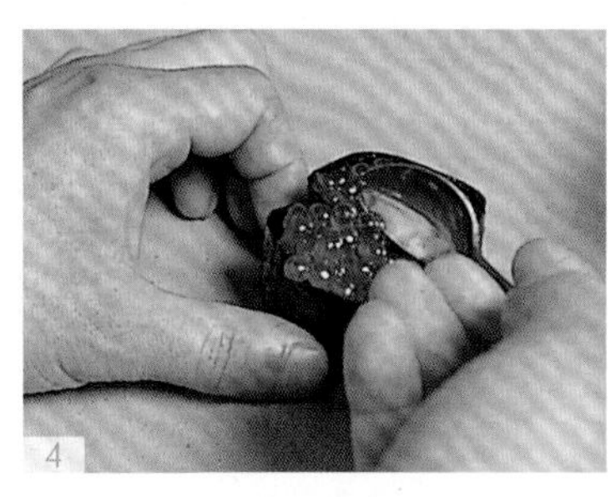

4

3 经过五六小时的腌渍后，将咸鲑鱼子从中间底部有小孔的双层容器内取出。

4 调味汁则会流至容器底部，以汤匙舀一勺咸鲑鱼子放到寿司上即可。

日式

散寿司饭及生金枪鱼盖饭的烹饪技术

在江户派寿司的基本款式里,其中代表性寿司即散寿司饭和生金枪鱼盖饭。受握寿司其他卓越的商品性影响，散寿司饭和生金枪鱼盖饭稍微有些不受客人重视。但是，作为可让客人轻松享受到丰盛食材的寿司，两者都肩负着重要的使命。散寿司饭也好，生金枪鱼盖饭也好，都采用将原料切片后放在寿司饭上的形式，所以常常要考虑整体的协调性，还要考虑到如何让客人食用起来更加方便。将原料切片，再把不同配色、生的、煮过的原料以及味道上不同的原料尽可能交错地摆放。因此，根据这些基本要求，在寿司原料的使用和装盘技术上都要下一番工夫。

散寿司饭

右图为使用两层的方形漆饭盒，将寿司饭和原料分开盛装的散寿司饭。切得厚厚的金枪鱼和未去头的虾，凸显出了原料的豪华感。同时放入葫芦干和香菇等煮菜，或玉子烧这种手工制作的原料，保持了不同原料搭配组合的平衡。将原料竖着装盘，可突出其立体感。

两层叠在一起的散寿司饭

原料

- 葫芦干
- 香菇
- 玉子烧
- 明虾
- 康吉鳗（加了鱼虾肉松）
- 鲣鱼（加了细香葱和生姜）
- 柞江珧
- 拟鲹鱼
- 金枪鱼中肥
- 咸鲑鱼子
- 腌渍后的黄瓜和山萝卜
- 紫苏嫩叶
- 紫菜碎
- 芥末

注：原料并非全部出现在步骤中，可酌情添加。后文不再赘述。

葫芦干、香菇、玉子烧的准备工作　葫芦干

1 将葫芦干切得与紫菜等长，用盐揉搓清洗后浸泡在水里，放置一晚至葫芦干泡发至全部变软。

2 制作葫芦干的煮汁。在锅内依次放入浓酱油、粗粒糖、水，用大火煮沸，使其充分混合。

3 放入泡发的葫芦干，进行炖煮。

4 炖煮时用烧菜的筷子（译者注：比一般吃饭的筷子要长很多的筷子）搅拌。注意不要让葫芦干糊锅。煮好后将其捞到笸箩上自然冷却。

香菇

1 去除香菇柄，放入水中浸泡 1 小时左右，再过水焯。

2 利用泡发香菇后的汁水，给步骤 1 中的锅里放入浓酱油、白糖后煮沸，煮至汤汁剩下一半。

3 将煮好的香菇浸在煮汁里腌渍，使香菇充分入味。

玉子烧

1 将酱汁与白糖、味醂混合后加入鸡蛋和芝麻。

2 待酱汁和鸡蛋充分混合后，倒入涂了油的预热过的锅里进行烤制。油以色拉油为主，可稍微加点芝麻油增香。

原料的切片

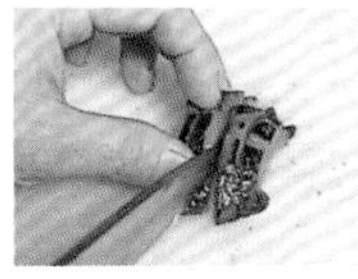

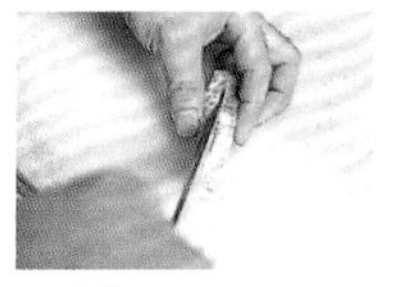

葫芦干

将卷细卷用的紫菜切下一半，卷在葫芦干上。卷好后，将葫芦干切成三段。

香菇

将香菇对切后，为了更方便食用，再将其切成细丝。

玉子烧

将玉子烧切成厚厚的块状，切时稍微斜着下刀会比较好切。

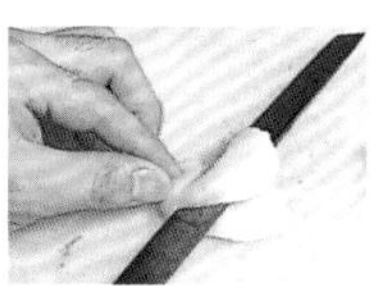

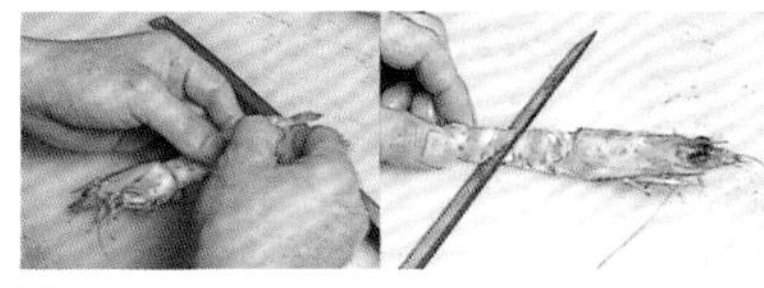

康吉鳗

将康吉鳗上侧的鱼肉用斜刀切片，稍微烤制后作为寿司原料。

柃江珧

根据柃江珧的大小，横着切成片，作为寿司原料。

明虾

将连着头的明虾保留虾头和虾尾，去除虾壳。将整只明虾切成两段。

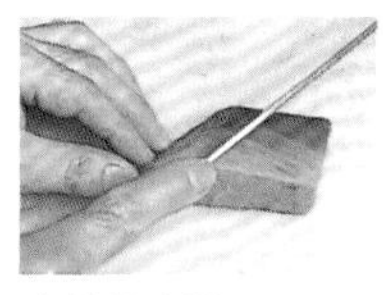

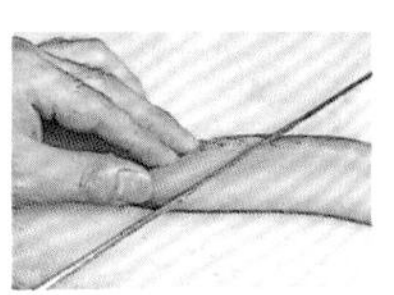

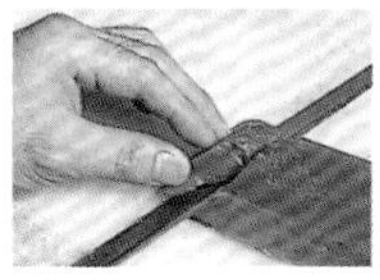

金枪鱼中肥

选用本鲔，将中肥部分切成稍厚的片状。

拟鲹鱼

将拟鲹鱼切成薄片。白身鱼原料可根据季节进行调整。

鲣鱼

将去皮的生鲣鱼切成稍厚的片状。

装盘 原材料竖着装盘

1 装原料的器皿要使用中间有间隔的器皿，左边间隔内装玉子烧、葫芦干及香菇的煮菜。右边间隔内装腌渍的菜和甜姜片。在自己面前的间隔内铺上萝卜丝后，再将寿司原料装盘即可。

2 将虾和金枪鱼竖着装盘。

3 康吉鳗要放在事先铺好的紫苏嫩叶上装盘，目的是防止其串味。

散什锦寿司

/3 人份 /

在混合了甜姜片和葫芦干等中间菜码的寿司饭上，华丽丽地撒上金枪鱼、发光鱼、煮菜等多种寿司原料，再撒上用来补充色泽和口味的鱼虾肉松。这款寿司一直保持着传统手工制作的味道。

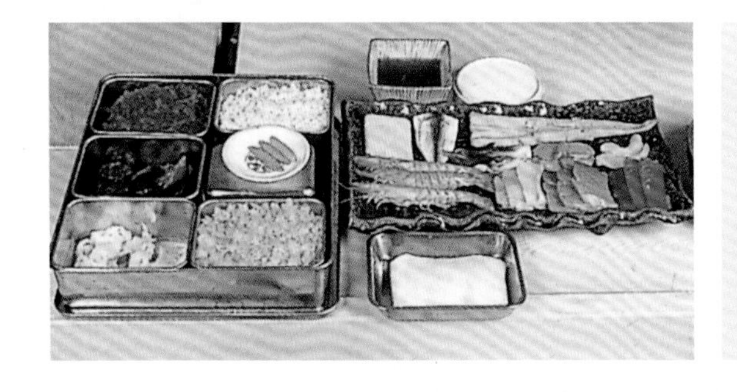

原料

甜姜片	比目鱼	葫芦干	滑顶薄壳鸟蛤
紫菜碎	蛤蜊肉	香菇	赤贝
醋藕	斑鰶幼鱼	鱼虾肉松	玉子烧
金枪鱼瘦肉	明虾	金枪鱼中肥	荷兰豆
康吉鳗	芥末	煮乌贼	

装盘　在最下层铺上寿司饭，撒上中间菜码

1 放入寿司饭后铺平，将切细的甜姜片、葫芦干以及紫菜碎作为中间菜码，撒在寿司饭上。

2 在此基础上再次放入寿司饭，将表面轻轻抚平。

3 撒上甜姜片、葫芦干、香菇、醋藕和紫菜碎。

将寿司原料切成稍大的块状，撒在寿司饭上

金枪鱼

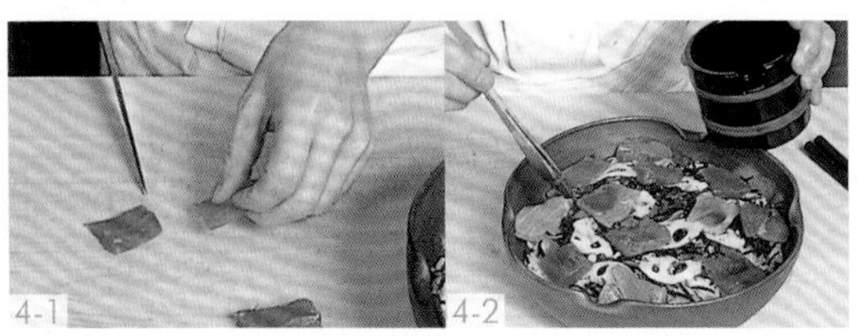

4 将切成寿司原料大小的金枪鱼瘦肉和中肥再次对切开，呈放射状装盘，将鱼肉涂上煮制酱油。

炖煮类

5 放上一整条切成六等分大小的康吉鳗鱼片和切出波浪形刀纹的煮乌贼片，鱼片上要涂煮汁。

白身鱼 · 贝类

6 考虑比目鱼、滑顶薄壳鸟蛤、蛤蜊肉、赤贝等寿司原料的颜色搭配后，再装盘。

发光鱼类

7 一边用鱼虾肉松填满寿司原料之间的空隙，一边放上切成细丝的斑鰶幼鱼。

玉子烧及明虾

8 撒上切成丝的玉子烧，放上从腹部剖开并用斜刀切成片的明虾。

9 将稍稍焯过水的荷兰豆竖着切几刀，将其作为绿色蔬菜进行装饰，最后涂上芥末即可。

鱼肉松的做法

在散什锦寿司饭这道菜品里，使用的鱼虾肉松是大比目鱼和明虾两种肉末混合后，经白糖、盐、酱油调味制成的。使用红色食用色素给肉松稍微上点淡淡的红色。做好的鱼虾肉松的口感稍微有点潮湿。

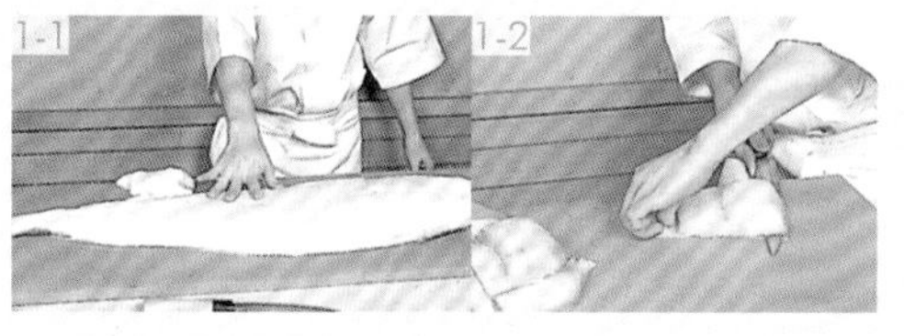

1 使用从大比目鱼白色的背部取下的鱼肉，将鱼骨和鱼肉一起切成较大的鱼块。

2 将切块的鱼肉放入水里煮一下，仔细挤干鱼肉中的水分，使鱼肉变干。

3 将挤干水分后的大比目鱼放入绞肉机中绞成肉末。

4 煮带壳明虾，剥掉虾头和虾壳。

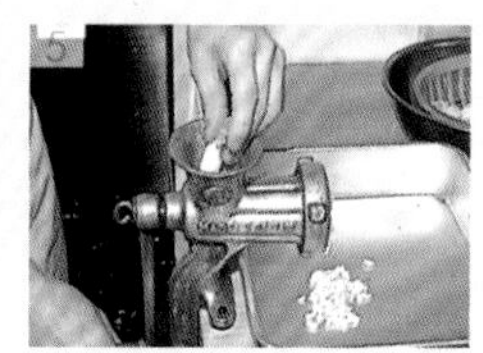

5 将虾肉上的黏液清洗干净后，绞成肉末状。

6 将绞成肉末的大比目鱼鱼肉和明虾肉放在方形平底盘内，仔细混合并在烹饪前将肉末放入冰箱冷冻保存。

7 在深炖锅内倒入水，与白糖、盐、酱油混合后煮沸，用筷子蘸取少量的红色食用色素混合。

8 倒入肉末用大火炒制，水分不足的话，中途可以加水。炒制时要注意不让肉末变煳。

9 用刮刀的背面将肉末碾碎，要炒至鱼虾肉松全部散开。炒好的鱼虾肉松要稍微有些潮湿的口感才好。

使用双层圆形漆饭盒，这是一份兼顾了下酒菜和饭食的散寿司饭，也是现代很多散寿司饭会有的倾向。放在自己面前的饭盒盛装的都是金枪鱼肥肉、咸鲑鱼子、赤贝等高级的原料，后面的饭盒则是那些可以享受美食乐趣的锦系鸡蛋、香菇及醋藕等食材的散寿司饭。

原料的准备

原料

香菇	枪乌贼	醋藕
赤贝	锦系鸡蛋	北方长额虾
鱼虾肉松	干青鱼子	花椒的嫩叶
咸鲑鱼子	紫菜碎	鱼糕
金枪鱼中肥	萝卜	玉子烧
紫苏嫩叶	章鱼	甜姜片
斑鰶幼鱼	芥末	加吉鱼
紫苏穗		

香菇

香菇在水里泡发一晚后，用浓酱油、白糖、味醂调味，使香菇的味道变浓郁。

醋藕

将藕切片后，用水焯一下，在放入白糖的甜醋中腌渍一晚。

锦系鸡蛋

烤制放在散寿司饭上的锦系鸡蛋，将鸡蛋完全打散，调味时要控制甜度，在锅内薄薄地铺上一层蛋液后烤制。

备齐散寿司饭原料

将金枪鱼切成厚厚的片状、干青鱼子切薄片，用赤贝的边作为装饰。

装盘 将寿司原料仔细划分后装盘

1 在装寿司饭的漆饭盒里，铺上锦系鸡蛋，中间摆上鱼虾肉松和香菇。

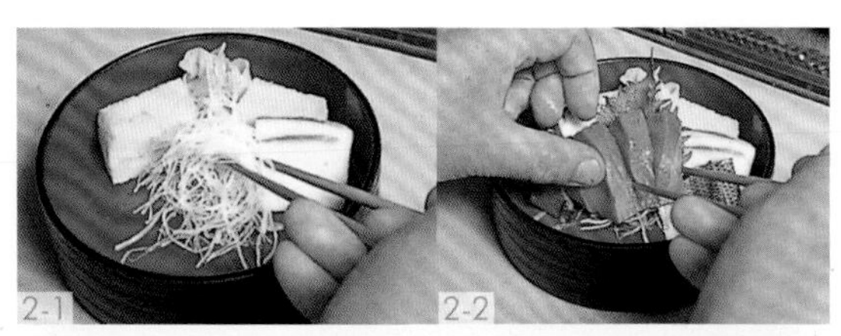

2 在装寿司原料的饭盒里，下面铺玉子烧和鱼糕，用紫苏嫩叶将原料间隔开后，将金枪鱼中肥摆在紫苏嫩叶上。

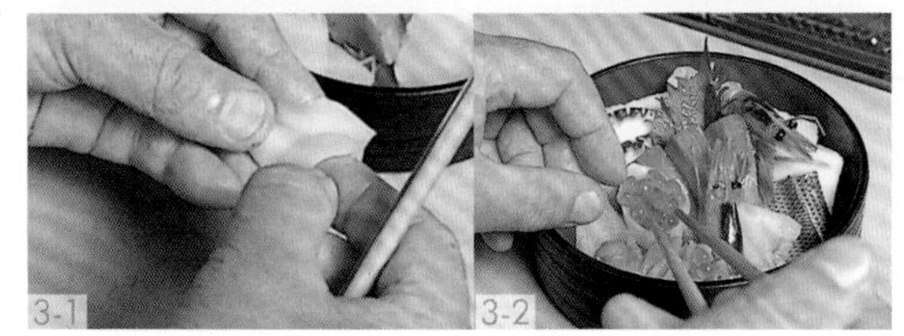

3 将枪乌贼片慢慢地从里朝外卷成漏斗形，中间装上咸鲑鱼子。此部分是装盘的重点，需要下一番工夫。

腌渍的金枪鱼和康吉鳗盖饭

右图为用寿司的传统工艺“腌渍”法加工而成的金枪鱼和煮得酥软的康吉鳗作为主料制成的散寿司饭。寿司原料相当丰盛，几乎能将寿司饭全部盖满。而且，在寿司饭上，会将乌贼、章鱼等原料切成细丝后拌在一起，这是一款能让客人在食用的过程中，不断发出惊叹声的寿司新款。

原料

金枪鱼瘦肉	紫菜碎	康吉鳗	鹌鹑蛋	玉子烧	细香葱
章鱼	紫苏嫩叶	拟乌贼	黄瓜	大马哈鱼	芥末
虾	白芝麻	咸飞鱼卵	甜姜片	咸鲑鱼子	

泽庵咸萝卜（译者注：泽庵咸萝卜指日式酱菜的一种。将干萝卜用米糠和食盐腌渍而成。）

金枪鱼的腌渍和康吉鳗的烹饪

金枪鱼的腌渍

客人点餐后，将印度金枪鱼的瘦肉部分用混合了酒、味醂及融入了芥末的酱油中稍微腌渍一会儿。

康吉鳗

将剖开的康吉鳗切下一半使用。将这半块康吉鳗放入混合了酱油、白糖、味醂的煮汁中煮沸后，切成三段备用。

装盘 寿司原料三层装盘

1 将与海青菜混合制成的鸡蛋卷切成丁，铺在容器底部。在鸡蛋卷上铺 40 克的寿司饭，寿司饭中间要稍微铺高一点。

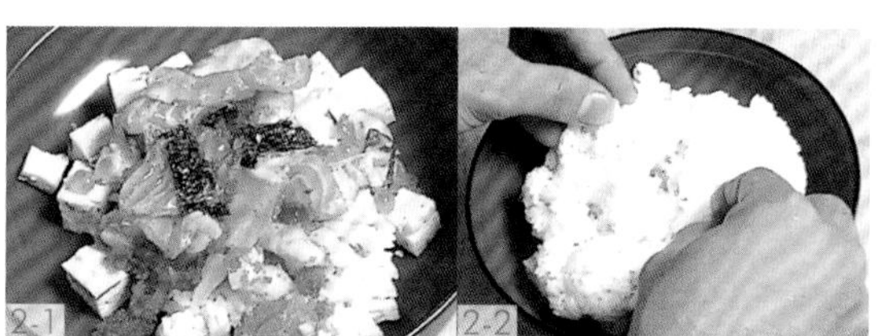

2 在铺好的寿司饭上撒章鱼、乌贼、咸鲑鱼子、虾、咸飞鱼卵及烤制过的和金枪鱼腌渍方法一致的大马哈鱼等原料，之后再铺上 80 克寿司饭。

3 撒紫菜碎后摆上康吉鳗，铺上紫苏嫩叶后放上金枪鱼。在旁边放上甜姜片和泽庵咸萝卜。之后在金枪鱼上撒细香葱及白芝麻，摆上鹌鹑蛋，最后涂上芥末即可。

颗粒大小整齐的咸鲑鱼子和金枪鱼，切成方块的玉子烧，刚刚出芽的蔬菜，红、黄、绿的色彩搭配得刚刚好，这是使客人得到视觉与味觉双重享受的一款散寿司饭。寿司饭上拌入了切成丝的康吉鳗，变得更为美味。使用木质的手提式木桶作为器皿，是以前寿司店里没有的新思路。

原料

康吉鳗	紫菜碎	甜姜片	金枪鱼瘦肉	白芝麻
咸鲑鱼子	虾	紫苏嫩叶	玉子烧	刚刚出芽的蔬菜
干青鱼子	腌黄瓜和日本山药	小笋	用大豆酱油腌渍的薤菜	香菇 甜姜片

切片·装盘

康吉鳗

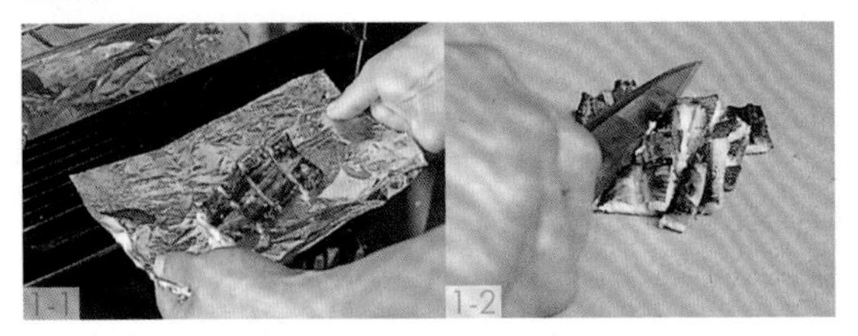

1 准备4块握寿司用的康吉鳗，将鱼皮和鱼肉稍微烤制一下，切成细丝后作为中间菜码使用。

玉子烧

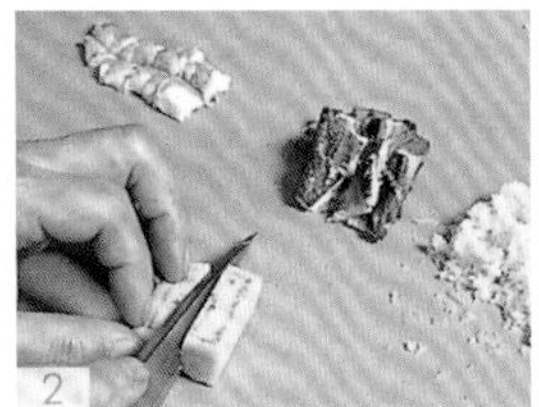

2 往干鲣鱼汤汁里倒入酱油、白糖、味醂，将其混合后倒入蛋液中，将蛋液打散后烤制成鸡蛋卷并切块。

干青鱼子

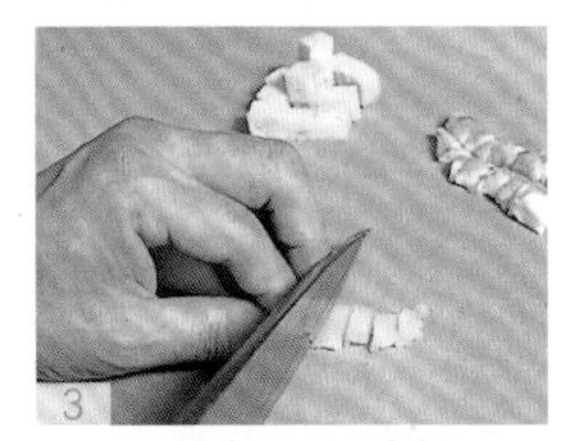

3 将干青鱼子用与海水盐度相似的盐水泡发，以酒和盐制成的酱汁腌渍，充分入味后，将其切细撒在散寿司饭中。

香菇

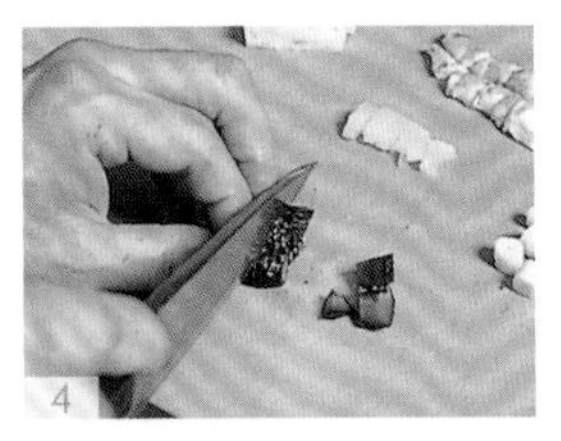

4 将用酱油、白糖和味醂煮得带有甜味的香菇对半切开后，切成细丁。

金枪鱼瘦肉

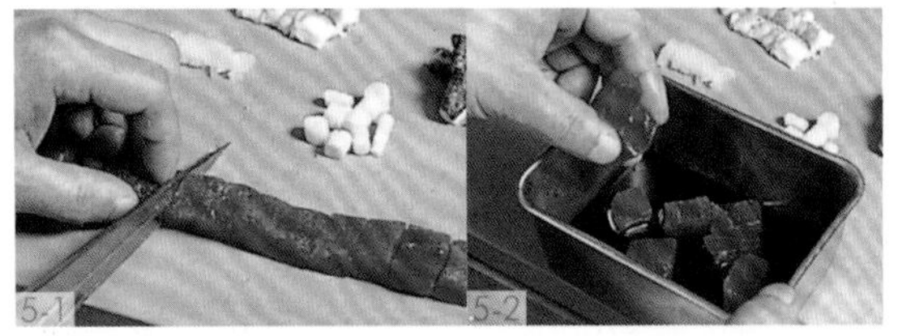

5 金枪鱼可生着直接食用，所以直接切成块状，用酱油腌渍二三分钟即可。

虾

6 将焯过水的虾从其腹部切开。一整只虾可切成六块备用。

小笋

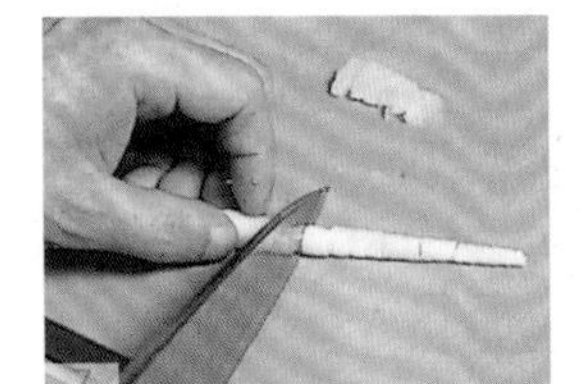

7 将小笋去除涩味，保留其独特的口感，放在腌渍溶液中腌渍。

将甜姜片和康吉鳗作为中间菜码，再将其他原料装盘

8 往寿司饭里拌上康吉鳗、甜姜片、煮汁、白芝麻后，平铺在手提桶内。

9 将剩下的寿司原料与紫菜碎、刚刚出芽的蔬菜撒在寿司饭上即可。

生金枪鱼盖饭

右图为以独特的腌渍方法腌渍的金枪鱼瘦肉制成的生金枪鱼盖饭。用混合了酱汁和三种不同的酱油、味醂、研碎的芝麻的非常美味、风味独特的酱汁进行腌渍，这是一款花了很大心思做出的能够突出寿司店个性的寿司。

金枪鱼的烹饪及装盘　将金枪鱼腌渍后装盘

从左上角起分别为煮制酱油、大蒜酱油、干鲣鱼汤汁，右下角左起分别为味醂、生酱油、研碎的芝麻。大蒜酱油是将稍微烤制的大蒜腌渍在酱油中制成的。

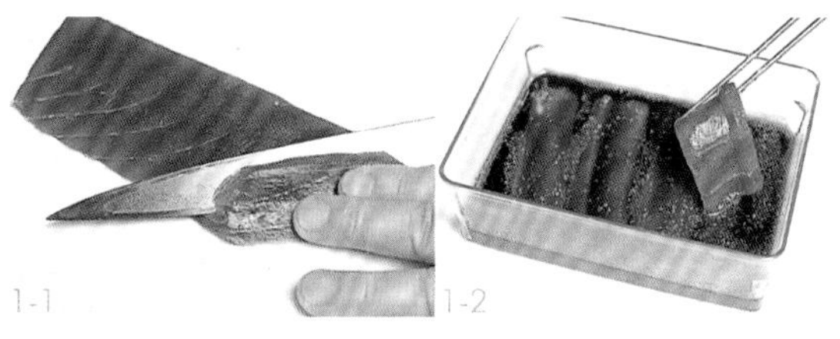

1-1　1-2

1 将切成长条状的金枪鱼鱼块切成稍厚的片状，用汤汁和调味料及研碎的芝麻混合制成的酱汁进行腌渍，金枪鱼的颜色稍微变深即立刻捞出。

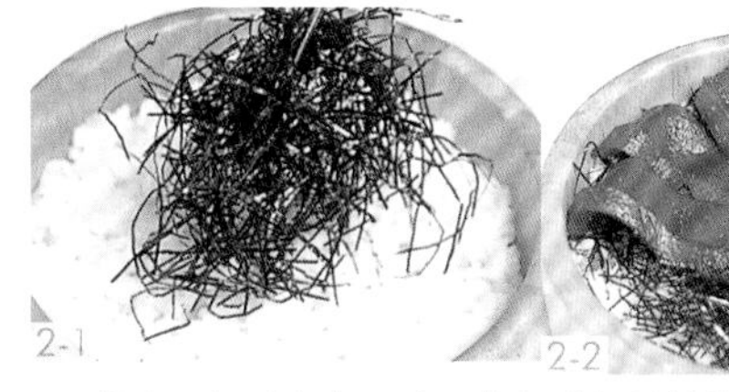

2-1　2-2

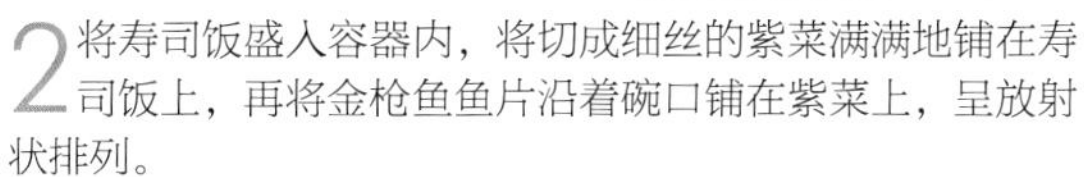

2 将寿司饭盛入容器内，将切成细丝的紫菜满满地铺在寿司饭上，再将金枪鱼鱼片沿着碗口铺在紫菜上，呈放射状排列。

3

3 将切成细丝的万能葱撒在金枪鱼鱼片上，铺上紫苏嫩叶并摆上甜姜片即可。

原料

金枪鱼瘦肉
紫菜丝
万能葱
紫苏嫩叶
甜姜片

腌渍调味料和比例

煮制酱油…………0.5
大蒜酱油…………0.5
干鲣鱼汤汁…………1
甜料酒……………0.5
生酱油………………1
（未煮沸的酱油）
研碎的芝麻………0.5

将金枪鱼摆成花朵造型，周围撒上紫菜碎，这是款很显档次的生金枪鱼盖饭。此与只将切片后的金枪鱼摆在寿司饭上的那种盖饭完全不同，造型后的生金枪鱼盖饭进一步提升了金枪鱼的魅力。紫菜碎用手直接揉碎，风味更加独特。虽然，生金枪鱼盖饭是一种制作过程非常简单的寿司，但是在其造型上还需花费心思。

原料

金枪鱼中肥	紫菜碎
黄瓜	芥末

金枪鱼的切片及装盘　将金枪鱼摆成花朵造型后装盘

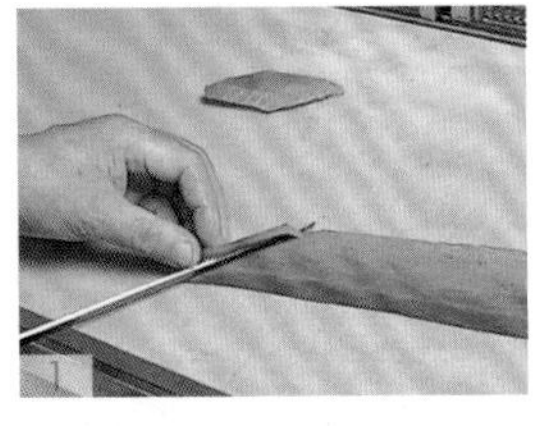

1 将已切成长条状的金枪鱼中肥部分切成 8 片。

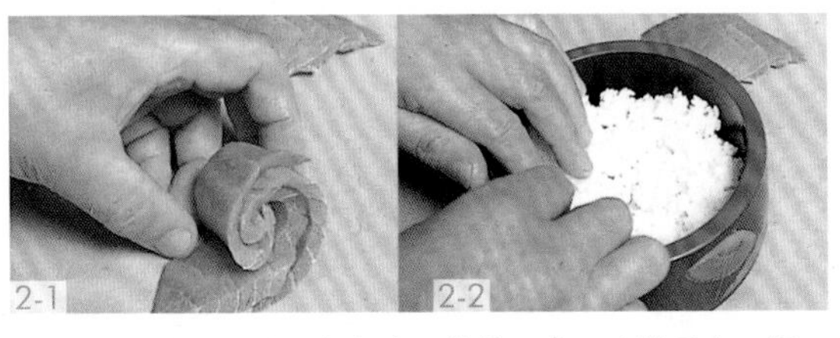

2 取出其中 4 片金枪鱼鱼肉，将其一点一点地叠在一起，竖着排成一列放置，用手从外侧一端开始，慢慢地往里卷起，做出花朵造型。

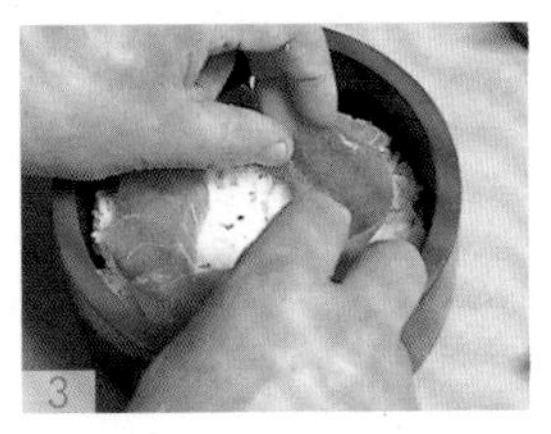

3 将寿司饭轻柔地装在碗里。在寿司饭中间压出一个小小的凹槽。

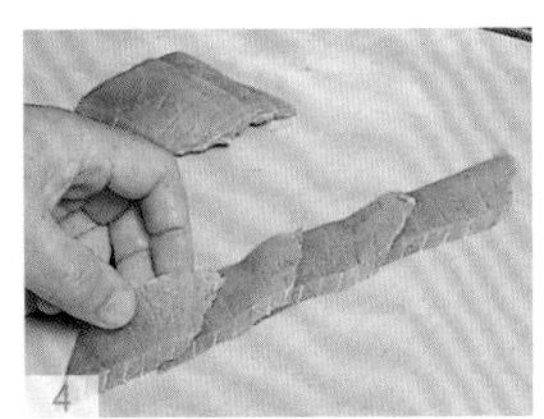

4 将剩下的 4 片金枪鱼鱼肉沿着碗的边缘整齐排列。

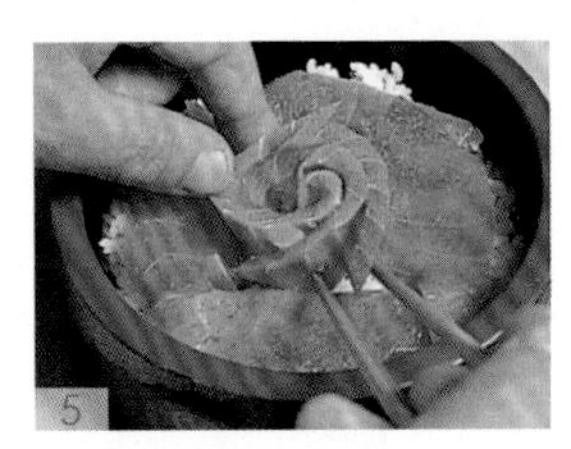

5 将做成花朵造型的金枪鱼放置在寿司饭中间的凹槽内，周围撒上紫菜碎。再放上黄瓜，涂芥末后即可上桌。

日式
紫菜卷寿司的烹饪技术

保留了紫菜的清香口感，“咔嚓”一下卷起来即江户派寿司中的紫菜卷寿司，也是其最具魅力的地方。而且，紫菜卷寿司要注意不能破坏寿司饭香甜淡雅的口感，这是每天都需用心实践的基本功。根据紫菜卷的原料，对寿司饭的分量进行控制，同一条紫菜卷寿司上不管切下哪一块，卷的粗细都要均匀，寿司心一定要在中间。要牢牢地掌握这一技术要点，方可制成美味的紫菜卷寿司。而且，想要掌握作为基本细卷寿司的葫芦干和金枪鱼紫菜卷、守岁卷、粗卷寿司、手卷寿司的卷法，需向技术扎实的寿司师傅讨教学习。

细卷

葫芦干紫菜卷寿司

江户派寿司的基本细卷即葫芦干紫菜卷寿司。对于葫芦干的煮法，每家寿司店都有其各自的特色。在个别寿司店内，葫芦干紫菜卷寿司是作为下酒菜享用的，它保留了葫芦干清脆的口感，甜度适中，酱油淡淡渗入葫芦干内，用备长炭烘烤制成的紫菜卷呈流畅的形状。

葫芦干的准备工作　去除葫芦干的涩味后，煮至其颜色变淡

1 将葫芦干切成与紫菜相同的长度后，进行泡发。

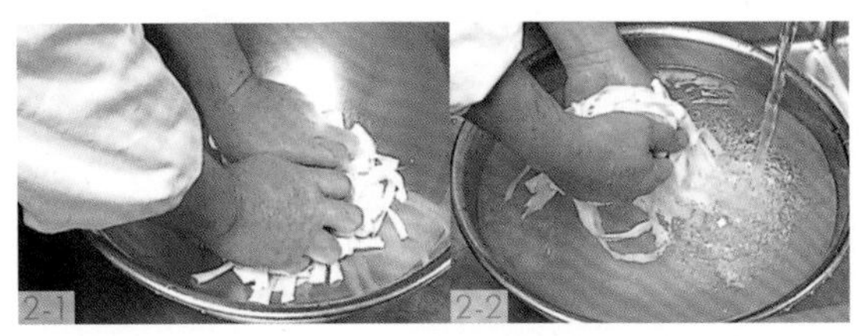

2 泡发的葫芦干变软后，用水仔细地进行揉搓冲洗，去除葫芦干特有的涩味，可使其在炖煮时更易入味。

3 将葫芦干用热水炖煮，要不间断地用筷子进行搅拌，不让葫芦干黏在一起。

4 待葫芦干的颜色变透明后，捞到笸箩上沥干水分。

5 制作煮汁。在锅内放入粗粒糖、酒、浓酱油后，以大火煮沸。

6 放入葫芦干，浇上煮汁进行炖煮。

7 待酱油的颜色稍微浸入葫芦干后，立即关火。

卷法・切法　将葫芦干捋齐后，放在寿司饭上，一口气卷起

1 摊平寿司卷帘，放上半张碳烤的紫菜。

2 取4份握寿司的寿司饭，在紫菜中间铺平，将葫芦干捋齐后，放在寿司饭上。

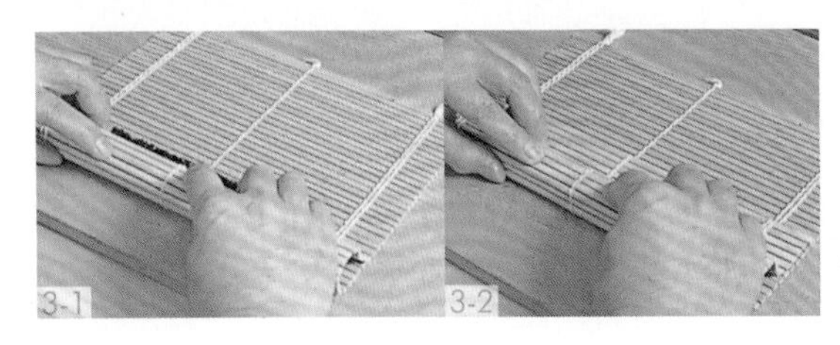

3 寿司卷帘卷起时，注意不能移动紫菜的位置。寿司饭全部握住后，再开始卷起寿司卷帘。一口气朝向自己拧紧后，快速地卷起。

4 将整条紫菜卷一切为二，再对切开，切成4块寿司。

金枪鱼制成的寿司心要漂亮地处于寿司中央，这样才能卷出造型漂亮、有棱角的金枪鱼紫菜卷寿司。不管切下来哪一块寿司，寿司饭和心的分量都要平均，这样入口的口感和味道也会很棒。在紫菜上铺寿司的做法，以及寿司卷帘的使用方法，体现了专业技术上面面俱到的紫菜寿司卷魅力。

金枪鱼的切片　从切成手掌大小的金枪鱼鱼肉上取出棒状的肉

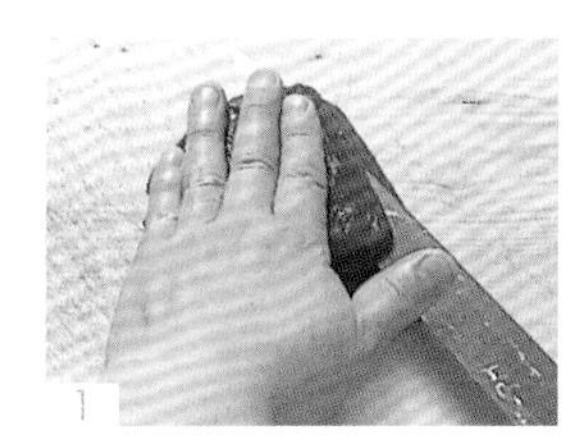

1 将切成手掌大小的金枪鱼瘦肉上的天身部分（译者注：天身部分即瘦肉上脂肪含量最高的一部分）切下。

2 将天身部分竖着切成稍厚的长条状。

将切开的长条状金枪鱼再竖着一分为二，两块金枪鱼鱼肉合在一起，作为金枪鱼紫菜卷寿司的心。

卷法及切法　做出有棱角的形状后，切口朝上装盘

将寿司卷帘的正面朝上，卷帘有绳结的一端朝外，紫菜靠近自己放置。

1 取三四个握寿司分量的寿司饭，用手搓成细长条状，放在紫菜中央从左往右铺平。

2 不要将寿司饭铺满整张紫菜，要事先在紫菜两端留出1厘米左右的空隙。

3 卷时，为了防止寿司心跑位，要将寿司饭朝外的一段稍微摊高一点。

4 在寿司中央涂上芥末后，放上金枪鱼。

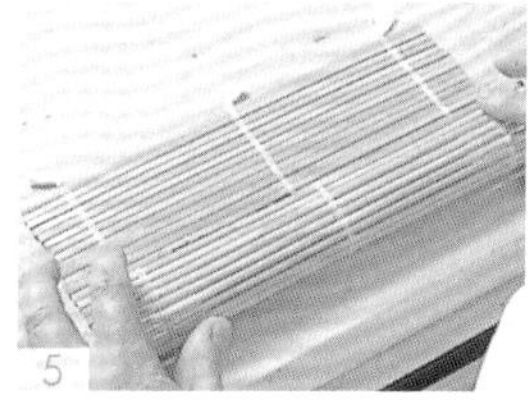

5 拿起寿司卷帘，一口气卷起，拧紧靠近自己这边的寿司卷帘。

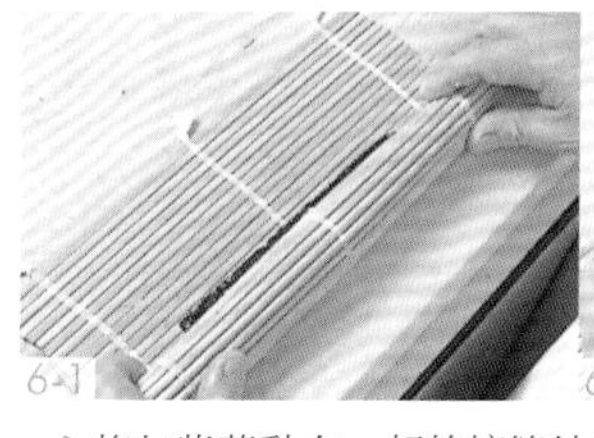

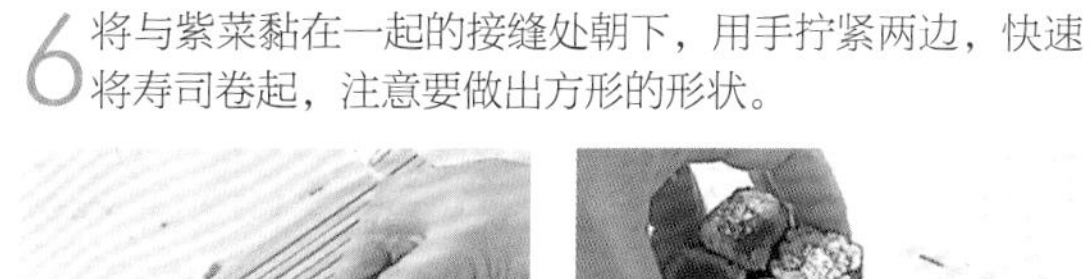

6 将与紫菜黏在一起的接缝处朝下，用手拧紧两边，快速将寿司卷起，注意要做出方形的形状。

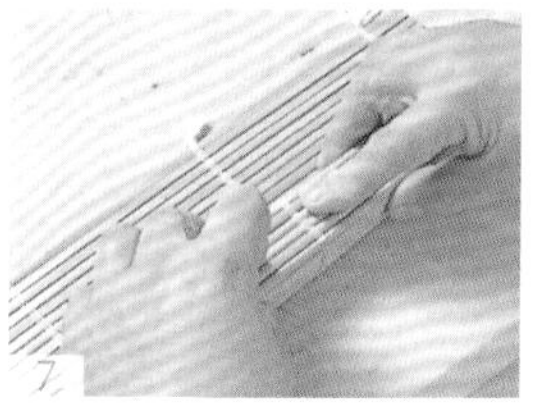

7 最后用食指用力按压，调整寿司形状。

8 将整条金枪鱼紫菜卷寿司切成六块，切口朝上装盘。

粗卷（中卷）

特选的寿司卷

粗卷寿司的寿司饭的分量比细卷寿司多得多，且寿司心的原料也不止一种，各种各样的原料都可组合使用。卷寿司时注意不要将寿司饭从紫菜里掉出，不要将寿司心弄碎。主流化江户派寿司的粗卷会使用一整片紫菜，相当于关西寿司中卷的大小。

1人份的寿司卷是将一整条寿司切成八块后，切口朝上装盘。

卷心的准备工作　将五种原料制成寿司心

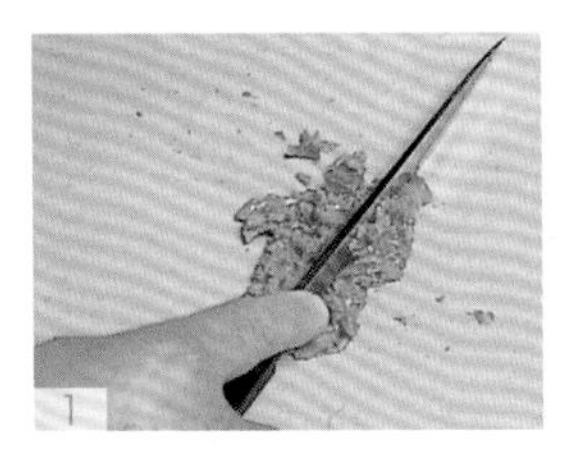

1 将本鲔的中肥去筋后，用菜刀切成细丝。

2 将切细的中肥和枪乌贼，以及用加了葱的酱油稍微调味后研碎的纳豆、紫苏嫩叶、泽庵咸萝卜丝，作为寿司心。

卷法及切法　将寿司饭分两次取，卷成椭圆形的寿司

1 将一整片紫菜横着铺在寿司卷帘上，紫菜的正面朝下。

2 将一份细卷寿司分量的寿司饭摊平放在紫菜靠外侧的一边。

3 再取差不多分量的寿司饭摊平在自己面前的紫菜上。

4 将靠外侧的寿司饭和靠内侧的寿司饭连在一起，放上纳豆并铺上紫苏嫩叶，再铺金枪鱼。

5 接下来，将枪乌贼和泽庵咸萝卜丝整齐地放在金枪鱼上。

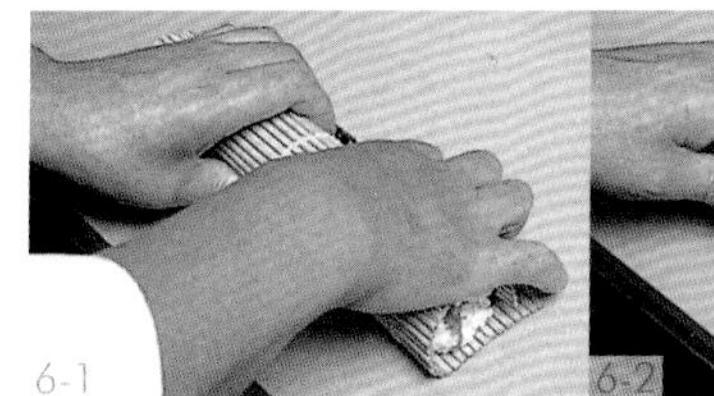
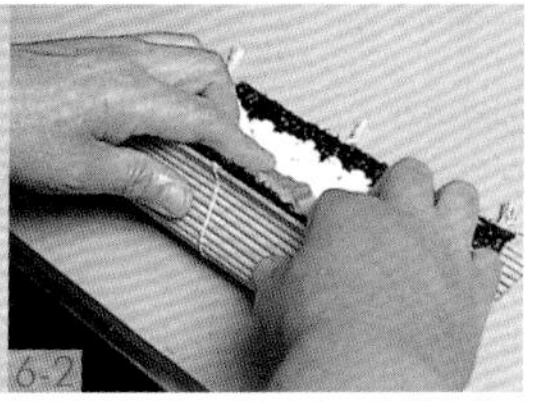

6 用食指和中指轻轻按住寿司心，卷起寿司卷帘，一口气将寿司卷起，至寿司饭全部卷进去。再将寿司卷帘朝向自己拉。

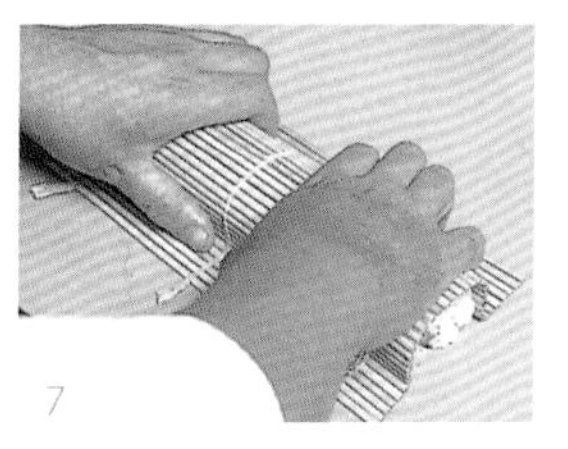

7 取下寿司卷帘后，将卷帘从上往下盖在寿司上，调整寿司形状。

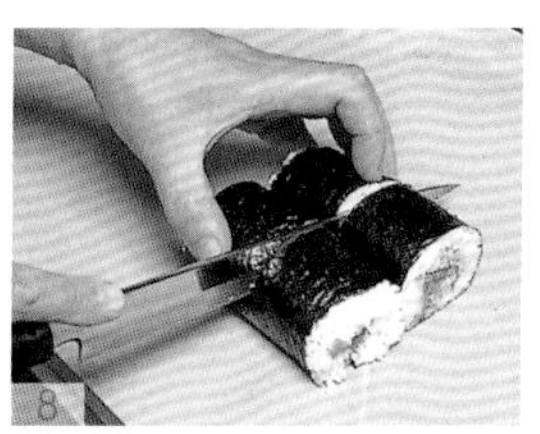

8 将一整条寿司卷从中间对切开，接下来再次对切开，最后要将一整条寿司卷切成 8 等份。

手卷

有些寿司店为了能让客人看到守岁卷里面的心，研制出将紫菜卷成花束一样的三角形的手卷寿司。现在，这种形状的手卷占据了寿司店的主流。为了不破坏紫菜脆脆的口感，并卷成形状漂亮的手卷，可根据原料调整寿司饭的分量，并快速地卷成寿司。

元祖末广手卷
/ 康吉鳗黄瓜手卷 /

元祖末广手卷
/ 金枪鱼香葱手卷 /

金枪鱼香葱手卷的制作方法

金枪鱼的切片　切片后，用菜刀敲打鱼肉

1 和制作握寿司一样，将金枪鱼中肥切片。

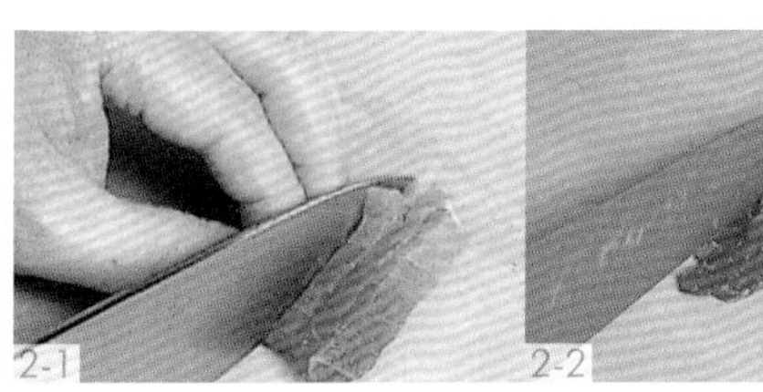
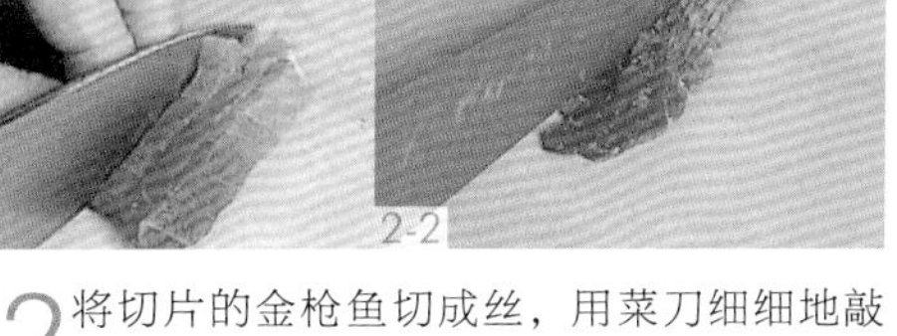

2 将切片的金枪鱼切成丝，用菜刀细细地敲打后，将菜刀刀尖平放在金枪鱼鱼肉上来回拉锯。

手卷的卷法 用 1/2 片紫菜，卷成花束的形状

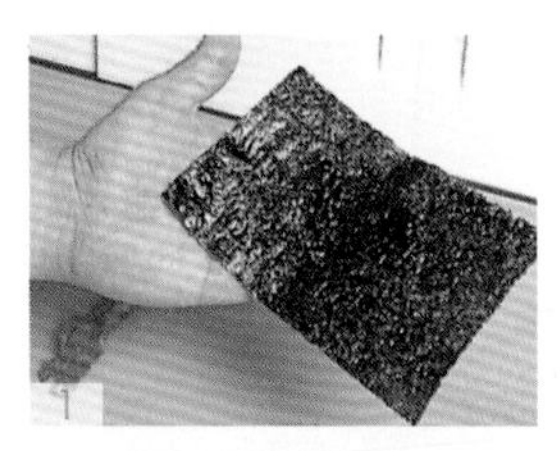

1 将紫菜的一角朝上，斜斜地放在手掌上。

2 取 2 个握寿司分量的寿司饭，用手搓成椭圆形后，放在不到一半的紫菜且更靠近自己这一边的位置上。注意不要让寿司饭从紫菜里露出。

3 用右手食指用力按住寿司饭中央，将寿司饭摊平。

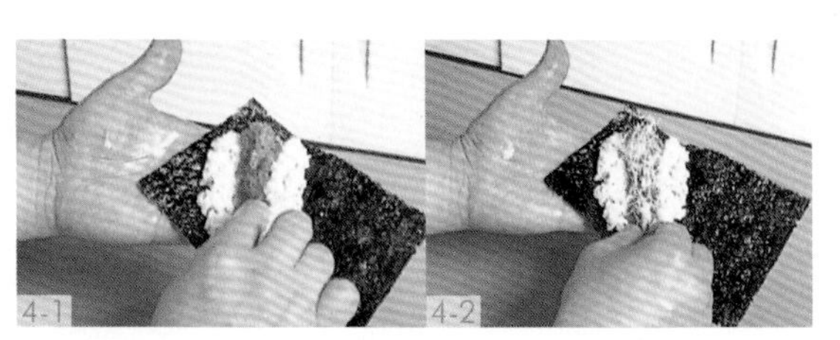

4 在寿司饭的凹槽处涂上芥末后，放上金枪鱼。之后在金枪鱼上撒在醋里去过涩味并滤干水分的葱末。

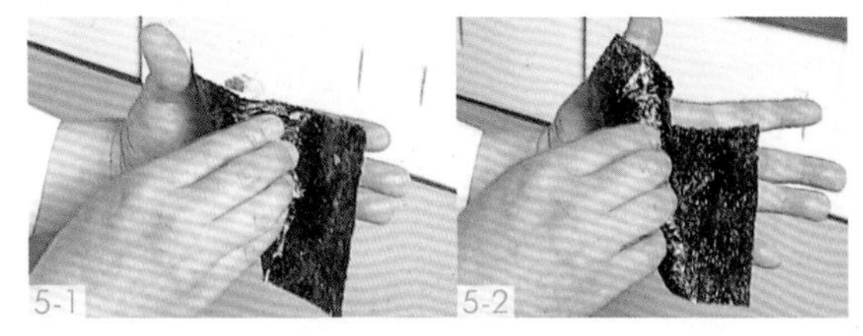

5 一边用右手扶着，一边用左手卷成寿司，为了能使紫菜三角形的一端露出来增加美感，只卷到紫菜一半的位置即可。

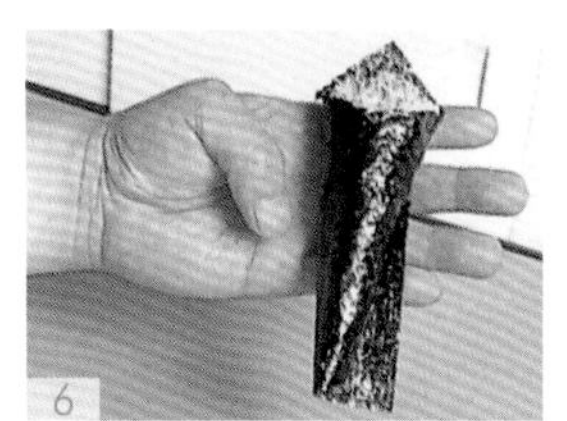

6 将紫菜上下两端的三角形对齐即可。

从元祖末广手卷大获成功开始，以此为基础开发出各种具有沙拉口感的手卷。蟹肉、咸鲑鱼子以及煮熟的虾等搭配莴苣、蛋黄酱制成的沙拉酱，一起制成手卷。这种新潮的做法，非常成功地吸引了孩子和女性顾客层。

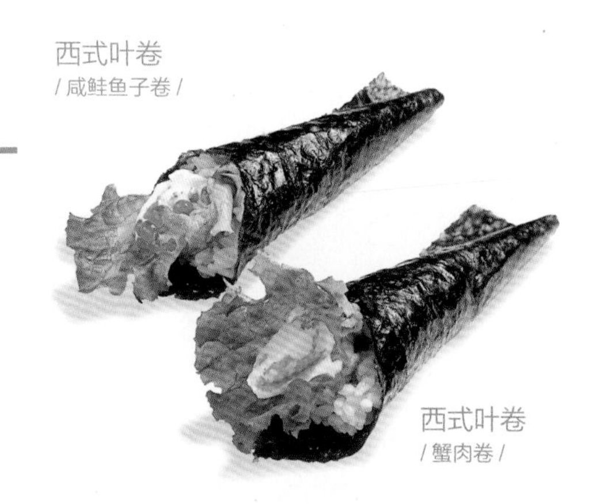

西式叶卷
/ 咸鲑鱼子卷 /

西式叶卷
/ 蟹肉卷 /

蟹肉卷的做法

沙拉酱的做法　将煮鸡蛋、蛋黄酱等原料混合

1 煮鸡蛋对半切开后，用菜刀细细地剁碎。

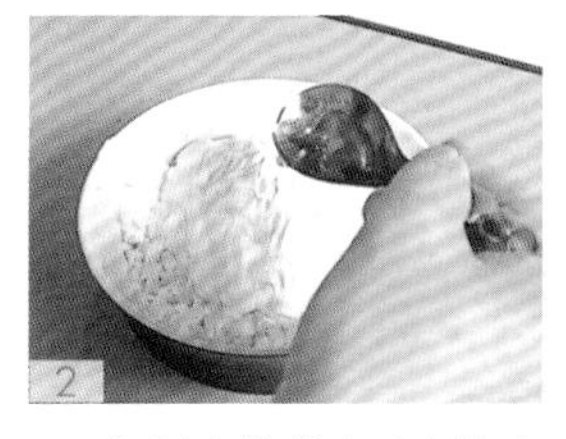

2 在剁碎的煮鸡蛋内放入少量蛋黄酱和醋。

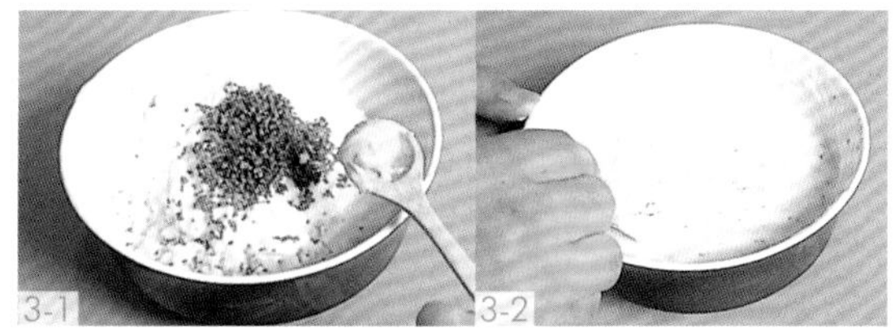

3 再倒入色拉油，加入切成碎末的荷兰芹、芥末子后充分搅拌，制成酸甜适中的沙拉酱。

叶卷的卷法　用生菜包裹寿司心并卷成寿司

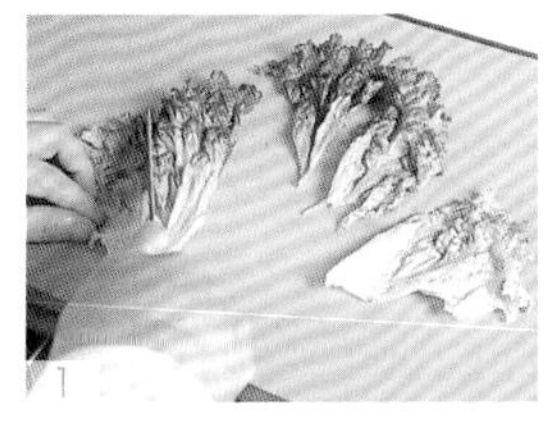

1 将新鲜的生菜叶，根据手卷的大小切下。一般一份寿司使用 1/5 的生菜叶即可。

2 将紫菜的一角朝上，稍微斜放在手掌里，再放上搓成椭圆形的寿司饭。

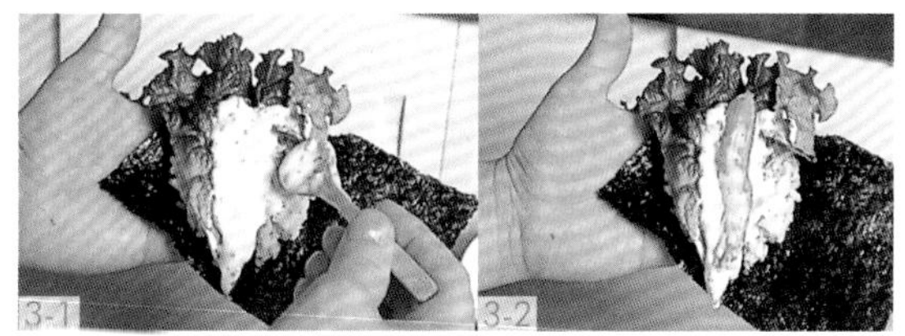

3 轻轻地摊平寿司饭，放上完全沥干水分的生菜叶，叶子上涂沙拉酱后，再放上一块完整的帝王蟹蟹脚肉。

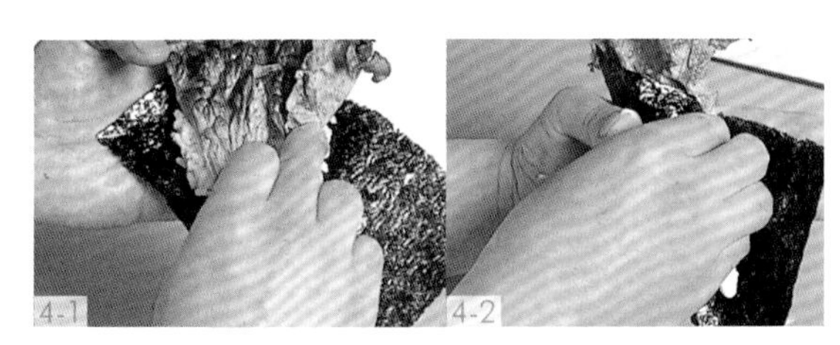

4 和元祖末广手卷的制作要领一样，将手卷迅速地卷起，注意莴苣和沙拉酱不要从寿司饭内掉出。卷好后，手卷的开口朝向客人的方向上桌即可。

各种各样的

紫菜卷寿司的制作窍门

日本山药爽脆的口感加上梅肉的酸味，适合作为清口和最后一盘上桌的寿司。将切得稍粗的日本山药，从紫菜两端露出并卷成手卷，在美观的外形上下了很大一番工夫。

1 将两种梅肉混合，用醋和味醂稀释后使用。

2 在寿司饭的正中间涂梅肉酱，铺上紫苏嫩叶后放上切成细丝的日本山药，为了增香，撒上葱丝和白芝麻后卷成手卷即可。

青花鱼卷

将紫菜与煮得很软的松前海带和用醋腌渍的青花鱼叠在一起后握成寿司，这是一款非常独特的紫菜卷寿司。对发光鱼类抱有抵触情绪的客人也很容易接受这款寿司，且寿司心是甜姜片和葱制成的。

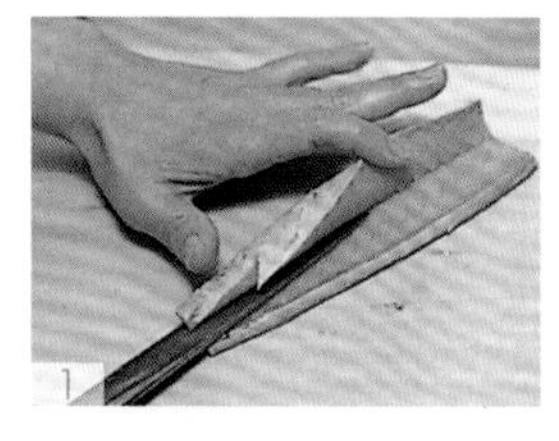

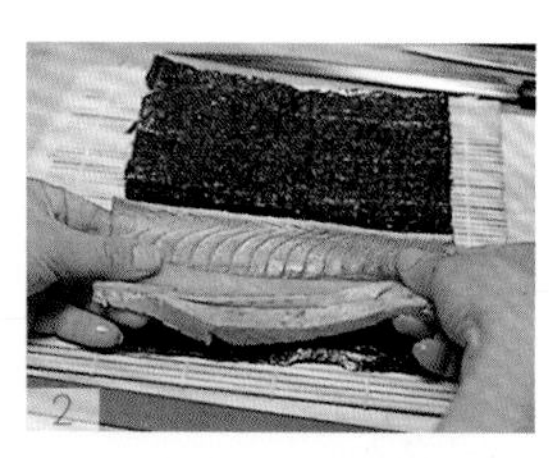

1 将用醋腌渍的青花鱼鱼皮剥掉。将半片鱼肉剖开，使用一条鱼制作寿司。

2 在紫菜上放松前海带，再放上剖开的青花鱼。

3 将寿司饭摊平，将甜姜片和葱作为寿司心卷起。

夕樱卷

用海带薄片代替紫菜，将稍微烤制的牛肉作为寿司心卷成筒状寿司，即夕樱卷。寿司店会采购日本当地的松阪牛肉，将牛肉表面拍松再进行烤制。佐料里会加入与肉类很配的大蒜片代替芥末。

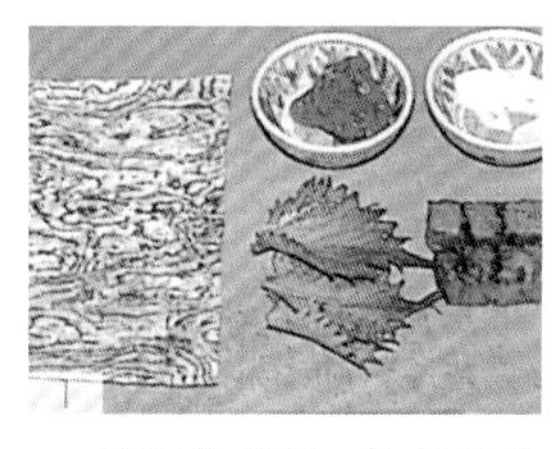

1 将海带薄片、拍松的牛肉、大蒜、紫苏嫩叶、梅肉作为原料制作手卷。

2 在寿司饭上放梅肉后，盖上紫苏嫩叶，再添上大蒜。

3 最后放上拍松的牛肉，卷成四角形的寿司。

金枪鱼香葱手卷

右图为用金枪鱼的脊柱部位和肥肉部分制成的金枪鱼香葱手卷。将制成细卷的金枪鱼香葱手卷切成六块，给每块上面依次铺葱和金枪鱼。一块寿司要用 25 克的葱和金枪鱼。

在切成段的紫菜卷寿司上放葱和金枪鱼。

吞平卷

右图为以海参、咸海参肠、水松贝的外套膜以及日本库页岛厚蛤蜊作为寿司心制成的细卷寿司。寿司饭的分量比一般细卷寿司要少一点，在既能充分利用寿司原料的边角料，又能作为下酒菜的紫菜卷寿司的基础上下了很大工夫。

特制粗卷（装在木盒内）

右图可为作为礼品带走的寿司卷。为了能够保存一段时间，所以不使用生的寿司原料，而将康吉鳗、煮过的虾、玉子烧、葫芦干、咸鲑鱼子、腌渍物等 10 余种原料全部卷进去。

牛卷

右图为在面向家庭的外卖中很受孩子喜欢的寿司卷。煮得又甜又辣的牛肉加上蟹肉棒，用锦系鸡蛋卷成 S 形，以此作为寿司心，再用紫菜卷起。切口处的配色和形状会让人赏心悦目。

1 在锦系鸡蛋上放蟹肉棒和小葱。

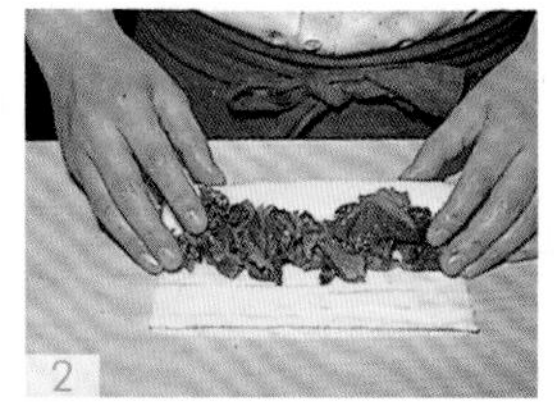

2 将蟹肉棒和小葱全部卷起后，再将另一半鸡蛋皮散开，在鸡蛋皮上放牛肉并卷起。

3 将寿司饭平摊在紫菜上，放上已经卷进寿司心的鸡蛋后再整个卷起即可。

唐人卷

右图为用慢慢炖煮的猪肉作为寿司心制成的紫菜卷寿司。给寿司饭铺上莴苣后再放上猪肉块，涂上满满的蛋黄酱后卷起。肉在入口时就像化在口里一般，在年轻客人中很有人气。

1 猪肉用水煮软后，花时间用酱油、白糖、酒等混合物腌渍并炖煮，使其充分入味。

2 将猪肉块放在莴苣叶上，再涂上蛋黄酱后卷起即可。

日式

握寿司的基本技术

握寿司是拥有非凡魅力的食物，但却容易受到鱼类等寿司原料的新鲜程度和品质的影响。所以，握寿司真正的美味之处是将原料和寿司饭完全融合后诞生的美味。为了能够制作出那样的美味，寿司饭的准备工作、寿司原料的切片方式、寿司的握法等都是不能忽视的工作。不管寿司原料有多美味，如果这些工作不完善的话，都不可能制出美味的寿司。而且，1 人份的寿司和盛在一起的寿司，其装盘方式也会左右寿司的美味程度。因此，需完全掌握这些基本技术。

寿司饭的做法

寿司饭的重要性及大米的挑选方法

很久以前就有“寿司之味，六分在米”这种说法。此不仅适用于寿司饭分量很足的关西寿司，也同样适用江户派握寿司。

从烹饪科学的角度来看，握寿司在入口时，寿司饭究竟能够一下子吸收进去多少唾液，决定了这款寿司的鲜美程度。若寿司饭因其黏稠的口感不能一下子将唾液吸收进去的话，其鲜美程度就会大打折扣。

假如寿司饭的好坏和握寿司的鲜味程度如此密切相关的话，那么用来制作寿司的大米也应该和寿司原料一样精挑细选才对。

而现状却是一大半的寿司店里，都是被动接受已达成协议的米店的货源。那么，现在最重要的是要抱着至少使用优质大米的态度。

挑选大米时，要避免只信赖日本高志水晶米和细锦米这两个品种的大米。即使是同一品种的大米，如果土质不同，品质也会发生很大变化。为了规避这种风险，可以参考每年由日本粮食厅发布的“产地品种品牌”的说明，内容主要是对产地品牌大米口味进行试验后得到的成果。

在精米阶段，辨别大米品质的重点主要从糠的去除程度是否适中，颗粒形状是否整齐，米粒是否滚圆且有光泽，不透明的白色米粒是否很少，是否很少掺杂碎米粒，还有几时去除米糠层等几方面进行辨别。

大米的品质管理和煮饭美味的条件

接下来，让我们来看看大米的煮法、烧饭等的方方面面。

最理想的是过去一部分老店使用的热效率良好、保温性能优异的羽釜（译者注：羽釜是一种带盖的专门用来煮饭的铁锅，其特点是不与火直接接触，内部的空间较大，这样可充分利用煮饭时所产生的蒸汽，用少量的水使稻米加热更为均匀。），将其用柴火进行加热就非常好。但是，现实是只有很少一部分寿司店仍在使用这种传统的煮法，大多数的寿司店如今都是利用全自动的电饭煲。

但是，为了把米饭煮得更美味，就要事先准确地知道大米的保存方法以及煮饭前的淘米和吸水方法。

为了在保证大米品质的前提下更易于保存，使用糙米是最合适的。因此，很多仓库都会采用先用糙米来保存，出货前再加工成精米的方法。而且，要将大米放在低温环境中保存。

淘米时要迅速地将脏物和垃圾洗掉，一般换三次水来回冲洗即可。

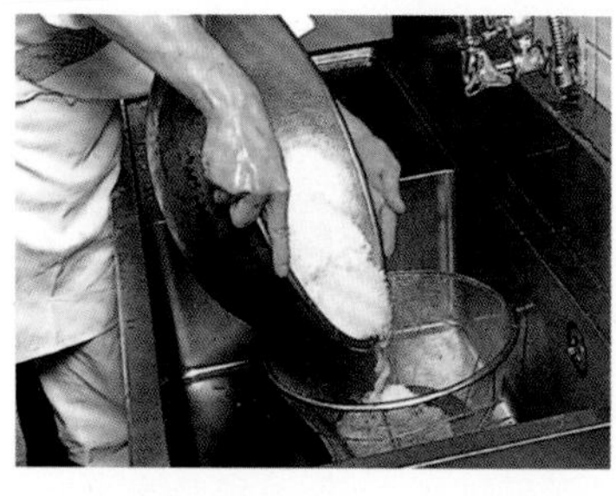

要注意淘米次数过多的话，米粒会碎掉。淘好的大米要将水分充分沥干。

在煮饭前，夏季将大米浸泡 30 分钟，冬季浸泡 1 小时左右。

一方面，加工成精米后，比起糙米状态下的大米，其品质会发生很大变化。因此，尽量在煮饭前才将糙米加工成精米。当然，提前一个月左右将糙米加工成精米，在口感上并没有太大变化，所以事先将加工好的精米放在低温环境中保存也可以。有些寿司店仅将当天要使用的大米分量加工成精米，虽然花费人力和物力，但这是一种非常有效的应对方法。

为了能把大米煮得更美味，将淀粉充分糊化非常重要。要满足这一必要条件，随着煮饭时温度的变化，水分能否完全渗入大米内的淀粉层就显得很重要。从开始淘米到煮饭为止，夏季用水浸泡大米需要 30 分钟，冬季需要 1 小时，才能使大米充分吸水。

混合醋的步骤

1 事先备好一定分量的醋、盐、白糖的调味料，放入碗内充分混合。

2 用水浸湿寿司桶，倒入刚刚煮好的米饭，将混合醋趁热倒在整桶米饭上。

3 用饭勺将米饭从下往上翻个身，用醋拌匀整桶米饭，要迅速地进行这项操作，注意不能有黏在一起的饭疙瘩。

4 不能压碎饭粒，不要让饭粒黏成一团，用饭勺将米饭搅散，一边用扇子扇，一边让米饭均匀地沾上醋。

5 待醋均匀地沾满后，用毛巾将寿司饭表面摊平。用毛巾搭桥，将寿司饭移至饭桶内。

6 将移至饭桶内的寿司饭集中到一起，将其表面摊平。在握寿司之前要在寿司饭上盖毛巾。

混合醋和寿司的美味程度

根据经营场地、地域性、客户层的不同，在制作寿司饭时使用的混合醋也有所不同。可以说这个也是每家寿司店的传统味道。

众所周知，混合醋里放入白糖是从“二战”后才开始的。在一些老字号的寿司店里是一律不使用白糖的，但是大多数的寿司店，还在用白糖。如下表所示是日本各地寿司店混合醋的调配比例，请参考。

混合醋的示例

	所在地	米	醋	白糖	盐
A	东京	2 升	米醋 380 毫升	180 克	90 克
B	东京	1 升	红醋 1 合	1 大匙	2.5 大匙
C	东京	2 升	400 毫升	50 克	100 克
D	东京	1 升	1 合	120 克	50 克
E	三重	2 升	米醋 2 合	150~160 克	80 克
F	广岛	1 升	1 合	150 克	50 克
G	福冈	1 升	1 合	125 克	55 克

（注：1 合 = 0.1 升）

对醋进行混合时，寿司店会一边用团扇扇，一边进行混合，这样就可加快多余醋酸（食醋中的主要成分，具有强烈的酸味和刺激性）的蒸发，消除刺鼻的刺激性气味，寿司饭上就不会留有令人不快的气味。

而且，急速冷却寿司饭的话，饭粒表面的水分就会蒸发。米饭和醋中的糖分会使饭粒表面结一层薄薄的膜，这也是之所以能做出富有光泽的寿司饭的原因。

寿司饭的温度很大程度上影响了饭粒的吸水能力。若淀粉温度变低的话，其吸水能力也会下降，所以寿司饭在入口时，饭粒吸收唾液也需要一定的温度才行。但是，若寿司饭的温度比人们的体温还要高的话，寿司饭本身也会稍微带点温度，这样吃起来会不好吃。所以大家要真正理解使用混合醋的作用，重新思考日常制作寿司饭的步骤。

寿司原料的切法

根据鱼的特性和大小调整切法极为重要

寿司原料的切法也与寿司的美味程度息息相关。要制作出原料和寿司饭浑然天成的味道，寿司饭的分量和原料大小之间的平衡非常重要。

不管寿司的形状如何漂亮，如果寿司原料和寿司饭不能保持平衡，那就和吃生鱼片没有什么区别了。

首先，根据鱼的特性调整切法很重要。鱼筋很多的肥肉部分，如果是平行着鱼筋切片的话，食用时就没有可咬断的地方，就会变成难以食用的寿司。

其次，考虑清楚原料的大小后再进行切片也非常关键。如果，不管鱼的大小如何，都采取同一种切法的话，就会出现有些鱼片用来当作寿司原料太大了，有些鱼片用来当作寿司原料又太小了，寿司形状会不美观。所以，一定要事先掌握这些切法的技巧。

金枪鱼

手掌大小鱼块的切片

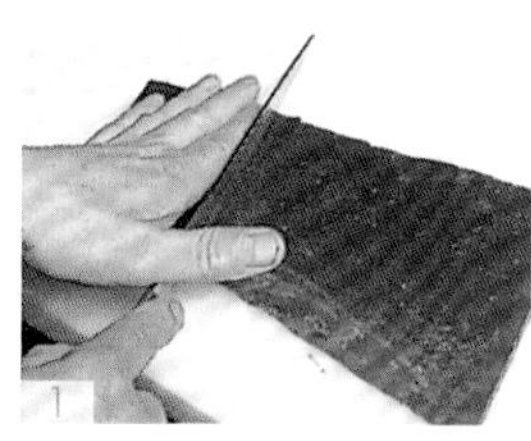

1 厨师的四根手指紧贴金枪鱼，将鱼块沿着手指的宽度切下。

2 在给手掌大小的鱼块切片时，要将菜刀平放且与刀口平行。

长条状鱼块的切片

1 金枪鱼的宽度配合寿司原料的尺寸，切成长条状的鱼块。

2 在给长条状的鱼块切片时，用斜刀切片是最经济的。

两端鱼肉的切片

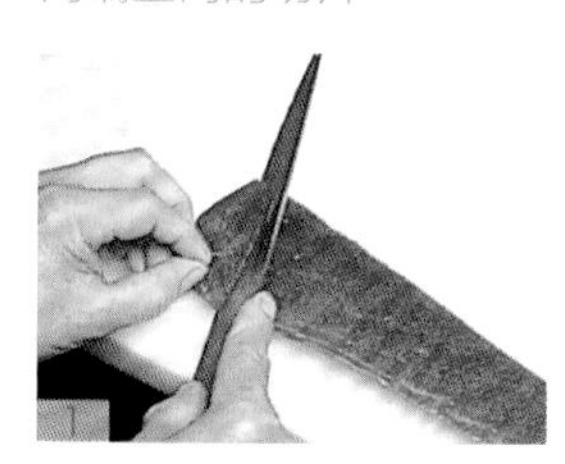

1 将长条状鱼块用斜刀切片的话，会剩下最开始和最后的鱼肉。

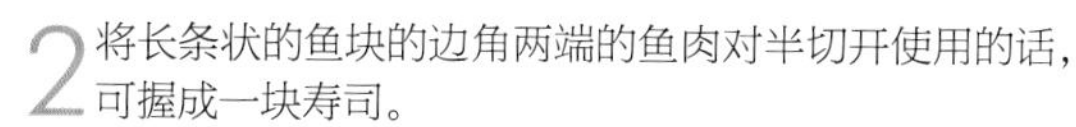

2 将长条状的鱼块的边角两端的鱼肉对半切开使用的话，可握成一块寿司。

斑鰶幼鱼

切成两片（半片鱼肉）

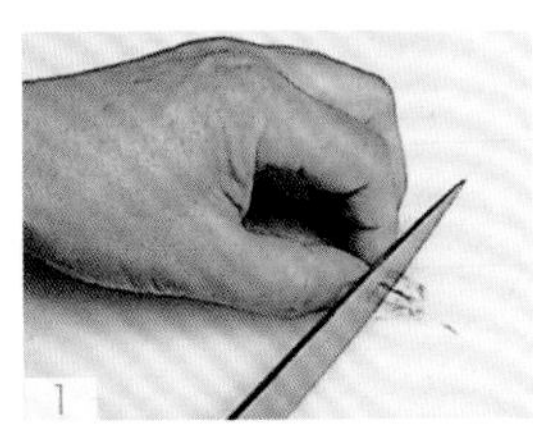

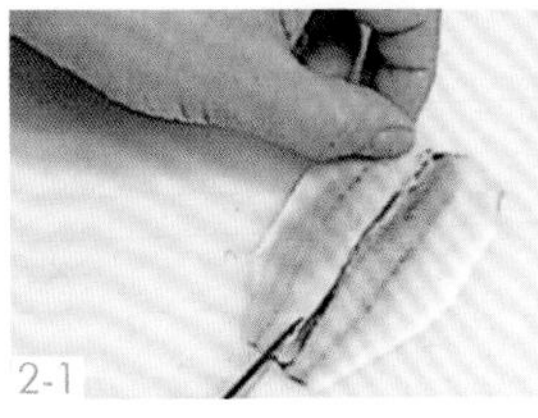

1 用半片鱼肉握成寿司时，要将鱼尾切割整齐。

2 切掉背鳍上坚硬的部分，在鱼皮上以同样的间隙划出花刀。

切成三片

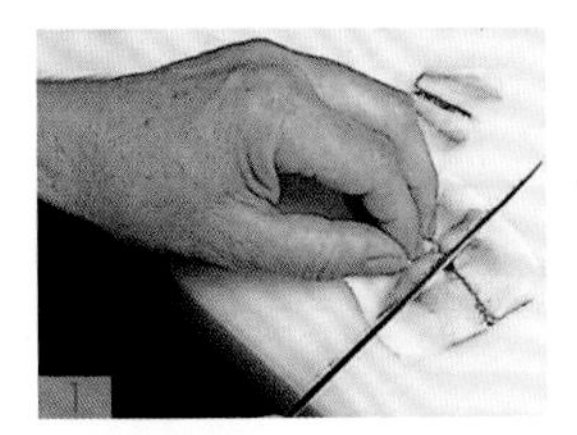

1 将大块的斑鰶幼鱼，横着切成三段。

2 在鱼皮上划出花刀，这样食用起来会比较容易。

康吉鳗

切成两段

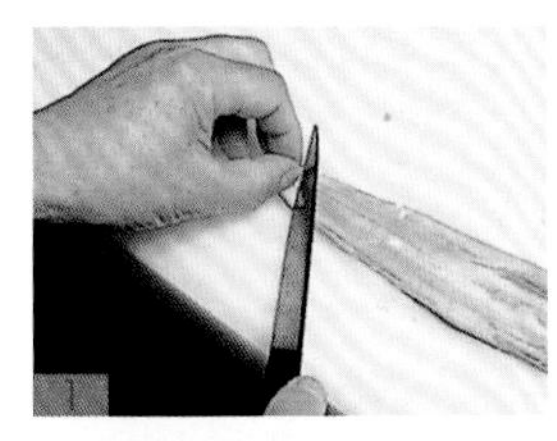

1 一般都是将体型中等的康吉鳗切成两段。去除鱼鳃后，将鱼尾部分切割整齐。

2 将上侧部分（上半段）和下侧部分（下半段）切开，握成寿司要将上半段鱼肉的鱼皮朝上，下半段则为鱼肉朝上。

赤贝

整个腌渍

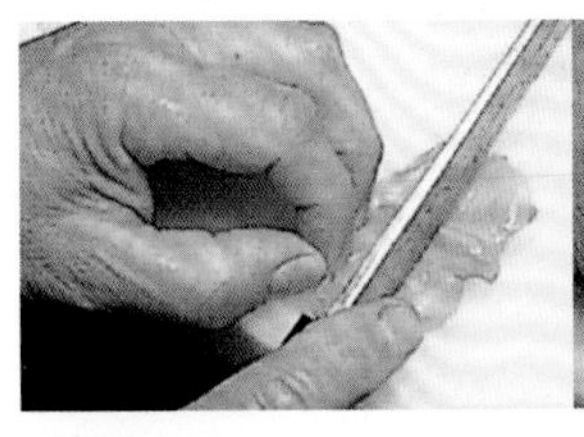

用一整只赤贝肉握成一块寿司时，用刀刃轻轻地敲打赤贝肉表面，在其边缘用装饰菜刀稍微进行修整。

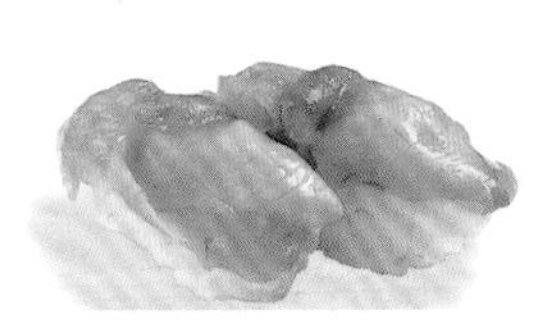

半块腌渍

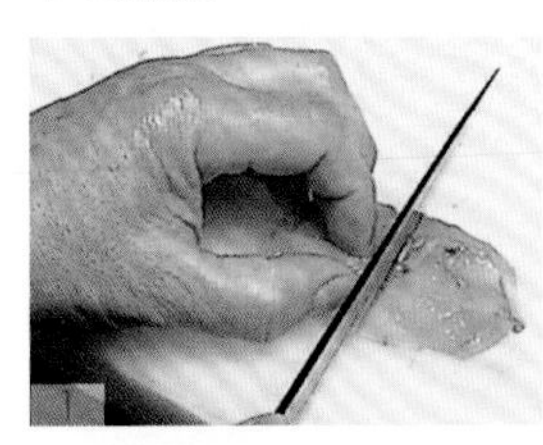

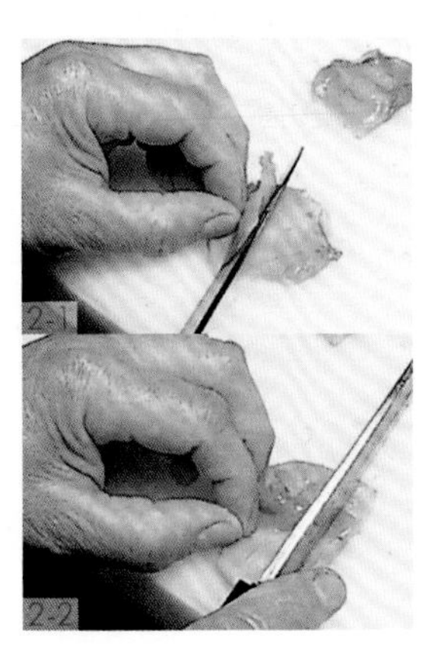

1 半块腌渍时，要将整个赤贝肉对半切开。

2 直接拿来制作寿司的话，赤贝肉分量不够，所以要将半块赤贝肉剖开后再握成寿司。

乌贼

切丝

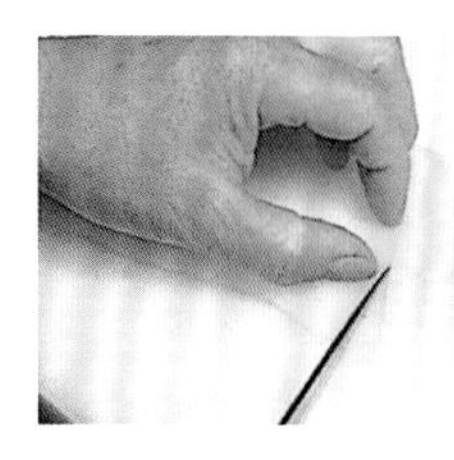

像枪乌贼这种肉质很硬的乌贼，直接将乌贼肉切成丝，吃起来会容易一些。

制成松球状

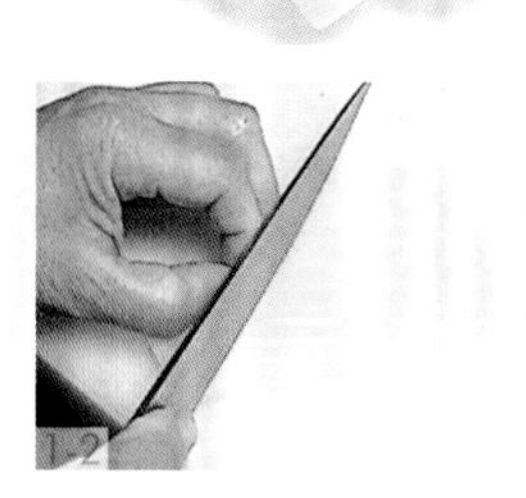

1 在乌贼肉上用斜刀划出刀口，再换个方向切，使两种刀口交错在一起。

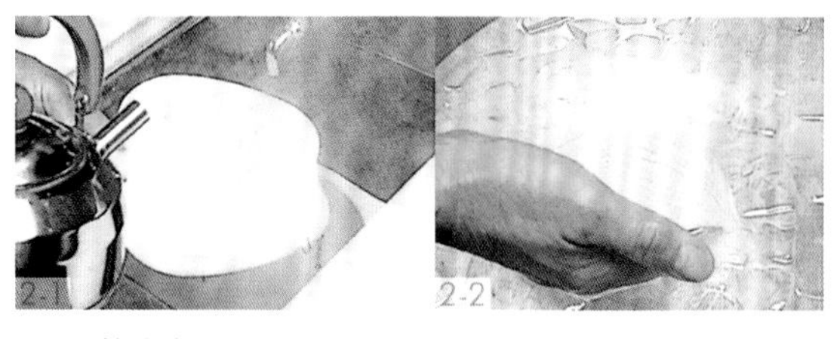

2 用热水浇过乌贼肉后，立刻放入冰水中，这样刀口就会凸起。

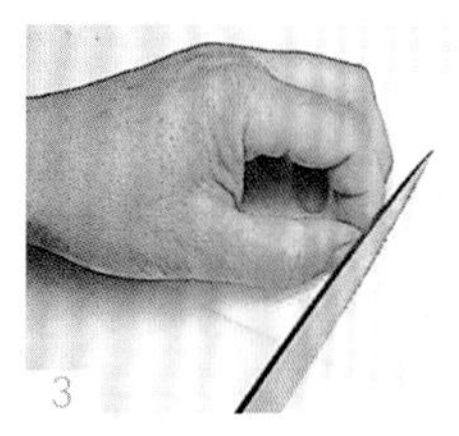

3 将乌贼肉切成长条，再将凸显刀口的这一面朝上，握成寿司。

栉江珧

观音开（从正中间左右对切开）

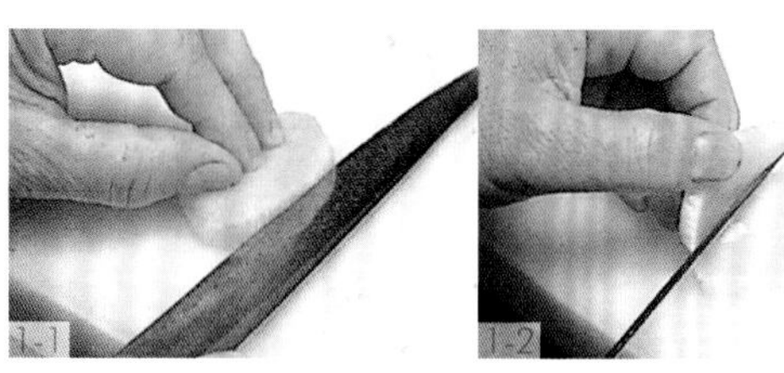

1 小个的栉江珧要采用先从正中间切开，再将左右两侧撑开的方法进行加工。切栉江珧的肉时，注意不要将整个栉江珧切断。

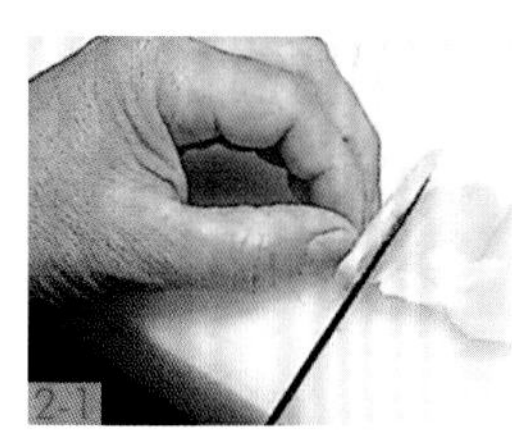

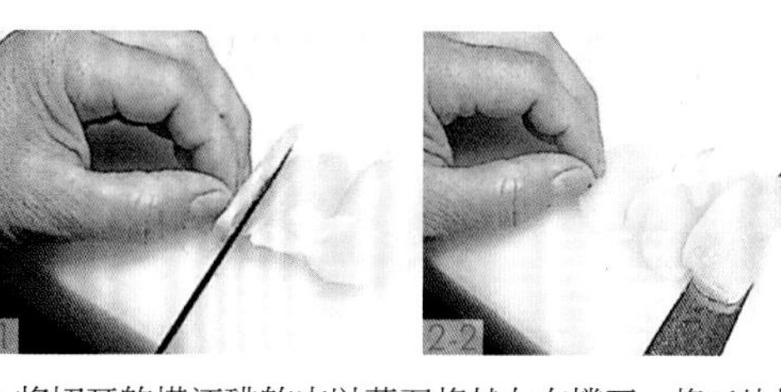

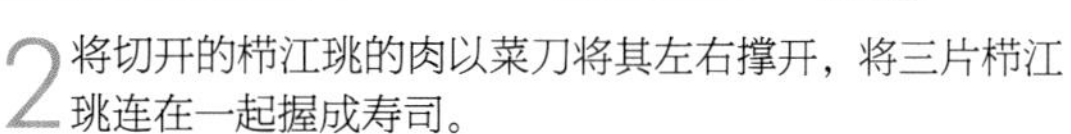

2 将切开的栉江珧的肉以菜刀将其左右撑开，将三片栉江珧连在一起握成寿司。

握寿司的握法

使寿司饭外侧紧实，内里柔软

想制作出将寿司原料和寿司饭融为一体的美味，还有一个关键问题即握寿司的握法。

米饭吸收唾液的能力与饭粒的表面积成正比。因此，比起将寿司饭握成一整个实心的饭团，应将饭粒轻轻地摊开，令其表面积更大，这样吸收效率才会提高。

将和人体体温相近的微温寿司饭，紧紧地握成握寿司的话，饭粒之间牢牢地黏在一起，入口时就很难分开。像米饭这种淀粉类食品，与水一同加热变软时，淀粉就会变成糊状，如果用力握在一起的话，糊化的淀粉就很容易牢牢地黏成一团。

以上就是握寿司的握法之所以成为一门技术的理由。

技术高超的人握寿司的话，握寿司入口时，寿司饭会整个散开来，食客可充分体会到原料与寿司饭融为一体的那种美味；不太熟练的人制作的握寿司，寿司饭不是过于柔软，就是过于结实，反而浪费了好不容易才得到的新鲜的寿司原料。

能够握出外侧紧实、内里柔软的握寿司，足以见得其高超的技术。

小手返的握法

蘸上手醋

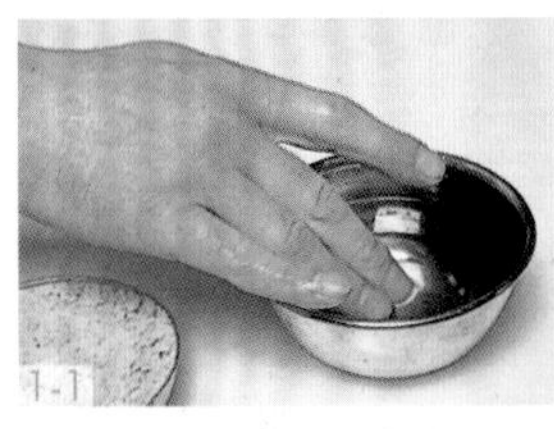

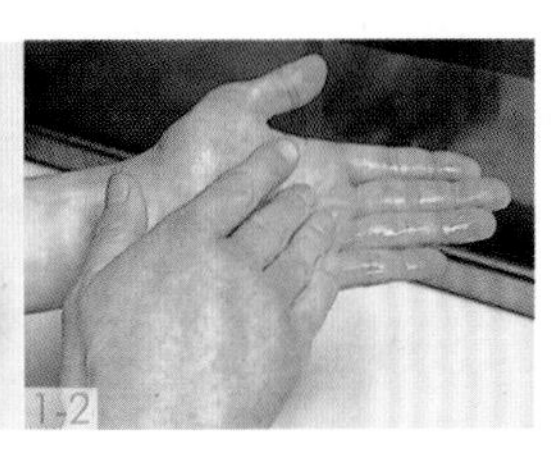

1 在握寿司前，事先用手醋轻轻地沾湿双手。用右手的中指和无名指指尖稍微蘸取一点手醋，在左手手掌上以画“の”字形的方式涂上手醋。

寿司饭成形

2 用右手抓取一份握寿司分量的寿司饭，在手中轻轻地滚动，使寿司饭稍微成形。每次都取出正好一份握寿司分量的寿司饭。

取出寿司原料

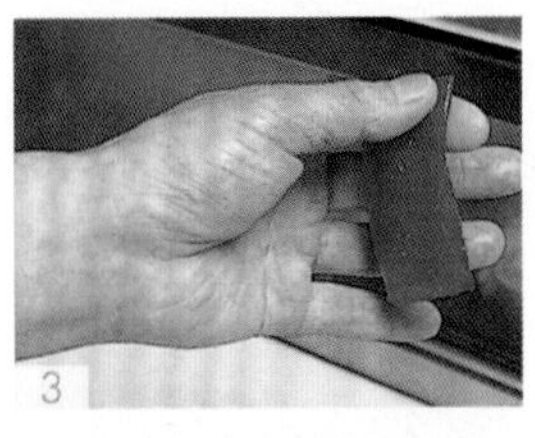

3 在寿司饭成形的同时，取出寿司原料。尽量不要用手碰触整个寿司原料，要用手指夹着寿司原料一端将其拿起。

握成寿司

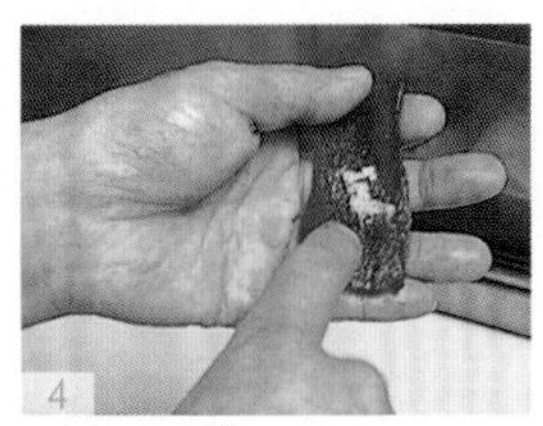

4 将寿司原料放在手指第二个关节处，用右手食指蘸取芥末，并涂在寿司原料上。

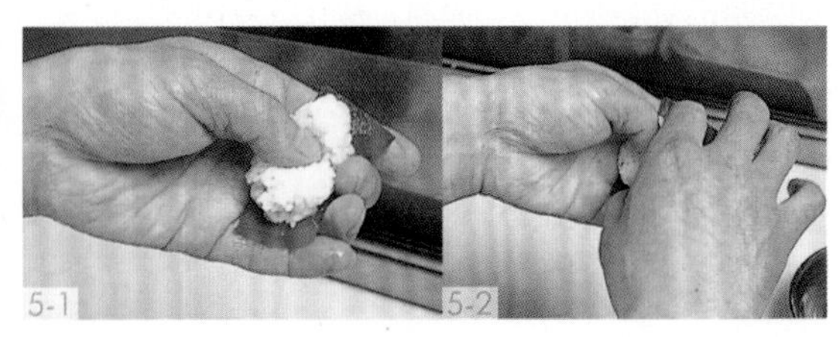

5 将寿司饭放到原料上，一边用左手大拇指用力按住寿司的正中央，一边用右手大拇指和食指将寿司饭上下按压。

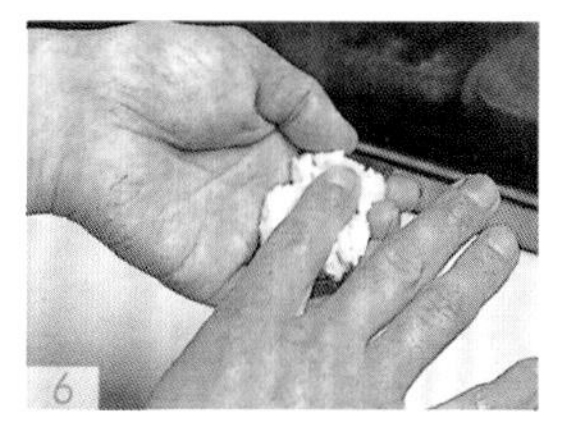

6 用右手食指轻轻地按住寿司饭后，将其整个翻面。

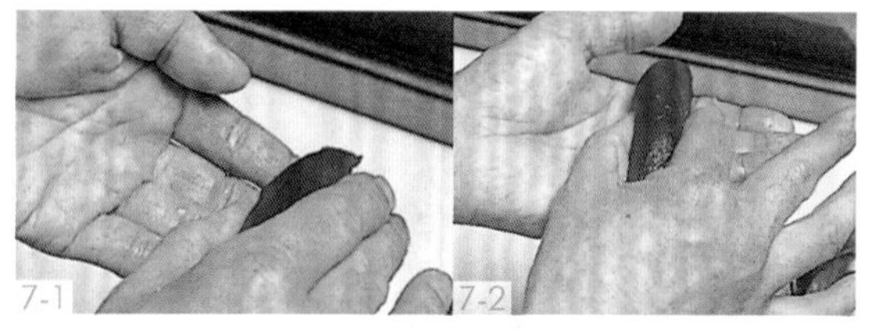

7 稍微将左手握起，将寿司饭横放在指尖位置，寿司原料朝上。用右手捏住横放着的寿司饭，将其从指尖位置重新放回到手掌上。

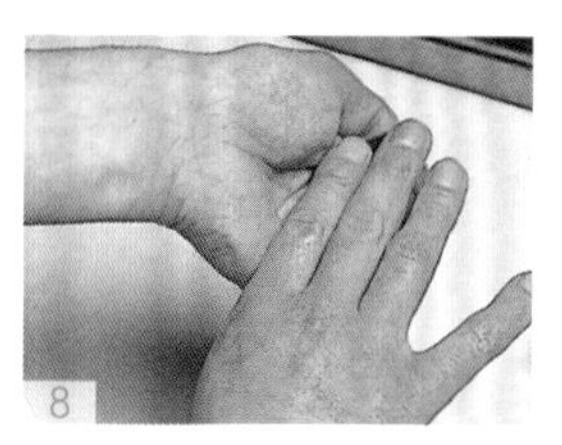

8 用左手大拇指按住寿司饭，用右手手指按住寿司原料，将寿司饭牢牢地握住。

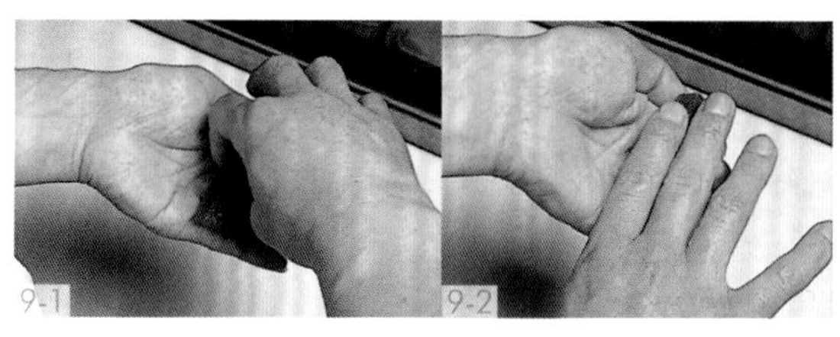

9 用右手大拇指和食指夹住寿司饭朝外侧转，将寿司饭前后位置颠倒一圈后，重新放回到左手手掌上。和步骤 8 的要领一样，将寿司饭迅速地握成形。

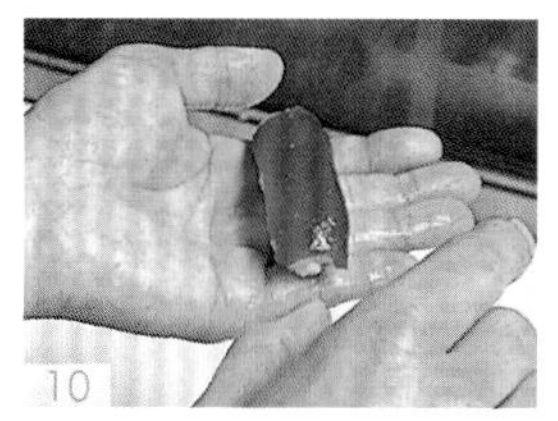

10 握寿司时要注意，做好的握寿司其位置要回到和最初相同的位置上。

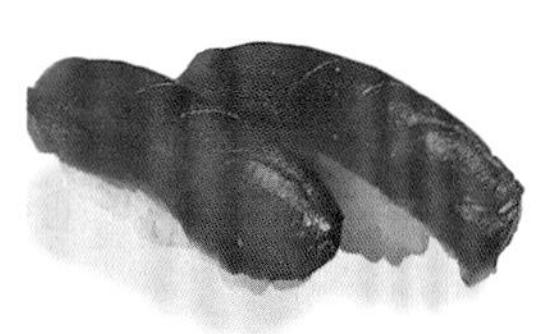

军舰寿司的握法

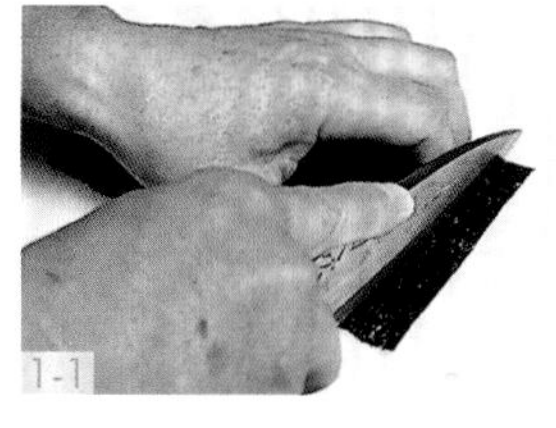

1 军舰寿司紫菜的切法：即先将其对半切开，再将其一端切下，用来作为玉子烧的带子，剩下的部分竖着切成三等分。

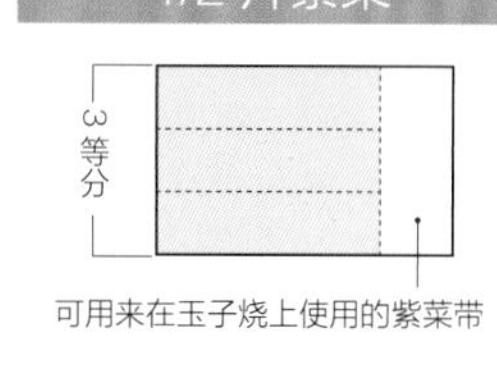

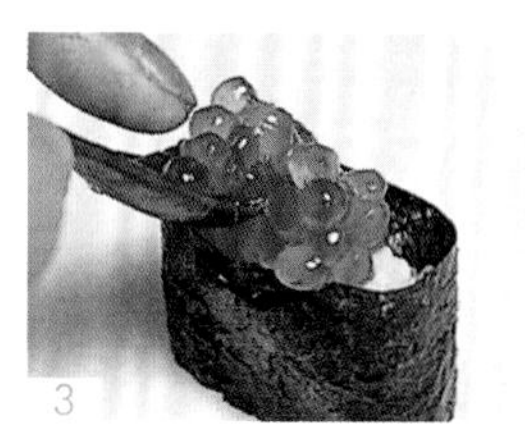

2 将寿司饭牢牢地握成形后，寿司饭的周围用切下来的紫菜仔细地卷起。

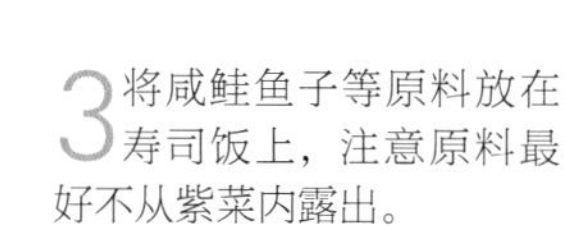

3 将咸鲑鱼子等原料放在寿司饭上，注意原料最好不从紫菜内露出。

而且，当寿司原料的肉质很柔软时，寿司饭可握得稍微硬一点，只要整个寿司不会散开就可以了；如果是肉质很硬的寿司原料，那么将寿司饭握得稍微软一点比较好。

握成寿司时一般要将大小、形状、硬度都统一

握寿司的握法有“本手返”、“竖手返”（也称为石塔返或佛坛返）、“小手返”等方法。

根据各家寿司店的传统和师承，每个厨师的方法都会有所不同，但是在握寿司的姿势，以及尽可能不用手触碰寿司原料这两点上都是相通的。

此外，在握寿司的形状上，有传统的“船底型”及“地纸型”（为扇子的形状，也称扇子型）。

作为现代的一种倾向，大多数人采取的握寿司方法是不怎么改动原料的基础上握成寿司的“手返”方法，握寿司形状大多数都是选取较容易入口的船底型。

无论采取哪种握法，作为专业厨师制成的握寿司，最大的要求就是，不管使用哪种原料、握出几块寿司，都必须是同一种大小、硬度和形状的握寿司。因此，掌握这种握法非常重要。

装盘的基本技术

寿司店的装盘以“平盛”为主流

如今提起江户派寿司的装盘，主流的方式就是将寿司平放在食器盒里的“平盛”。即使是关西寿司，也有很多寿司店会采用和江户派寿司一样的“平盛”的装盘方式，这是一种平面的装盘方式。

之所以会有“平盛”这种方式，是因为在将寿司装盘视为常识的时代里，存在称为“台屋盛”或“台屋工艺”等特殊叫法的装盘方式。所谓的台屋就是在烟花柳巷里派送饭菜的寿司店，通过这种方式，将点餐的寿司和饭菜送到客人手里。在那些台屋里，将装在盘内的寿司拆开再次装盘后，送到客人面前。

这时的寿司装盘方式主要采用和现在一样的将寿司斜斜地排成一排的方式。这样的“台屋盛”对现代寿司的装盘方式也产生了很大影响，且“流盛”这种装盘方式开始推广开来。

一人份寿司（单独装盘）的装盘方式

1 准备 1 人份的食器盒，湿毛巾用力拧干后，将食器盒四周和底部全部擦拭干净。

2 在食器盒靠外面的一侧放上玉子烧，将金枪鱼紫菜卷寿司切开，面朝上放于玉子烧旁边。

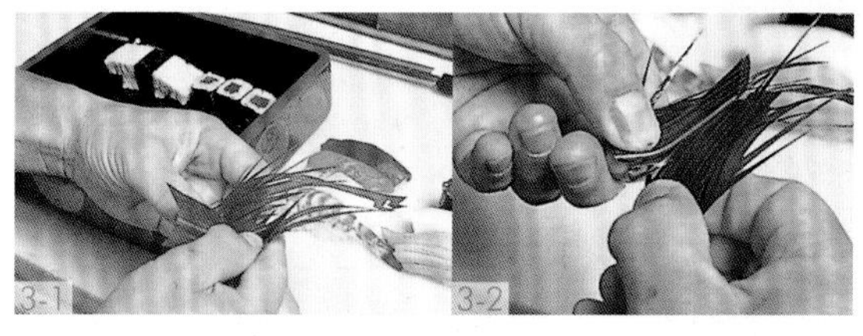

3 将浸过水的石菖蒲事先切好，用毛巾将细竹叶上的水分擦干，两片叠在一起，将下半段的叶子朝上对折，再将正中间稍微撕开一点。

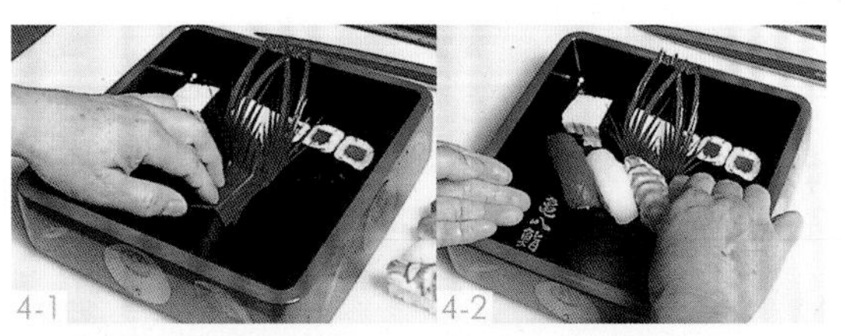

4 将两片石菖蒲造型优美地重叠在一起，靠在玉子烧和金枪鱼紫菜卷寿司上面，再在石菖蒲的前面放握寿司。

5 寿司在装盘时，注意在食器盒的周围稍微留白。

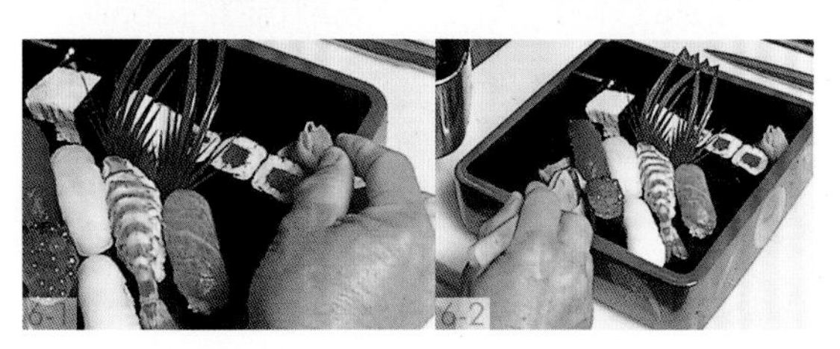

6 将稍微挤干汤汁的甜姜片放于食器盒的左上角，最后再浇上康吉鳗的煮汁即可。

寿司装盘的基本原则和重点

在寿司店里，“装盘”是指用大的食器盒装上 2 人份、3 人份的寿司，“单独装盘”则指装 1 人份的寿司。

平盛装盘方式的基本原则如下所示。

- 寿司装盘的顺序，除去特殊情况，一般都是从食器盒的上方开始至自己的方向进行装盘的。
- 装盘要考虑寿司原料的五色“青、黄、红、白、黑”的色彩搭配。
- 虾、滑顶薄壳鸟蛤等有上、下面之分的握寿司，在进行装盘时，注意一定要将下半身（尾部方向）朝向自己，稍微朝右下方放置装盘。
- 康吉鳗等炖煮类握寿司因为要涂煮汁，所以尽可能装在食器盒内最靠近自己的一侧，这样就可以不破坏其他寿司的形状。
- 紫菜卷寿司和握寿司之间要放上细竹叶，将两者间隔开。

遵循以上这些原则，才可以统筹整体进行装盘。用细竹叶进行间隔时，可为装盘加个重点，因为可凭借这些寿司店的技术招徕客人，所以要牢牢掌握这些原则。

5 人份的食器盒的装盘方式

在砧板上准备好食器盒，根据人数调整好握寿司和紫菜卷寿司以及浸了水的细竹叶的分量。注意要最后才上手握易变得不新鲜的原料。

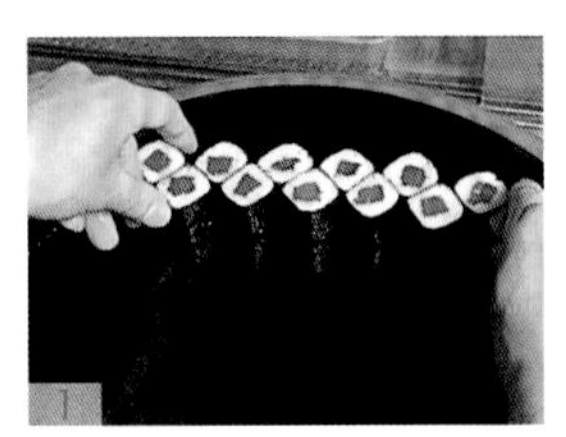

1 将金枪鱼紫菜卷寿司平放在食器盒的上端。除了特殊情况，一般都是从外侧开始至自己的方向进行装盘的。

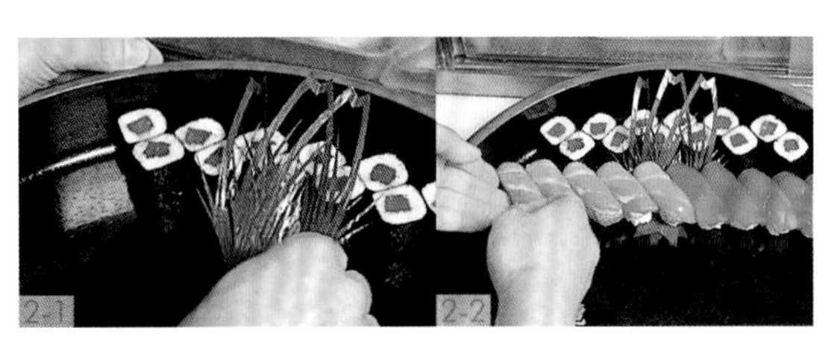

2 放上三片石菖蒲进行间隔，将握寿司色彩搭配好后进行装盘。

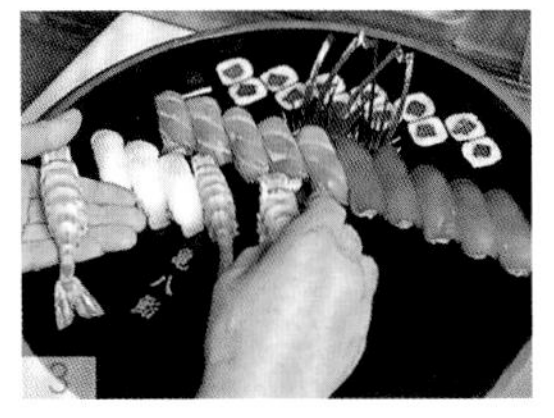

3 将以金枪鱼和虾等鲜艳的原料制成的握寿司摆在中间加以突出的话，整体会看上去很紧凑。

4 康吉鳗和虾蛄等炖煮类握寿司要尽可能摆在靠近自己的一侧。

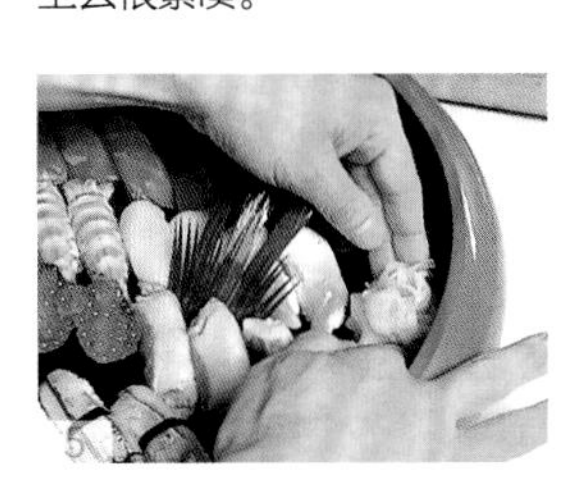

5 将沥干汤汁的甜姜片放于右上角，注意不要紧贴在装好盘的寿司上。最后，为炖煮类原料涂上煮汁后装盘即可。

精美的紫菜卷寿司及精美寿司的花朵形状

精美的紫菜卷寿司	●二头巴	●三头巴	●变形三头巴	●方格纹样
	●七宝纹样	●粗环形	●粗环形	●文钱
	●九曜星	●四海	●梅钵	●割九曜
精美寿司的花朵形状	●水仙	●红梅	●山茶	●樱花
	●八重樱	●菖蒲	●绣球花	●牵牛花
	●仙人掌	●桔梗	●大波斯菊	●菊花
	●线菊	●万寿菊	●石榴	

现代人对饮食有一种倾向，不仅要求满足食欲，还要求食物具有可观赏性。在这里，要重新认识的是“精美的紫菜卷寿司”与“精美的寿司”。为了能够在装盘方式上表现出豪华感、快乐感和季节感，对精美的紫菜卷寿司和精美的寿司而言是绝对有利的。而且，从原料的使用和刀工上，可以让客人看出寿司师傅技术的高超之处。

精美的紫菜卷寿司

精美的紫菜卷寿司，是在将基本的紫菜卷寿司技术完全掌握后，才可以进行尝试的，这点很重要。

在练习时，从单纯的、简单的寿司进阶到复杂的、精致的寿司，要分阶段进行。

寿司师傅认为，从过去流传下来的手艺，是前辈寿司师傅才有的传统技术，也是尽自己最大努力才拥有的技术，所以希望将这些技术留给现代的寿司师傅。

以这些精美的紫菜卷寿司为基础，进一步磨练技术，精心做出富有创意的精美紫菜卷寿司，这对日常的寿司店营业而言也绝对能发挥积极的作用。

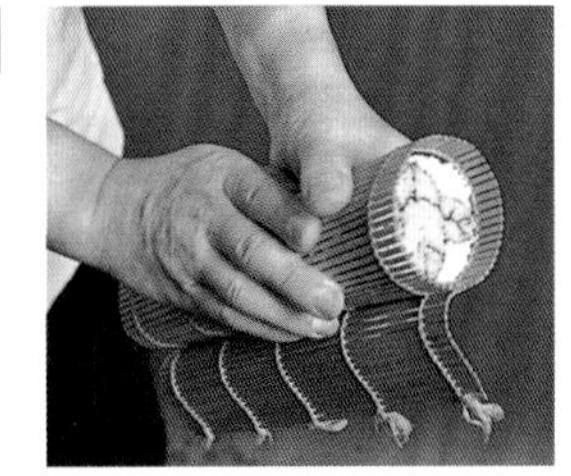

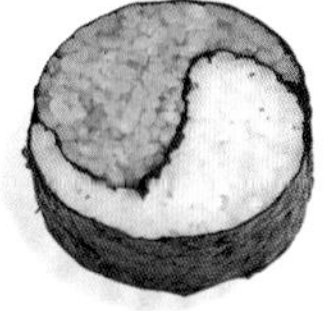

二头巴

合起来称为一个圆。重点是要将寿司饭准确地做出勾玉形。

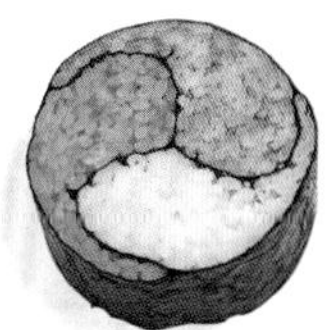

三头巴

如果能够完全掌握二头巴的技巧，三头巴根据同样的手法，很容易就能做出来。

变形三头巴

三头巴可根据自身技巧，改变寿司饭的形状，表现出商品的多样性。

方格纹样（1）

将四块小的矩形寿司卷组合在一起后卷起，是一款表现出间隔和好运的精美紫菜卷寿司。

方格纹样（2）

应用了上面方格纹样里的组合，只不过将基础数的形状变得更小。注意里面矩形守岁卷的大小要统一。

七宝纹样

看上去很简单，但是手指的用力方式稍微有不同的话，制作好的寿司形状也会大不相同。

粗环形

很简单的图案，却要求相当仔细的工艺，属于文钱卷、四海卷的基础。

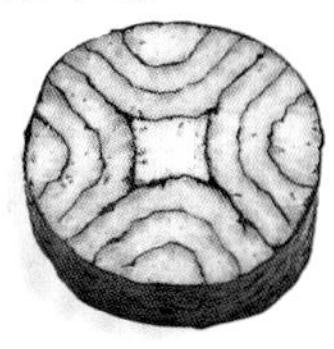

文钱

以前货币的图案。将粗环形一分为二后，以四个这样的寿司卷组合在一起，再用紫菜卷成寿司卷。

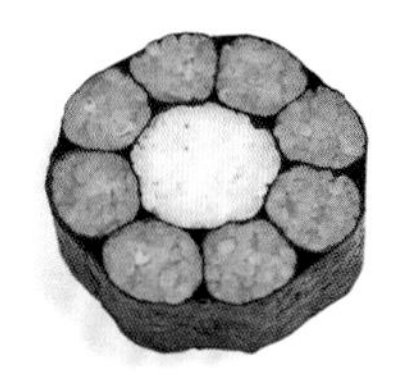

九曜星

是梅钵的应用，且刚好寿司心和梅钵相反，内侧的形状更大，所以要控制寿司饭的分量。

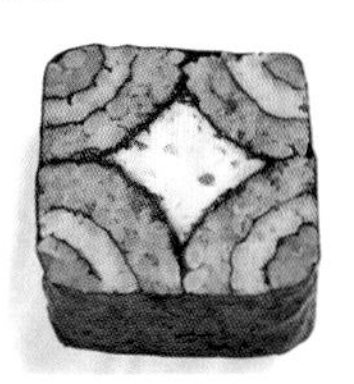

四海

将粗环形寿司卷切成四等分，在中间摆上寿司心后将其组合在一起，再用紫菜卷起。

梅钵

在中央的小紫菜卷周围，组合五个稍大一点的寿司卷，再用紫菜全部将其卷起。

割九曜

为九曜星寿司卷的应用。注意外围的小紫菜卷的形状都不是圆形，而是梯形。

精美寿司的花朵形状

将乌贼直接制成的握寿司只能作为寿司装盘，但是如果经过加工就可作为寿司原料来使用。

还可以配合日本女儿节、各种传统节日、生日及圣诞节这些节日的活动，将作为外送的装盘寿司制成工艺品般精美的寿司，这样就可获得客人的好评。如今，作为寿司原料的食材的季节感变得不那么明显了，但是可以由精美的寿司形状来体现出丢失的季节感。

而且，在精美的寿司上能够充分利用寿司原料的边角料，更经济而且也能重新了解制出精美寿司的好方法。

放入精美寿司的 5 人份的装盘

水仙

有6片花瓣。最难的地方是用菜刀在乌贼肉上挖出凹槽后，将黄瓜放入，在此步骤之后的操作都很简单。

红梅

用金枪鱼制成的为红梅，用乌贼制成的就是白梅，注意花瓣的形状要统一。

山茶

直接用切成片的寿司原料卷住寿司饭，这是款非常简单的精美寿司。可以使用半块寿司的边角料，非常方便。

樱花

制作5片花瓣，如果花瓣前端切开的话就是樱花，不切开就这样卷起的话就是梅花。

八重樱

将两层樱花花瓣重叠在一起的话就制成了八重樱。尽可能将花瓣切得薄一点，越薄寿司也就越漂亮。

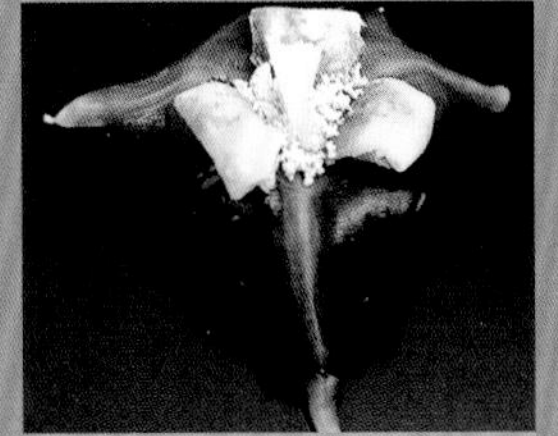

菖蒲

利用滑顶薄壳鸟蛤肉质的颜色和其独特的形状，制成的精美寿司。将黄色鱼肉的肉末作为花粉撒在上面。

绣球花

用乌贼和咸鲑鱼子制成的精美寿司。放在寿司饭上的花瓣要成为一个整体。

牵牛花

将寿司饭制成整齐的五角星形状，利用煮过的红色虾制成花瓣。

仙人掌

使用虾尾的肉和虾蛄的爪子制成。有效地利用了所有的寿司原料，就是在做法上要很有耐心。

桔梗

和梅花、樱花一样都有5片花瓣。要用玉子烧一片一片地摆出桔梗的菱形。

大波斯菊

有8片花瓣，重点是要用菜刀在花瓣的前端切出刀口。

菊花

用菜刀在沙氏下鱵上划出花刀，制作起来很简单，但是切入的距离和深度要均匀。

线菊

和用沙氏下鱵制作的菊花不同，就像将整个赤贝全部打乱一样在赤贝上划出花刀，再放上圆圆的寿司饭。

万寿菊

技术上比菊花和线菊更加困难的精美寿司，这取决于刀工的熟练程度。

石榴

在紫菜和摊得薄薄的鸡蛋制成的果皮里，露出咸鲑鱼子，让人联想起石榴的模样。

寿司和醋的知识

醋伴随着寿司的历史而存在

对于寿司来说，醋是一种必不可少、非常重要的调味料。

古代的寿司，在用盐腌渍的鱼肉上加上米饭，使鱼肉发酵并自然地产生酸味，这就是寿司。在江户时代，伴随着握寿司的诞生，人们开始在寿司饭内放醋。

自然发酵而成的鱼饭寿司具有乳酸的酸味，而握寿司使用的却是用醋酸发酵的醋。这种酸味，比起乳酸产生的酸味，不会过于浓郁，因此受到很多人的喜爱。可以说握寿司的历史，一直有醋的存在。

对搭配寿司的醋的要求

醋的种类有很多。而寿司里使用的醋在充分浸透原料的同时，更重要的是能与寿司饭充分融合。

要与米饭搭配，寿司用醋最好选用以谷物为原料制成的醋，其中米醋、粕醋较有代表性。

原本，大米发酵后的味道就是寿司风味的主体味道，寿司饭里加入醋赋予了寿司酸味，增加了寿司的美味程度。混合米醋的话，会添加美味和温和的酸味。混合粕醋的话，就会有深厚的口感并增加味道的浓郁程度。使用这样的醋，就能制作出美味的寿司饭。

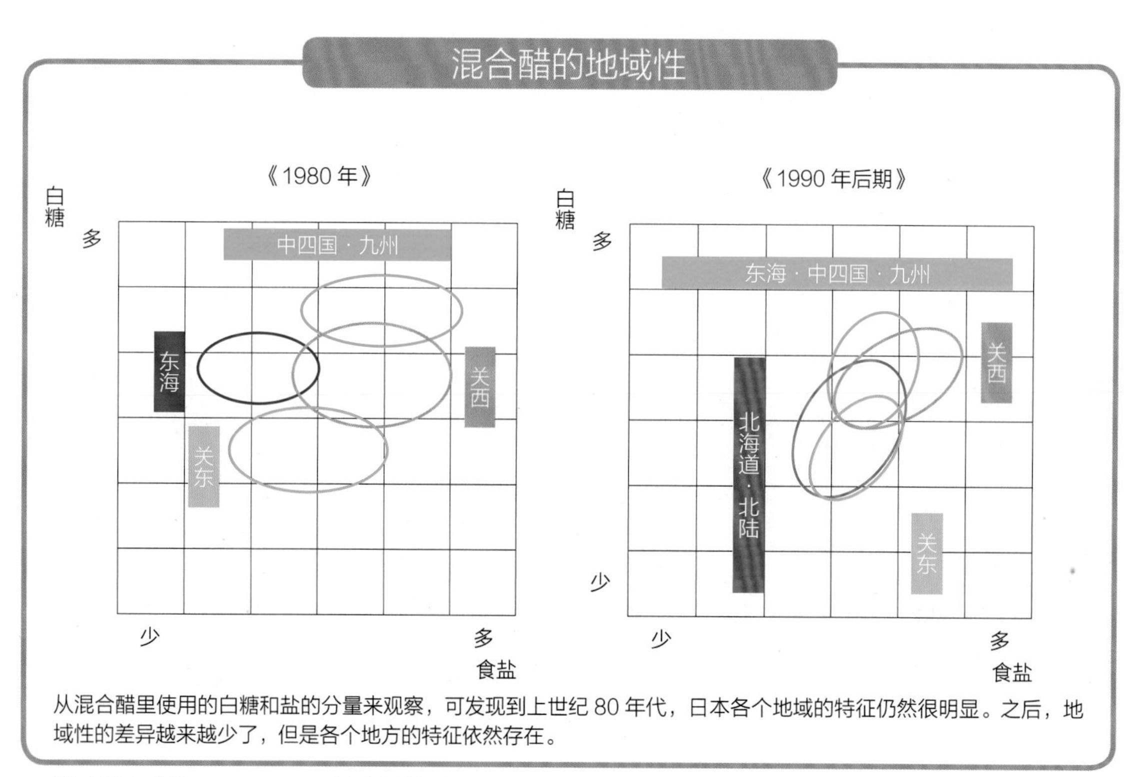

从混合醋里使用的白糖和盐的分量来观察，可发现到上世纪 80 年代，日本各个地域的特征仍然很明显。之后，地域性的差异越来越少了，但是各个地方的特征依然存在。

资料来源：根据 NAKANOSU 株式会社提供的资料。

充分考虑食材、地域性且灵活使用醋，这是制作出美味寿司极其重要的条件。

对醋的喜好变化以及根据不同的地域混合醋的倾向也不同

虽然我们经常会思考是否醋在支撑着寿司美味的味道，但同时也可以说我们有必要从人们的喜好变化以及地域性这些方面，来考虑醋的挑选方法。

此图纯米醋制造过程的食用醋发酵情景。在米醋菌和种醋原液中培植食用醋菌膜，发酵后制作而成。

根据食用醋行业极具代表的日本制造商NAKANOSU株式会社，对于现代寿司而言，比起酸味很浓的寿司，人们更倾向于温和的、稍稍有点甜的寿司。而且，根据不同地域，寿司的混合醋也会有所区别。日本关东、东北山梨、新潟地区喜欢酸味和盐味很重的醋，关西地区则喜欢很甜的醋，在日本东海、日本（日本有叫此名的地区）、四国、九州地区喜欢味道更甜的醋，北海道和北陆地区的喜好则居于关东和关西之间。

而且，在关东很多寿司店会使用粕醋，但是在关西则对米醋的需求更多一点。这两者的不同之处是因为关东是以握寿司为主，而关西则是以押寿司和卷寿司为主。此不同之处与寿司品质的不同有很大关系。

在NAKANOSU株式会社，要考虑根据时代的变化，引起喜好的变化、地域的不同所造成的多样性。粕醋“优选”和充分利用大米的美味及清香、有着柔和酸味的米醋“白菊”，这两个品种的醋从江户时代开始就一直在使用，并占据了面向寿司店生醋的主要市场，当然也有很多其他品种的醋。

另外，为了能够适应“将醋的混合工作简单化”以及“消除因为不同的人来制作，所以寿司饭的味道也不尽相同”等问题，厂家开始制造直接添加在米饭里就可以制成寿司饭的混合醋，伴随着national brand、private brand这些品牌的广泛出现，混合醋开始支撑起寿司的美味。

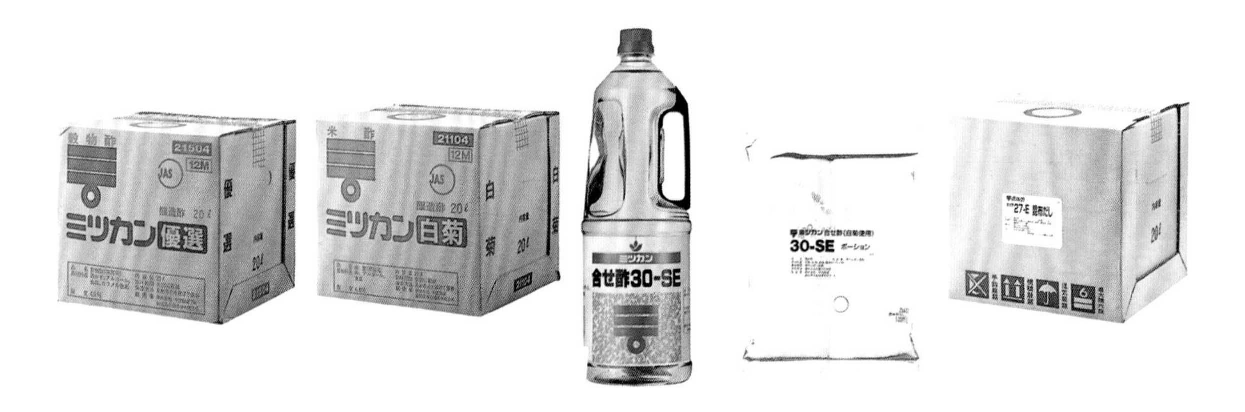

米醋“白菊”和粕醋“优选”是寿司店里需求最多的生醋。图片的下边3个品种是醋里面加入了味醂的混合醋。

资料来源：NAKANOSU株式会社资料。

寿司和芥末的知识

可以说握寿司里一定要用的材料就是芥末了。使用芥末的目的不仅因为它具有杀菌效果，还因在其刺鼻的辣味的刺激下，可以促进人的食欲并消除鱼腥味。从化学上来说，鱼腥味的成分是胺类，和芥末的辣味成分芥末油类发生反应后，消除了鱼腥味。这种芥末油类中含量最多的就是烯丙基芥末油。如果只是单纯的烯丙基芥末油，是既无辣味也无香味的，但是将其切碎后，在酶的作用下，产生了特殊的辣味和香味。之所以说“芥末要以の字形慢慢地研碎”就是这个道理。慢慢地研碎后，让辣味更加浓郁。因此，鲨鱼皮等质地细腻的研磨器具便被视为珍宝。

开发专利，为高品质商业用芥末的普及做出了贡献！

产自日本溪流的芥末称为沢芥末，旱田栽培的芥末称为旱田芥末。日本长野、静冈、岛根为芥末的三大产地。芥末一年只能生长3厘米，需要经过二三年的生长发育才可使用，所以产量受到极大限制，价格也相当贵。但是随着粉状芥末的开发，芥末的使用量有了飞跃性的增长。粉状芥末的原料主要使用的是“辣根（马萝卜）”。虽然辣根和日本芥末都属于十字花科的植物，但严格来说还是不一样的。日本芥末又称为“本芥末”。

本芥末的魅力之处在于其被研碎时就会产生最浓郁的辣味和香味。正因为是最佳的环境中费工夫进行培育的，所以具有与高价相匹配的魅力。因为价高，所以不是每家寿司店都能“全部使用本芥末”，于是人们就产生这样一种误解，认为“使用本芥末的寿司店都是一流的，使用粉状芥末的寿司店都是二流的”。但是，本芥末和粉状芥末终究只是使用的场合不同，一般会根据不同的使用目的，发挥各自最合适的作用。

比起本芥末，粉状芥末价格适中、使用简单的优点弥补了其欠缺的部分风味，并提升了魅力。日本金印芥末株式会社正是因为开发出了生着研碎的芥末这种商业用产品，而大获成功。高品质的碎芥末一直被认为是不可能批量生产的，但该公司在1971年发售了精制芥末，1973年开始发售“生着研碎的芥末”，成功地开发出能够批量生产的高品质碎芥末系统。因为芥末具有挥发性，将其研碎后，细胞开始变零散，接着就会产生辣味和香味。但是，辣味和香味随着时间的推移，就会慢慢消失。这也就是为什么一直以来人们总认为研碎的芥末不能批量生产。金印芥末株式会社采用“超低温下研碎”的方法，成功地封存住了芥末的味道。此专利就是将收获的芥末在全自动加工的工厂里清洗干净后，在零下196℃的液态氮中将芥末冷却后研碎，直接保存在零下的超低温中，通过密封的管道进行高速自动填充，并进行罐装。从研碎到罐装的全程因为完全接触不到空气，所以研碎的芥末的新鲜程度和芥末清新的绿色得以全部被保存下来。采用这种独特的系统，可以封存住芥末极具挥发性的、精致的风味，这也为以后开发出品种丰富的芥末产品奠定了基础。

开发既充分发挥本芥末魅力又使用方便的商品

本芥末的魅力正如前文所述，除了采购价格太高，不是哪家寿司店都能随便使用以外，还有其他几个重要因素。因为本芥末在研碎后，10分钟左右其风味就会发生改变，如果不能熟练使用的话，其固有的味道就会减半。而且，使用时会产生研碎后的剩余部分，很容易造成浪费。进一步说，根据季节和产地不同，品质也会出现偏差。本芥末在初秋时味道最好，春季辣味和香味较弱，冬季辣味最强，香味却最弱。如此一来与本芥末出色的味道相反，熟练地使用本芥末就变得非常困难。

以这一问题为根据，为了追求一种既充分发挥出本芥末的魅力、使用又简单的方法，金印芥末株式会社新开发了“misawa 生芥末 100”这款商品，其 100% 使用了由金印芥末株式会社开发并被农林水产省认可的新品种本芥末“misawa”。该商品保留了芥末鲜艳的绿色，又很好地兼备了辣味和香味的平衡以及味道清爽的特点。“misawa”的成果很稳定，与其自身品质相比，价格相对实惠。而且，“生着研碎的芥末－冷冻型”“芳醇专科研碎的本芥末－冷藏型”等不同种类的商业用芥末已全部备齐，尝试比较各个品种的芥末，找到最合适的芥末吧。

此图为芥末洗净后在超低温状态下研碎，在零下的低温中保存，且不接触空气的条件下直接罐装。

100%使用本芥末“misawa”，浓缩了本芥末的全部魅力。

研碎成像粗粒白糖的颗粒，能够长期封存住辣味的速冻型芥末。

为了生鱼片而开发的商品，魅力之处在于使用方便。

软管装因其使用方便而大获好评。将本芥末和辣根以最适合的比例混合而成的品牌。

寿司和紫菜的知识

紫菜里含有的美味成分远远高于干制鲣鱼

江户派寿司中的紫菜卷寿司是将烤制过的紫菜的清香和光泽，以及其清脆的口感视为生命味道的寿司。

正如您所知，紫菜非常容易受潮。所以，在紫菜上放寿司饭并卷起，在这一过程中，要求快速且技巧高超，可以说是寿司师傅的技术所在。

此外，紫菜的香味究竟是什么样的呢？

紫菜里含有很多臭味成分，代表性的成分就是鱼腥味三甲胺和海腥味二甲基亚硫酸物质。烤制紫菜时的香味和入口时的香味是不同的。将紫菜进行烤制的话，加热会使紫菜的多糖类发生变化，水分更容易流出。因此，紫菜经过烤制后，我们更容易享受到其特有的香味。

紫菜中含有很多美味成分。

说起能够散发出美味的食材，广泛应用在料理中的有干制鲣鱼、海带、香菇等。干制鲣鱼的美味成分主要是次黄嘌呤核甙酸，海带是谷氨酸，香菇是鸟甙酸。但是紫菜中除含有和海带一样的谷氨酸之外，还含有大量的次黄嘌呤核甙酸和鸟甙酸。

特别是后面两个成分的含量是干制鲣鱼和香菇的三到五倍。而且，紫菜的精华部分含有的谷氨酸含量比其他海藻多了四五倍，所以紫菜是非常鲜美的食材。另外，牛磺酸含量也非常高，这种物质对于降血压和缓解动脉硬化症非常有效，且含有肉类的清香，而紫菜的香味与此有着莫大的关系。

紫菜的品质根据产品的不同有很大变化

紫菜特有的香味和口感的好坏是决定该种紫菜品质的最大条件。使用品质差的紫菜，不管师傅技巧有多高超，也制作不出美味的寿司。就如同要挑选新鲜的鱼一样，在采购紫菜时，挑选非常重要。

战前，紫菜的主要产地是以日本东京湾为中心。靠近渔场的品川和大森汇集了大量紫菜批发商。

下图为老字号的寿司店里公认的“大森小町”紫菜商品。包括全型的烤紫菜，加入薄膜的手卷用紫菜、紫菜碎，还有其他根据店铺要求的切法定制的紫菜。

因此，寿司用紫菜要使用专门的紫菜，最好从值得信赖的紫菜批发商那里采购。

日本明治元年创立以来，铃吉紫菜店株式会社一直深受老字号寿司店和高级饭店的信赖。该公司以“大森小町”这一商标出售高品质的紫菜。他们美味的紫菜分别采购自屈指可数的紫菜生产地兵库县和濑户内海等地，并作为商业用的紫菜进行出售。正如“门第高莫如教养好”所言，紫菜的品质根据产地的不同千差万别。辨别那些产地，且从批发商的严苛角度对品质进行审视后的紫菜，受到很多客人的支持。

面向寿司店出售的紫菜，从大小到规格，有全型、细卷、中卷、手卷等各种类型用紫菜。而且，还有握寿司用的紫菜带子和军舰寿司用、散寿司饭用的紫菜，更令人高兴的是还可接受店铺的特殊定制，并根据店铺的用途灵活应对。挑选这些固定的紫菜批发商，并以紫菜的美味和对健康有益的特点来进一步吸引客人。

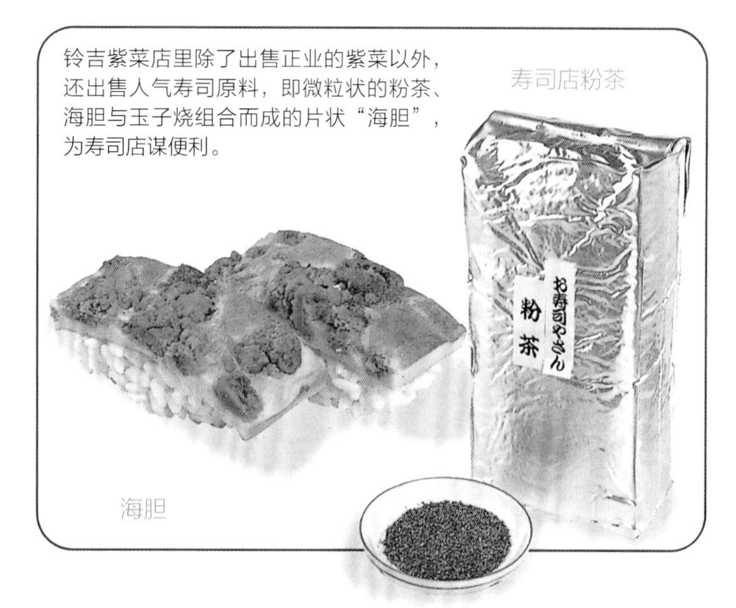

铃吉紫菜店里除了出售正业的紫菜以外，还出售人气寿司原料，即微粒状的粉茶、海胆与玉子烧组合而成的片状“海胆”，为寿司店谋便利。

资源来源：《紫菜的知识》（国际出版研究所）

寿司和菜刀的知识

寿司是使用寿司原料和寿司饭制成的非常简单的料理。因此，每一步烹饪技术是否精确会很大程度地左右寿司的味道。其中，寿司原料的切片是最基本的烹饪技术之一。

要将各种各样体型不同的鱼，均匀地切成寿司原料的大小。有肉质很硬的鱼，也有肉质易碎的鱼，甚至有像海鳗这样需要使用专用菜刀的鱼。实际上，有关菜刀的技术相当深奥。

在寿司店里，寿司原料越丰富，越能成为吸引客人的法宝。当然，原料种类增加的话，与此相对应的鱼的切片技术也必然会更为广泛。因此，首先要掌握适用于各种各样不同鱼类的正确菜刀的知识。只有掌握了这些，不管是将鱼切片还是在柜台使用菜刀，比起将技术华丽地呈现，能抓住关键更重要。而且，降低浪费关系着将原价往有利的方向引导。因此，重点是从一开始就要熟练掌握关于菜刀的正确知识。

正确理解菜刀的性质，施以最恰当的“工作”

实际上，在制作寿司时到底需要什么样的菜刀呢？仅仅是日式菜刀，根据不同的用途，也有 20 ~ 30 多种，所以起码需备好以下几种菜刀。主要有生鱼片菜刀、粗刃菜刀、薄刃菜刀，如果是关西寿司店，还要准备切寿司用的菜刀。

菜刀根据不同的用途，为了能够发挥其最大性能而制成。不能用别的菜刀代替使用，最好是根据不同的素材挑选最适合的菜刀。例如，用生鱼片菜刀切蔬菜的话，鱼腥味就会移到蔬菜上，生鱼片菜刀在其用法上也易出现异常。

生鱼片菜刀分为“柳刃菜刀”和“棱角刀”两种。因为两者都是宽度很窄、厚度很薄的菜刀，为了不弄碎鱼肉，要用麻利且流畅的切法切出刀口。有的直接去切，并将其横放切成薄片；有像切细卷那样将生鱼片完全相反着按压切片；也有将黄瓜寿司卷的黄瓜切细等各种各样不同的用法。

即使是同一种生鱼片菜刀，也有较大的区分，如以白身鱼为中心的关西地区一般用柳刃菜刀，以红身鱼为主的关东地区一般用棱角刀。一方面，柳刃菜刀的刀尖前端很尖，刀刃正好有像柳叶一样缓缓的弧度，适合用来为肉质紧实、坚硬的白身鱼切片。

另一方面，棱角刀的刀尖具有棱角，从刀柄处开始至刀尖部位都是笔直的，刀刃比起柳刃菜刀更薄一点，能够将金枪鱼等肉质柔软的红身鱼鱼肉切出漂亮的鱼片。但是，在最近 20 年间，也许是因为用柳刃菜刀切起来更方便，精工细作也更容易等理由，东西地区主要用柳刃菜刀。

而且，比生鱼片菜刀用途更广泛的是粗刃菜刀。其广泛运用于从鱼用清水冲洗至加工完成的整个过程，在切、敲、压等使用方法上也比其他菜刀更加丰富多彩。粗刃菜刀大致可分为“大粗刃”“中粗刃”“小粗刃”，需以 1.2 厘米左右的间隔备齐三款规格的菜刀。但是，大粗刃和小粗刃的使用方法相同。在剖开竹荚鱼和斑鰶幼鱼时，并不是没有小粗刃就不能有条不紊进行的，需完全掌握即使用大粗刃也能精确切片的技术。相反，在使用小粗刃时，要铭记于心不是以一点一点的幅度切下去，而是以大范围的幅度来切。

在以前的寿司店里，几乎没有卖蔬菜的。充其量也只是切切黄瓜寿司卷里的黄瓜和新腌咸菜卷寿司里的泽庵咸萝卜，即使没有薄刃菜刀，用生鱼片菜刀也足够处理一些蔬菜了。但是，如果能灵活使用薄刃菜刀的话，可能会做出小钵和小盘的料理，这样可增加客人来店里享受的兴致。薄刃菜刀在关东和关西的形状也不相同，关东的薄刃菜刀刀尖呈四角形，关西的薄刃菜刀刀尖呈镰刀形，各自成为当地主流。

切寿司用的菜刀是两面刀刃都很宽的菜刀，主要是在切箱寿司和粗卷寿司时使用，这是出售关西寿司的寿司店里必备的菜刀。

终此一生来研究适合自身的高品质菜刀和技术

菜刀的辨别方法非常困难。因此，为了能够买到优质菜刀，在值得信赖的店铺里向菜刀方面的专家进行咨询后再买是最明智的方法。

《纽约时报》上给大家介绍了作为菜刀专卖店的老字号日本“合羽桥 tsuba 屋菜刀店”，是一家烹饪用菜刀的专卖店，店内有大约 1000 把菜刀出售，其中 9 成左右都是自社制品。左撇子用的菜刀的种类也一应俱全，其品种的丰富程度对于寿司手艺人来说最具吸引力。也可以进行量身定制，在这里一定能够找到一把适合自己的菜刀。菜刀基本上都是在店铺内销售的，也可以从地方定制，以宅急送进行配送。售后服务也十分完备，包括地方寄出的那些菜刀，都是抱着负责到底的姿态对待的。可以说，正是因为这种敬业的态度使得该店经过长年累月之后还受到众多客人的支持。

我们应坚持认真严格地挑选品质优异的菜刀，这可以说是伴随我们一生的工具。所以，首先挑选一把最适合的菜刀，和您的烹饪技术一起进行磨炼吧！

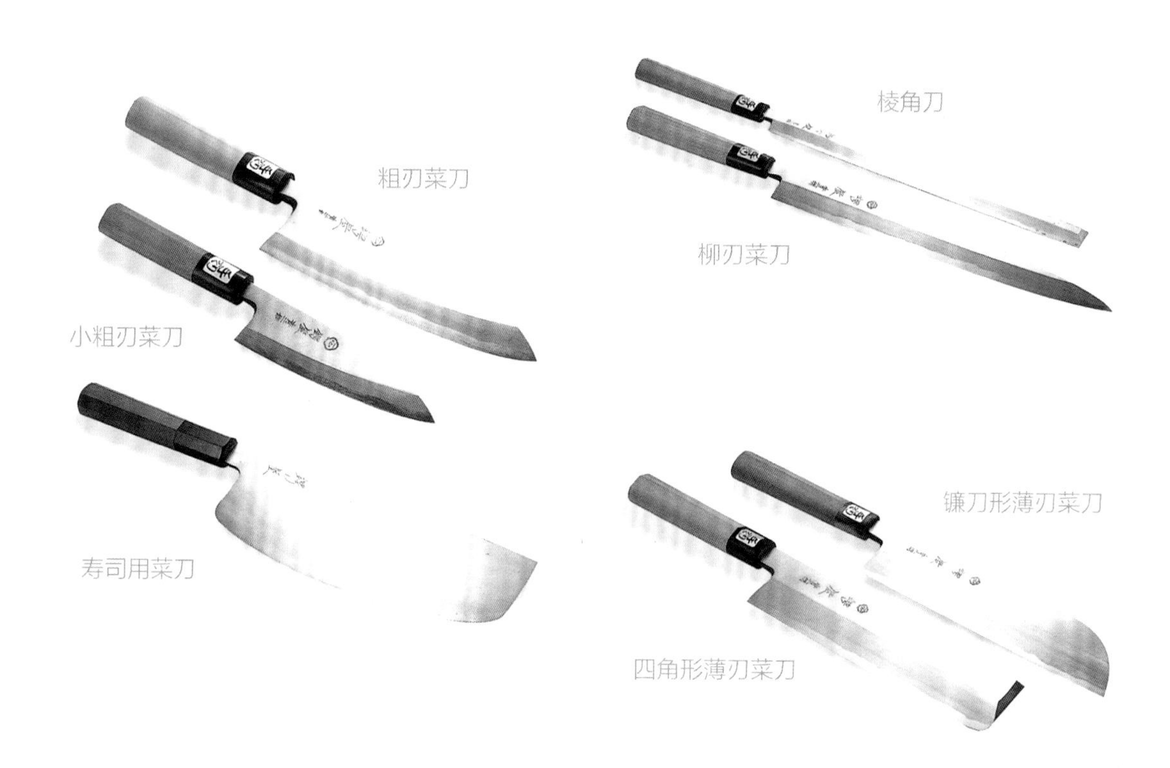

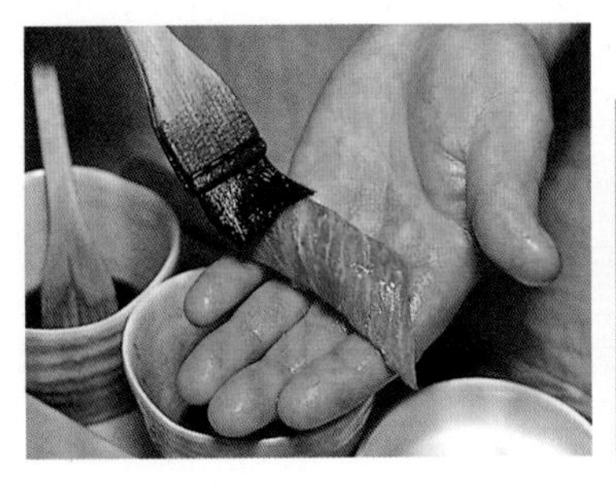

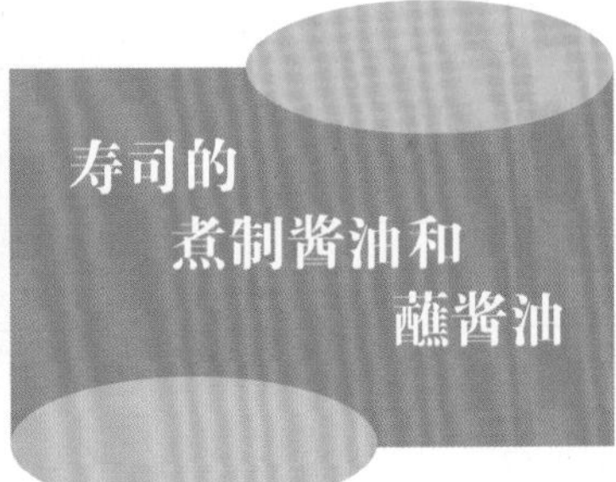

传统的煮制酱油有提升寿司美味的效果

现在，很少有寿司店仍使用煮制酱油。但是，在那些名店和老字号寿司店里，有不少还在使用传统的煮制酱油。

了解一下这种煮制酱油的做法，并非仅使用酱油，绝大多数都是使用与味醂混合后煮沸的酱油。味醂和酱油一样，含有去除鱼腥味的成分。

味醂的甜味和白糖不同，是葡萄糖和麦芽糖的甜味，味道非常平淡，具有极易与酱油内的氨基酸发生化学反应的性质。将酱油和味醂一起煮制后，酱油内的氨基酸和味醂的糖分发生化学反应，生成香味逼人的蛋白黑素。在蛋白黑素的作用下，消除了鱼腥味，提升了人们的食欲。进一步讲，味醂的甜味成分还可突出食材本身的味道，使其变得更加鲜美。酱油和味醂混合制成的煮制酱油，是烹饪科学组合中本来就有的，因此，成为长久以来被当作寿司传统使用的一个理由。

将酱油和味醂以何种比例进行混合，每家寿司店都不一样，一般都是根据这家寿司的味道进行考虑的。与酱油和味醂的种类、鱼的性质、顾客群以及当地的喜好等各种各样的因素都有关系，这个比例需要费工夫进行研制。

另外，有些寿司店会将酱油和味醂混合后再放置一段时间发酵。发酵的时间，有的是一星期左右，有的是一个月左右。

长时间发酵可使口感更为成熟，味道也更加融合。

重新考虑自家寿司店蘸酱油的口味

很多使用煮制酱油的寿司店一般不放蘸酱油，而放与煮制酱油类似的东西。

有些在不使用煮制酱油的寿司店里，会用蘸酱油来突出自己店里特有的味道。有的是将好几个品种的酱油混合在一起使用，有的是往酱油内加入味醂使味道变柔和，再放入干制鲣鱼或者海带汤汁，会花心思使酱油变得更为鲜美。

理由大概是若直接使用生酱油的话，其过于浓郁的香味，会破坏寿司的味道。

也有寿司店会把在蘸酱油里本店原创的酱油、受本地人欢迎的酱油、江户派的浓酱油这三种酱油准备好，客人可根据自身喜好挑选使用。

大部分的寿司店里都是直接蘸生酱油食用寿司的，也有人认为这么吃不会破坏寿司的美味。

但是，从制作出本店独具口味的寿司的角度出发，是不是有必要重新考虑传统的煮制酱油和蘸酱油的做法呢？

酱油这种调味料和豆酱一样，在不同的地域范围里，人们的喜好也不尽相同。在日本关东受欢迎的浓酱油，并不代表在全日本都受欢迎。在某地从过去开始就深受喜爱的酱油，和这个地区人们的口味有很大的关系。要结合这些实际情况，深入思考并重新审视煮制酱油和蘸酱油才行。

精美的紫菜卷寿司及精美寿司的花朵形状做法

精美的紫菜卷寿司　●二头巴　●三头巴　●变形三头巴　●梅钵
●九曜星　●割九曜　●粗环形　●文钱
●四海　●七宝纹样　●方格纹样

精美寿司的花朵形状　●水仙　●红梅　●山茶　●樱花
●八重樱　●菖蒲　●绣球花　●仙人掌
●牵牛花　●桔梗　●波斯菊　●菊花
●线菊　●万寿菊　●石榴

精美的紫菜卷寿司、精美寿司到目前为止都被认为“没有实用价值”，也被认为是在“趣味和游戏领域”里展现寿司技术，但是要看到寿司技术的纵深发展、要提升寿司的商品性，那么这些要素就绝不能忽视。原本精美的紫菜卷寿司、精美寿司无论用多少原料，仍需费工夫才能制成，且这是从应急过程中衍生出来的可实际食用的寿司。我们想从这里学习日本寿司店的智慧。

精美的紫菜卷寿司

二头巴

1 将寿司饭放在 3/4 片紫菜上。靠近自己这一边要堆高一点，对面一边则压低一点。

2 用寿司卷帘做出勾玉形的紫菜卷寿司，将留白的、用来封口的紫菜卷回去。

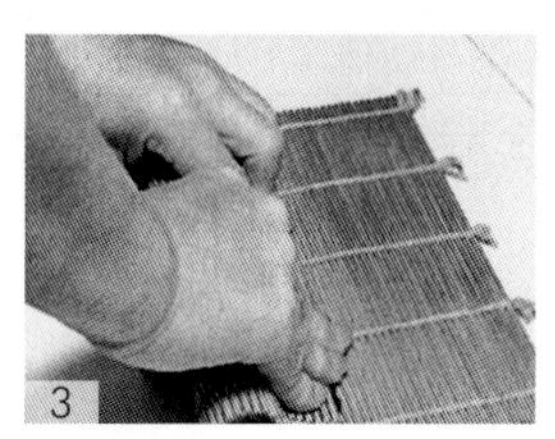

3 用手在紫菜卷帘上用力按压寿司，前端部分要按得薄一点。

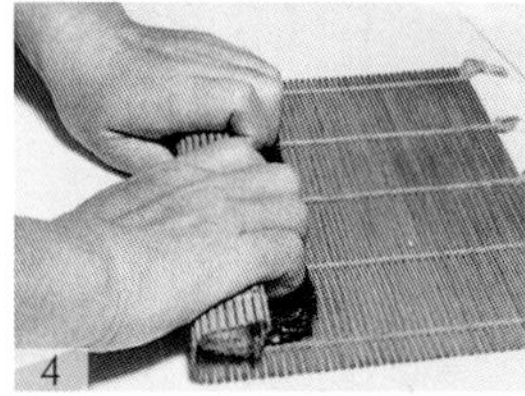

4 弯曲手指，做出清晰的勾玉形。

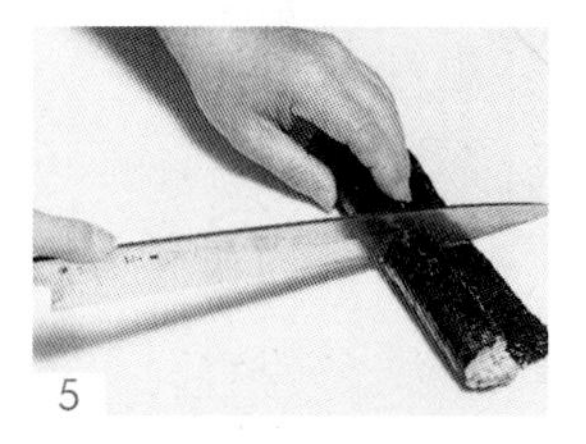

5 将卷成勾玉形的紫菜卷寿司用菜刀从正中间对半切开。

6 将对半切开的勾玉形进行组合，将勾玉的尾端卷入卷内。

7 双手握住紫菜卷帘，将紫菜卷放在中间来回搓动，做出漂亮的圆柱形。

8 在寿司卷帘中形成漂亮的圆柱形后，再用 1/2 片紫菜将其全部卷起。

9 用薄刃菜刀切成厚度适中的寿司卷。注意切时不要破坏寿司的圆形。

〈二头巴〉的使用范例

三头巴

用二头巴 2/3 的寿司饭做出勾玉形。将整条紫菜卷切成三等分后，再将这三块组合在一起。

变型三头巴(1)

将三等分的勾玉形紫菜卷进行组合，在凹槽处填满寿司饭后，再用紫菜卷起。

变型三头巴(2)

将制作好的小号勾玉形寿司切成三等分后组合在一起，再用寿司饭和紫菜卷起。

梅钵

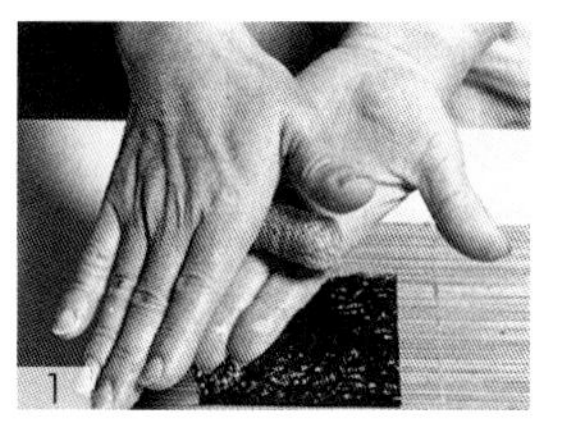

1 将寿司饭用手搓成棒状，用来制作外侧的五条小紫菜卷。

2 将紫菜卷起后，放在寿司卷帘内来回搓动，使圆形更加匀称。

3 取小紫菜卷一半的分量制成长条状，用紫菜卷起，作为寿司心。

4 在寿司心的周围，将五条小紫菜卷组合成梅钵形。

5 将 1/2 片紫菜平放在寿司卷帘上，卷寿司时注意不要破坏梅钵的形状。

九曜星

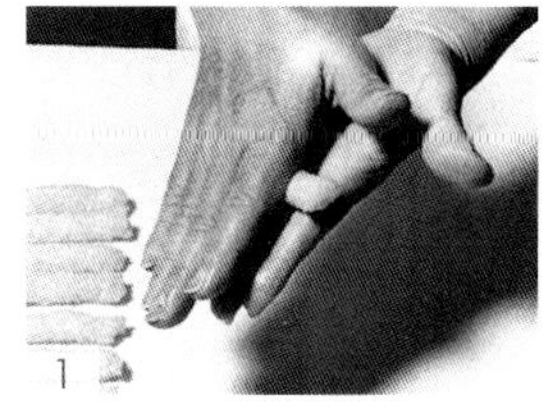

1 将寿司饭用手搓圆成棒状。制作出八条相同大小的寿司饭。

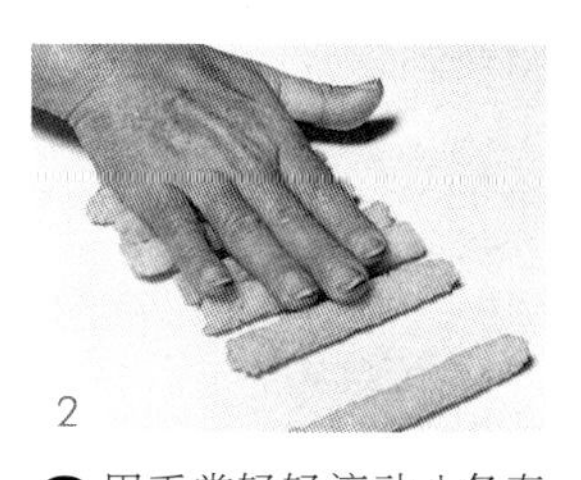

2 用手掌轻轻滚动八条寿司饭，使其粗细统一。

3 在寿司卷帘上，将寿司饭用 1/6 片的紫菜一条一条卷起，制成八条外侧的小紫菜卷。

4 大致估计一下用来当作寿司心的寿司饭的大小，搓圆后将其用 1/4 片紫菜卷起。

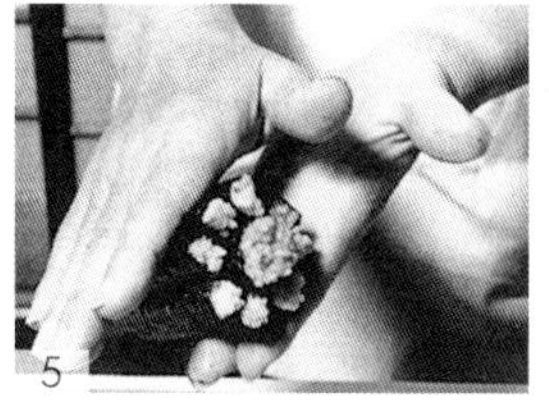

5 将八条小紫菜卷与寿司心组合起来，用双手手掌轻轻地来回搓动。

6 将整个紫菜卷用 1/2 片紫菜卷起后，用寿司卷帘轻轻滚动，将外形修整搓圆。

〈九曜星〉的使用范例

割九曜

将四条小紫菜卷竖着对半切开，切口朝下，背对着当作寿司心的小卷，并用紫菜整个卷起。

粗环形

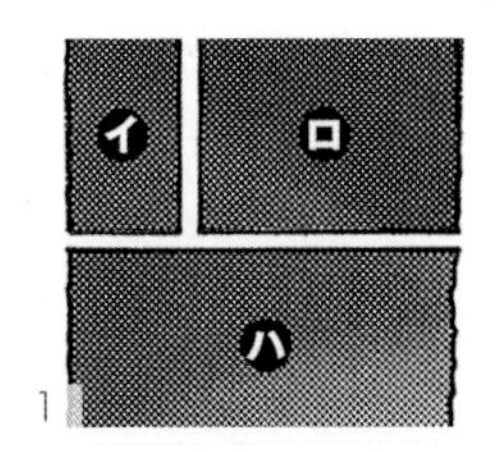

1 将紫菜对半切开，其中一半紫菜以1 ：2的比例切开。

2 将步骤1的标志为イ的最小一片紫菜卷成作为寿司心的小紫菜卷。

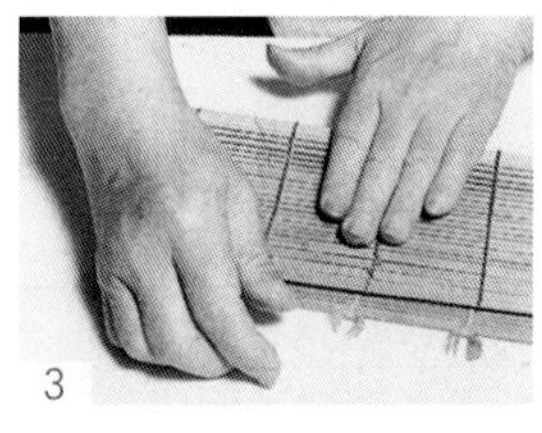

3 将卷好的小紫菜卷放在寿司卷帘中，来回滚动，使其形状变圆。

4 将寿司饭推平放在上图标志为ロ的紫菜上，事先留出一段紫菜用来当作连接处，再用菜刀将寿司饭摊平。

5 在步骤4的上面放上作为寿司心的小紫菜卷后，再用寿司卷帘整个卷起，作为第二层的粗环形。

6 将两层粗环形放在寿司卷帘上来回滚动，使整条寿司变圆。

7 将寿司饭放在标志为ハ的紫菜上，摊平寿司饭，厚度要和步骤4中一致。

8 将前面事先做好的两层粗环形卷放在上面，再次卷起。

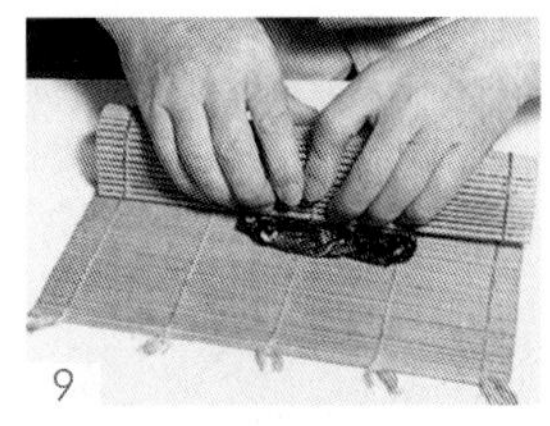

9 将守岁饭全部卷成圆形后，再将用来连接的紫菜也全部卷起。

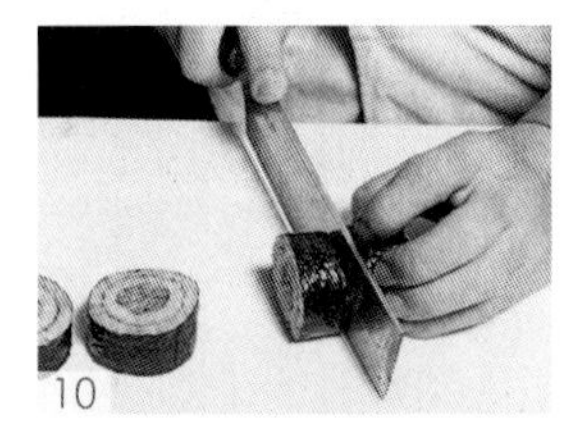

10 用菜刀切段。注意切口面的圆环宽度全部都要相等。

文钱

1 按照插图所示，准备好1/6、1/4、1/3、1/2大小的紫菜片。

2 使用标志为イ的1/6大小的紫菜片，用来制作粗环形寿司心的小紫菜卷。

3 将寿司饭薄薄地摊平在标志为ロ的紫菜上，放上寿司心后卷起。

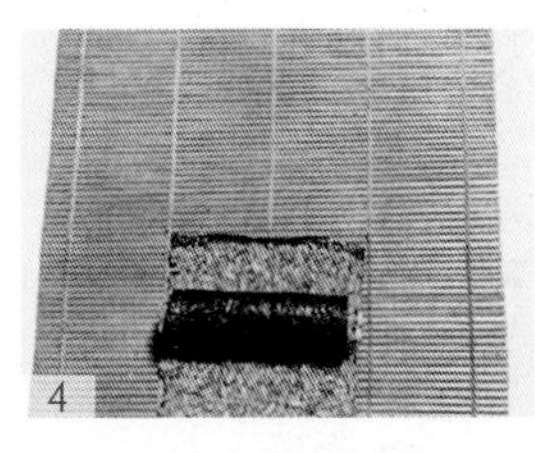

4 将寿司饭再次薄薄地摊平在标志为ハ的1/3大小的紫菜上，放上两层的粗环形寿司。

5 用寿司卷帘紧紧地卷起，制成三层的粗环形紫菜卷寿司。

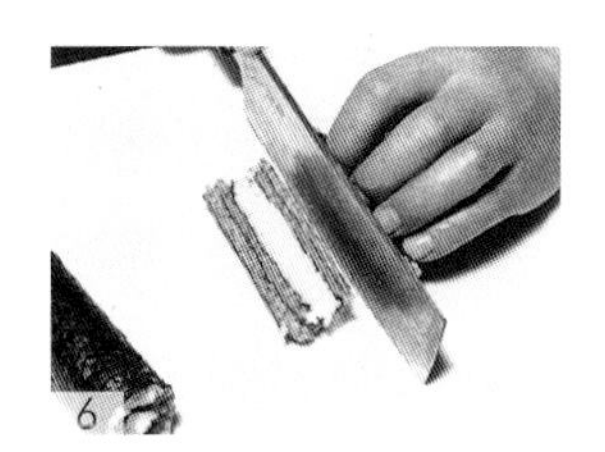

6制作两条三层的粗环形紫菜卷寿司，每一条寿司都要竖着对半切开。

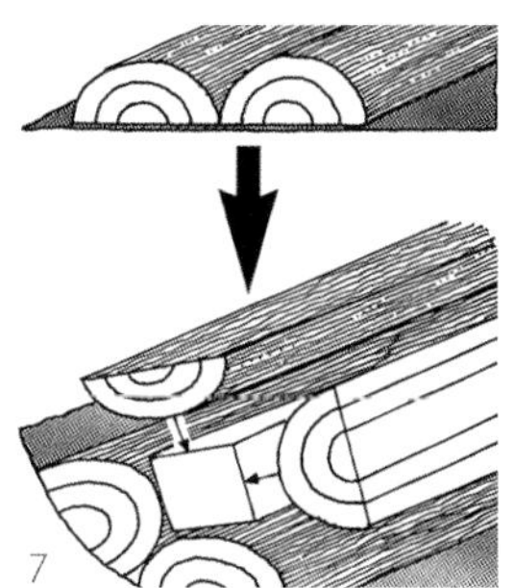

7将两条对半切开的粗环形寿司，切口朝下放在1/2片的紫菜上，中间放上鸡蛋等寿司心，之后在上面放上另外两条剩下的对半切开的粗环形寿司。

8用紫菜卷帘紧紧地卷起，注意不要将组合好的寿司心弄碎。

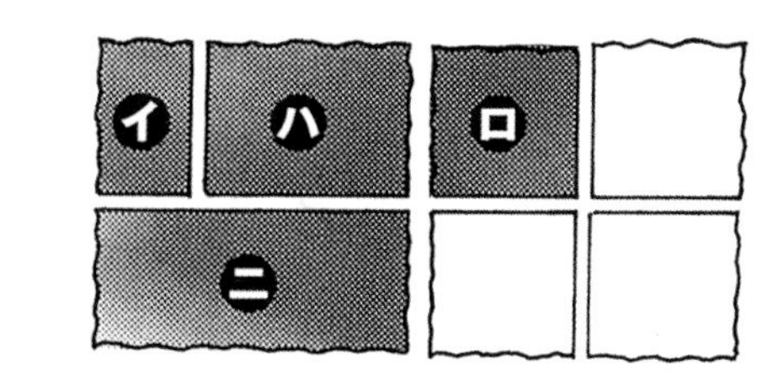

1和文钱寿司卷一样，准备好1/6、1/4、1/3、1/2大小的紫菜片。

2用1/6大小的紫菜片制成作为粗环形寿司心的小紫菜卷后，放在1/4大小的紫菜上卷起，制成两层的粗环形。

3将寿司饭薄薄地摊平在1/3大小的紫菜上，卷成三层的粗环形。

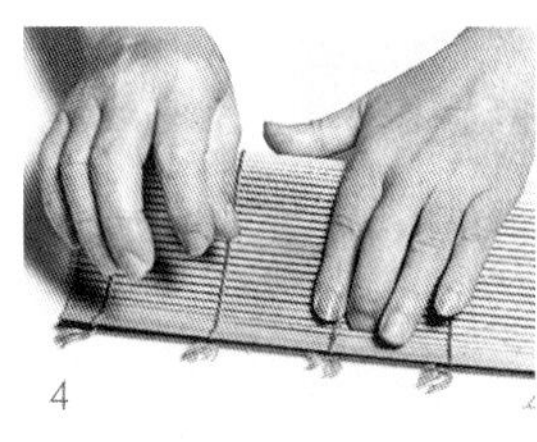

4将步骤3中制作好的寿司卷放在寿司卷帘中来回滚动，使粗环形寿司变得更圆。

5将卷好的粗环形寿司竖切成四等分，注意菜刀要笔直下刀。

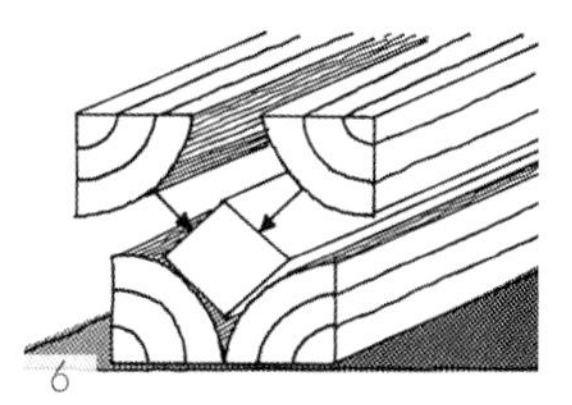

6将四等分的粗环形寿司切口朝外，加上寿司心后，制成正方形的寿司卷。

7用1/2大小的紫菜片将整个寿司全部卷起。卷寿司时要拉紧紫菜，注意不能松开紫菜。

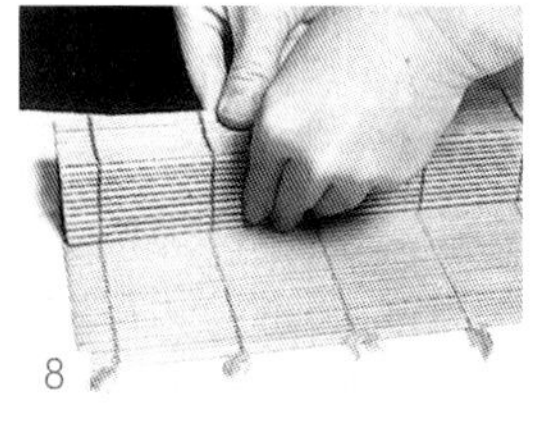

8卷寿司时注意不能破坏寿司形状，用手指从寿司卷帘上方按压，做出寿司的四个边角。

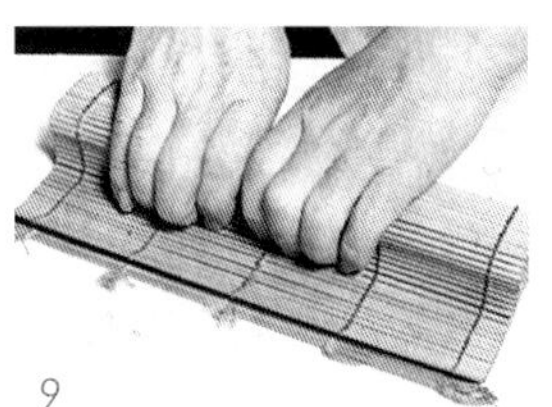

9用手掌和手指仔细调整寿司的四角形。

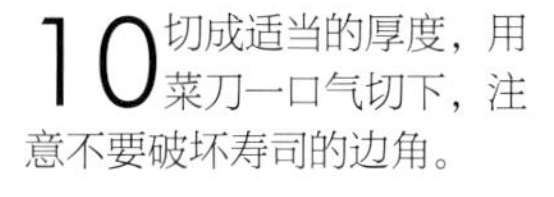

10切成适当的厚度，用菜刀一口气切下，注意不要破坏寿司的边角。

七宝纹样

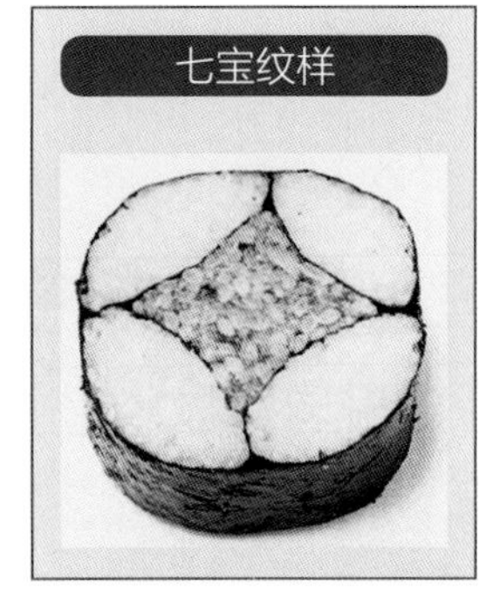

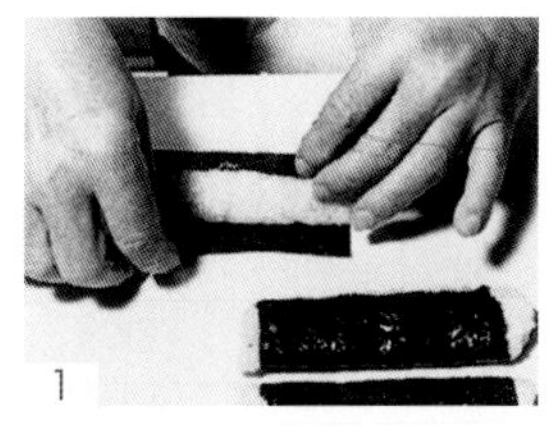

1 将寿司饭放在1/4大小的紫菜片上卷起，做成鱼糕的形状，做出四条同样形状的紫菜卷。

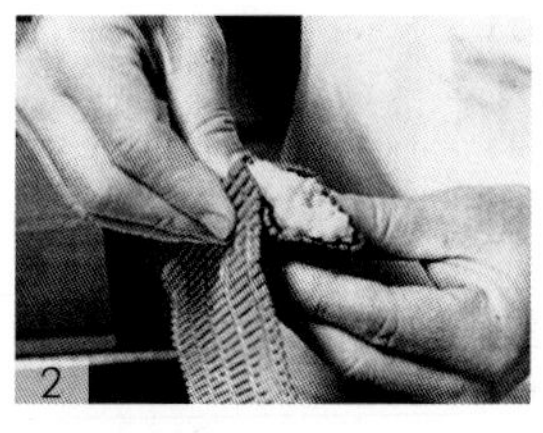

2 放在寿司卷帘上，用手指将紫菜卷两端弄尖，做成树叶的形状。

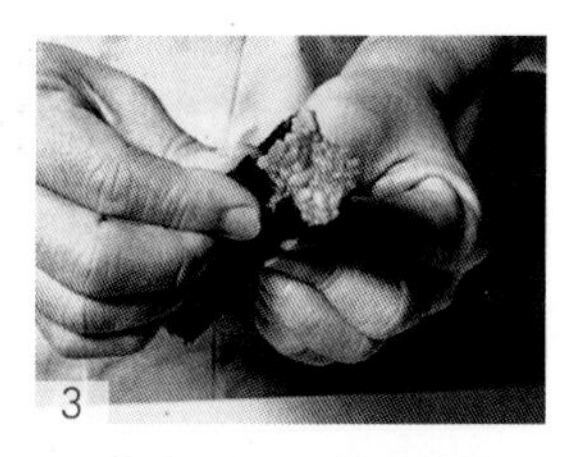

3 将寿司心里使用的寿司饭握成四方形，用手指按压四边，使其稍微往下凹。

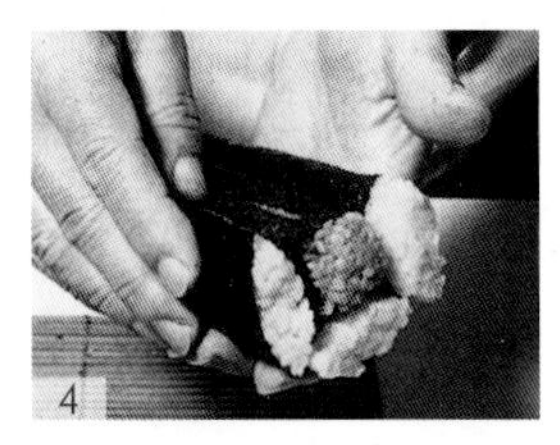

4 将步骤2中做好的树叶形状的紫菜卷一块一块地组合到四方形的寿司心上。

5 将树叶形状的紫菜卷漂亮地围在寿司心的周围。

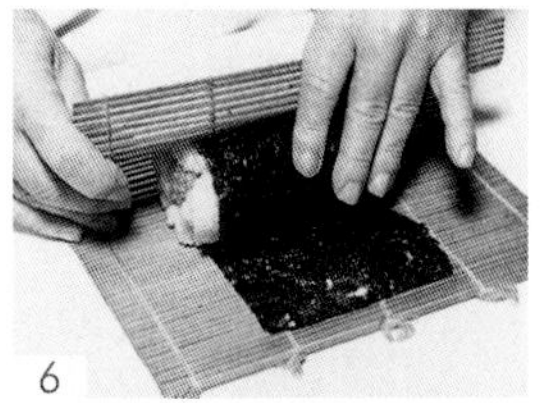

6 用1/2大小的紫菜片全部卷起后，放在寿司卷帘上来回滚动，使寿司变成圆形。

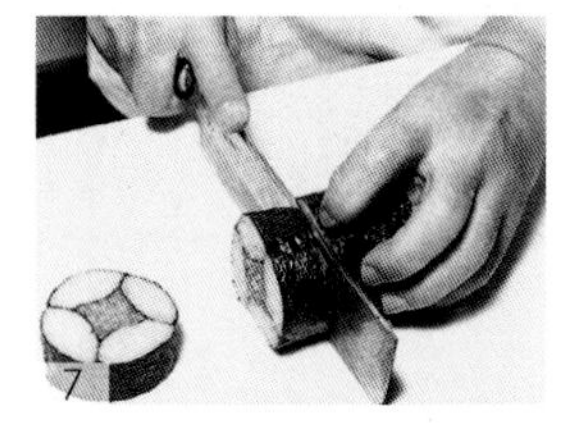

7 用菜刀切段。注意寿司饭和寿司饭之间不能留有空隙。

方格纹样（1）

1 事先用手指将寿司饭按出四个边角，制成四角形的棒状。

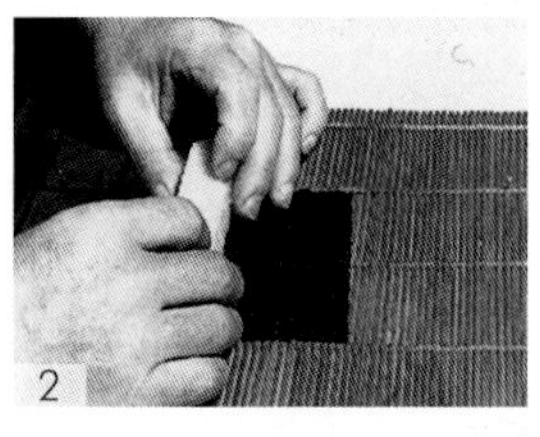

2 用1/4大小的紫菜片，将寿司饭卷成四角形的寿司卷。制作四条相同的紫菜卷。

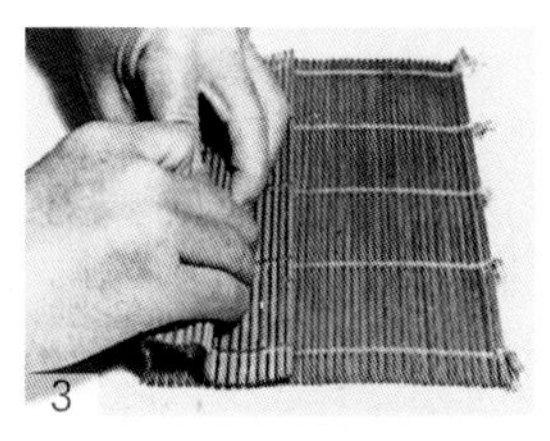

3 卷好后，从寿司卷帘上面往下压，调整寿司形状。

〈方格纹样〉的使用范例

方格纹样（2）

为了增加方格纹样里小寿司的数量，要将作为寿司花纹的四角形紫菜卷一个一个地全部搓细。

4 将四条四角形的紫菜卷以黑白相间的形式叠放在3/4大小的紫菜上，全部卷起。

5 卷时要拉紧紫菜，注意不要弄碎叠放在一起的四角形紫菜卷。

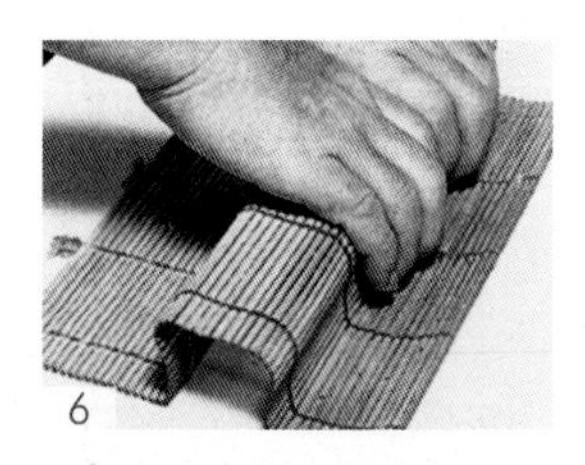

6 将整条寿司握成均匀的四角形，再从卷帘上方轻轻按压，调整寿司形状。

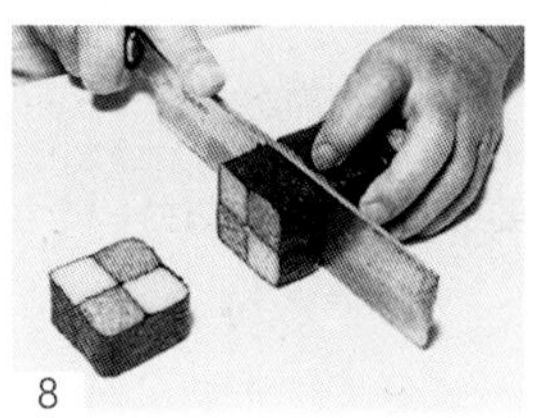

7 用手指按压寿司的四个边角，将寿司的四个边角全部制成漂亮的直角形。

8 用菜刀切段时注意不能破坏漂亮的正方形。

精美寿司的花朵形状

水仙

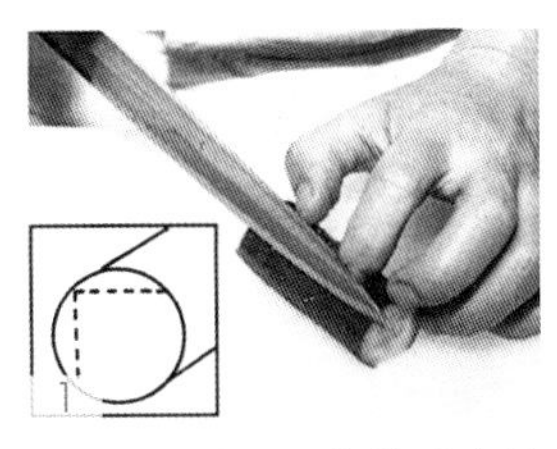

1 如图所示，从黄瓜皮的部分切下两块半月形。

2 将切下来的两块大小一样的黄瓜叠在一起，中间夹上蛋黄鱼肉松，形状看上去会非常有趣。

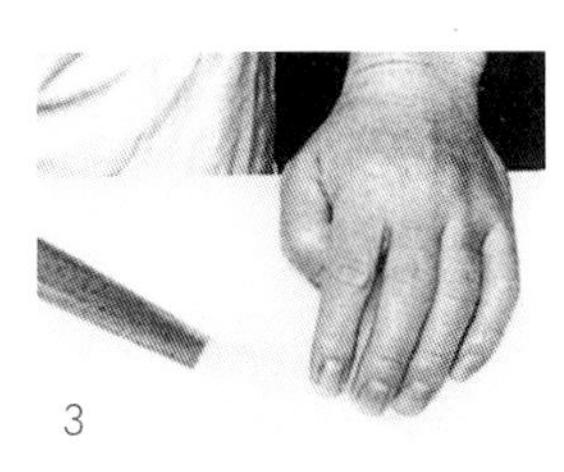

3 将切成3厘米左右宽度的乌贼肉用菜刀掏一个凹槽。

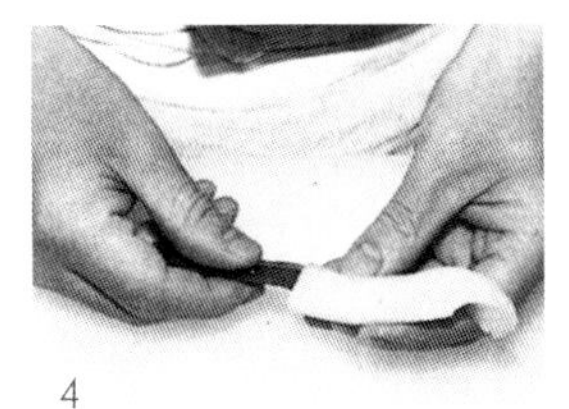

4 将黄瓜从乌贼肉上的凹槽内刺入，切成5毫米的宽度，做6片这样的花瓣。

5 取一个握寿司分量的寿司饭握成圆柱形，上面放上乌贼肉和咸鲑鱼子。

红梅

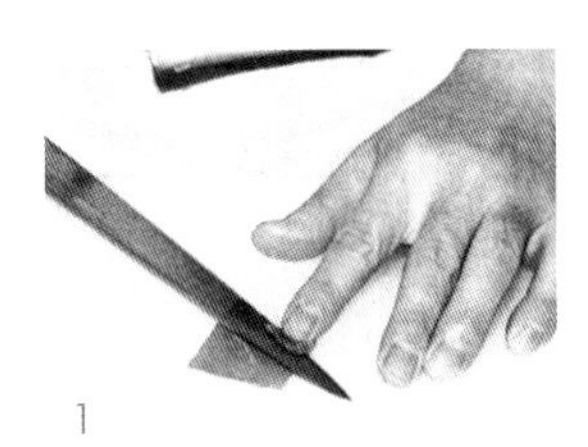

1 将长宽为4厘米的金枪鱼鱼片四个边角全部削薄。准备5片同样的金枪鱼鱼片。

2 将金枪鱼鱼片放在毛巾上，上面再轻轻地摆上少量寿司饭。

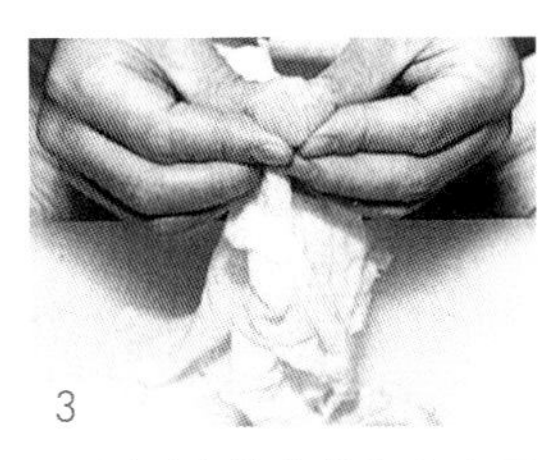

3 用毛巾将金枪鱼和寿司饭挤成圆形，制成红梅的花瓣。花蕊夹上蛋黄鱼肉松的寿司饭来点缀。

山茶

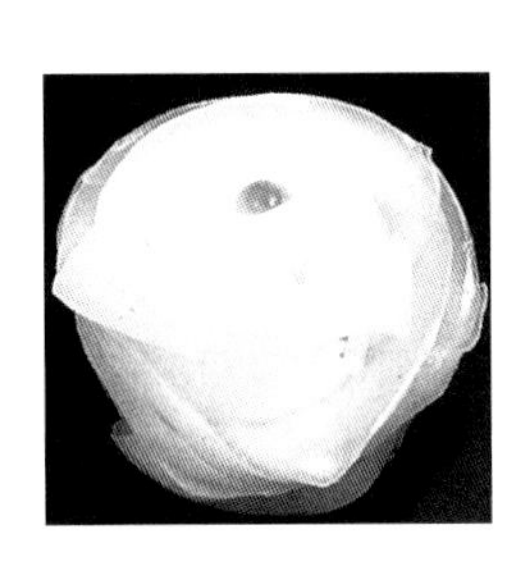

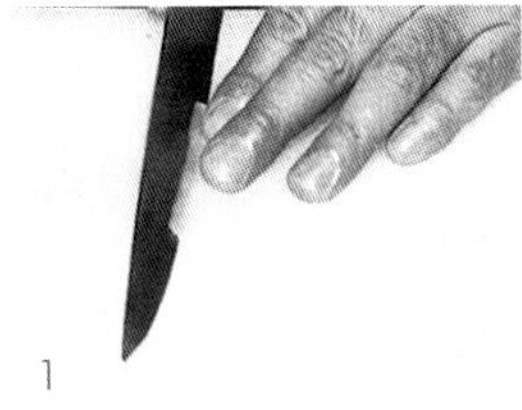

1 将寿司原料切片，切成厚度一样的薄片，切时要用手指轻轻地按住刀刃。

2 将一个握寿司分量的寿司饭握圆，上面轻轻按出一个凹槽。

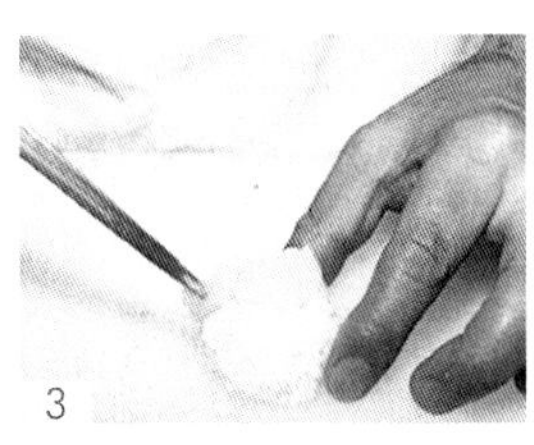

3 首先将一片寿司原料卷成圆锥形，放在寿司饭的凹槽处。

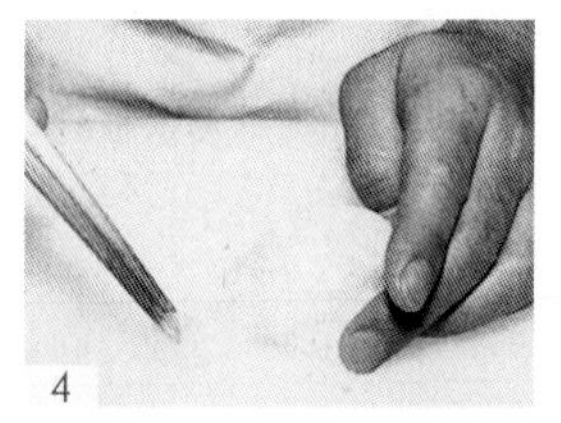

4 之后，沿着正中央的花瓣，将剩下的寿司原料围绕着寿司饭摆上。

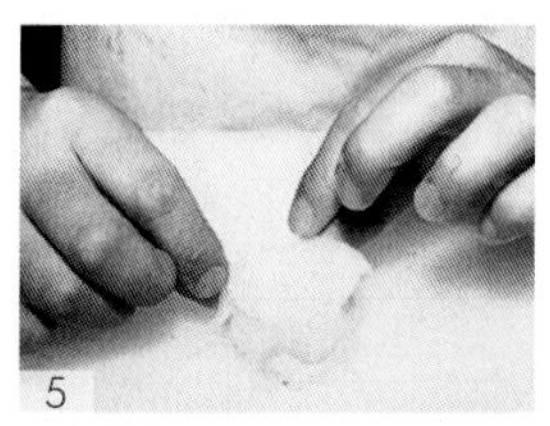

5 将花瓣稍微朝外侧弯曲，放上作为花蕊的咸鲑鱼子。

樱花

1 将乌贼肉按照插图所示切片，反面要稍微切出一个刀口。

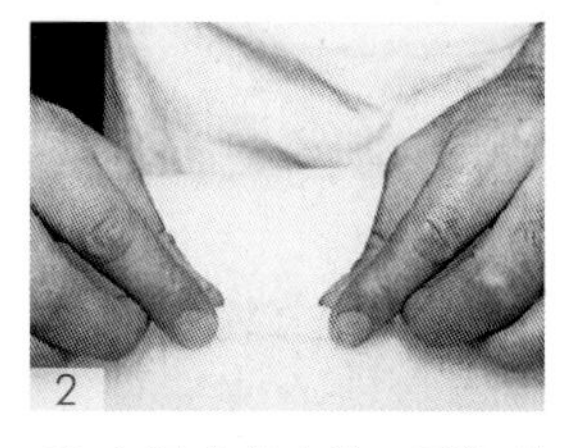

2 中间夹鱼肉松，两边对折，切成宽度 5 毫米左右的片状，并用来作为樱花花瓣。

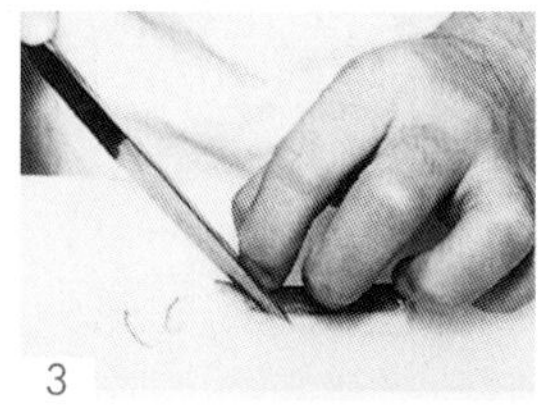

3 将长度和花瓣一样的黄瓜条切成薄片，制作 10 片。

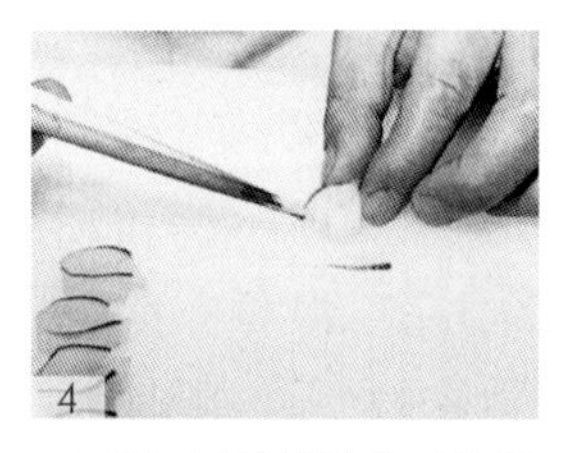

4 将切得薄薄的黄瓜片贴在花瓣两侧。

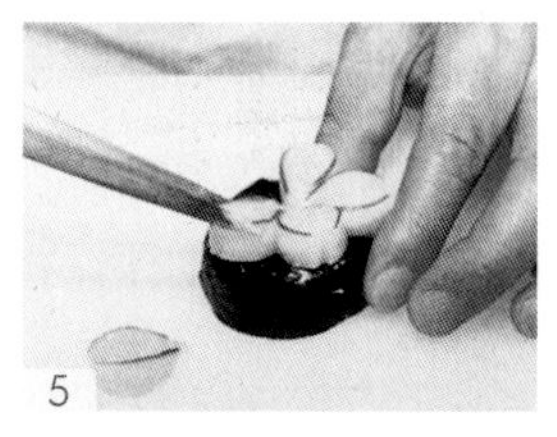

5 将花瓣一片一片均匀地摆放在寿司饭制成的基台上，摆成樱花的形状。

八重樱

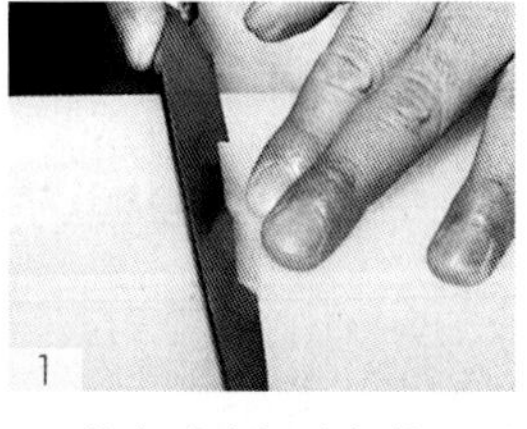

1 将乌贼肉切成长约 4 厘米、宽约 10 毫米的薄片。准备 10 片这样的乌贼肉。

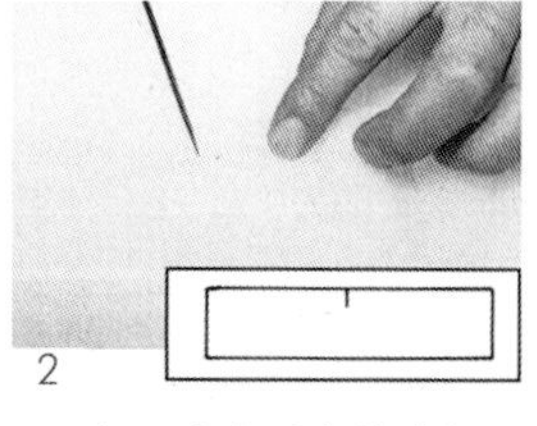

2 在一片乌贼肉的中间，在作为花瓣前端的部分切出一个 2 毫米左右的切口。

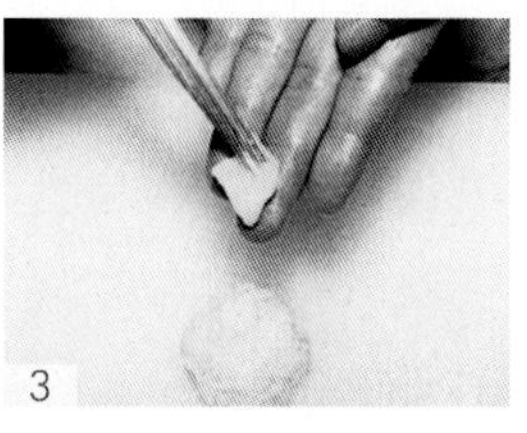

3 将切口的部位朝上，两端重叠做成花瓣的形状。

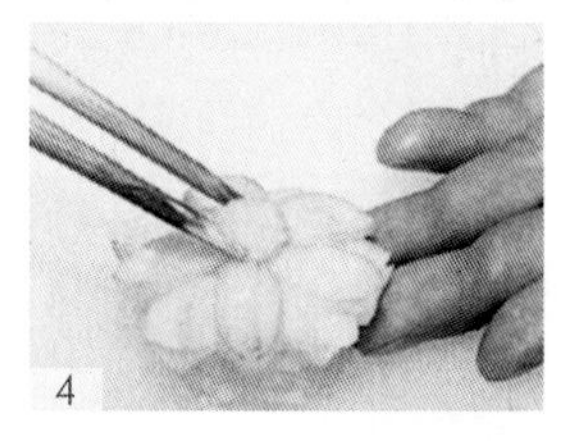

4 在中间有凹槽的寿司饭基台上，每一层放 5 片花瓣，一共放置两层，制成八重樱的形状。

菖蒲

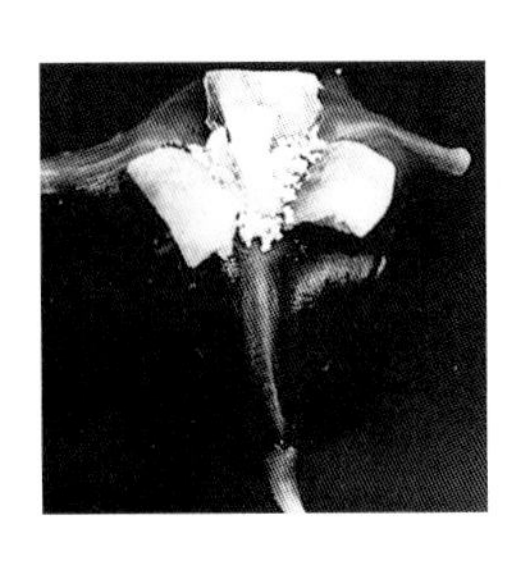

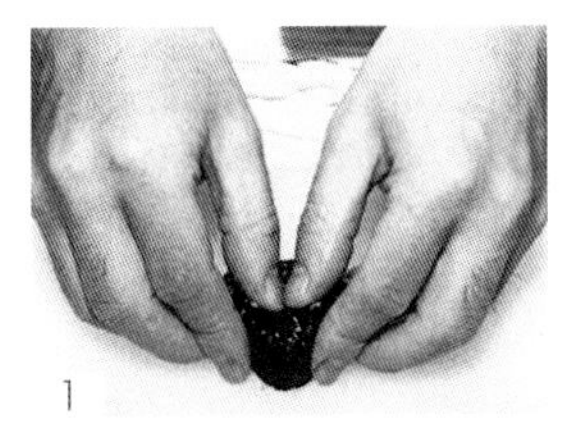

1 将寿司饭制成三角形后，用紫菜卷起。中间要用手指按压出一个凹槽。

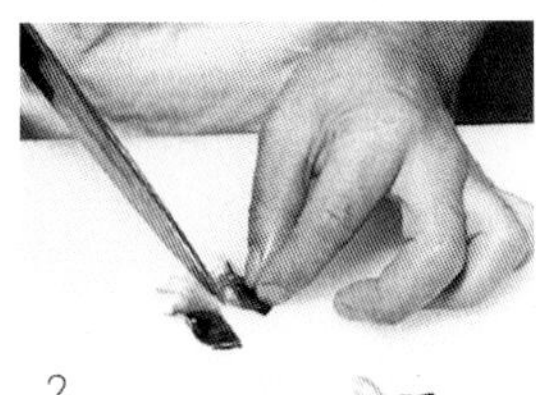

2 将滑顶薄壳鸟蛤对折后斜着下刀切片。切下来的部分也可用来当作中间的花瓣。

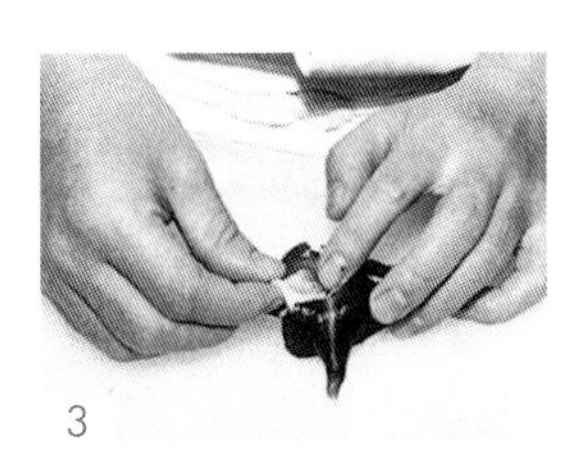

3 用同样的方法处理三块滑顶薄壳鸟蛤，首先将大的花瓣做成与寿司饭相配的形状。

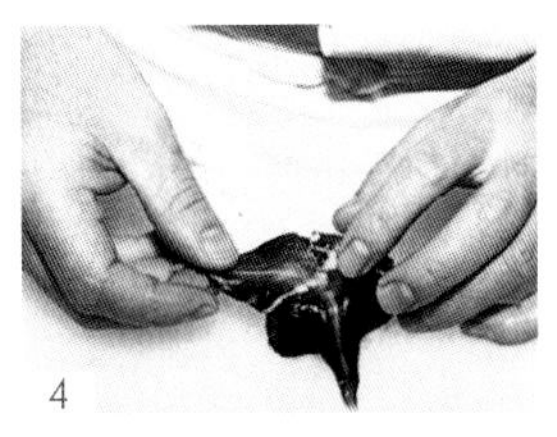

4 弄弯小花瓣的前端后，将其放在大花瓣的中间。

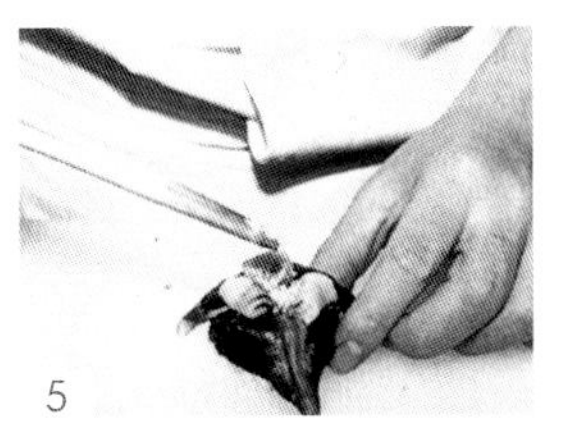

5 将切成细丝的白萝卜作为花蕊，撒上作为花粉的蛋黄鱼肉松。

绣球花

1 将乌贼肉切成长3厘米左右的薄片，数量越多越好。

2 将乌贼肉一片一片的卷起，紧密地摆着寿司饭上，中间不留任何间隙才漂亮。将乌贼肉叠成两层。

3 将咸鲑鱼子一粒一粒地放在花的中央。用切成细丝的黄瓜点缀在花瓣之间。

仙人掌

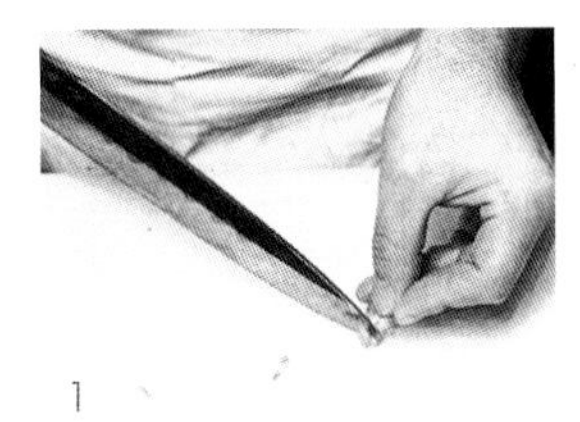

1 将收集的制作虾卷和散寿司饭时剩下的虾尾的肉进行加工。

2 将搓圆的寿司饭用紫菜卷起。装盘时，要将虾尾的肉全部立起。

3 从寿司饭的周围开始装盘，慢慢地朝中央聚拢即可。

牵牛花

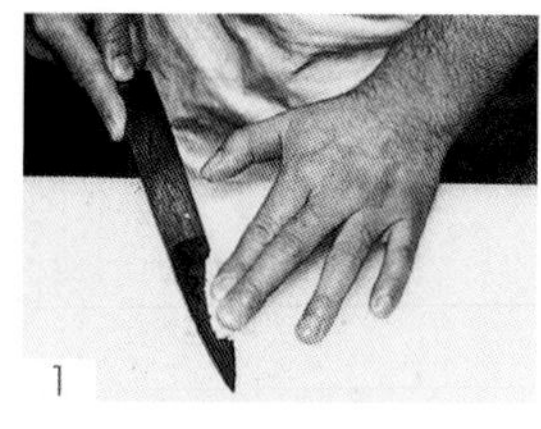

1 将煮熟的虾肉对半切开，再分别竖着切成薄片。

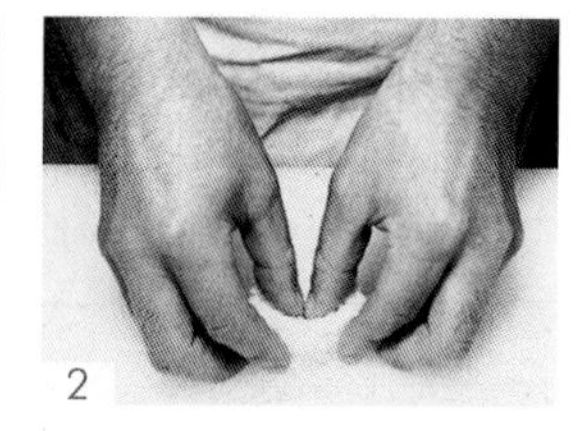

2 将寿司饭握成五角形，在正中央按出一个凹槽。

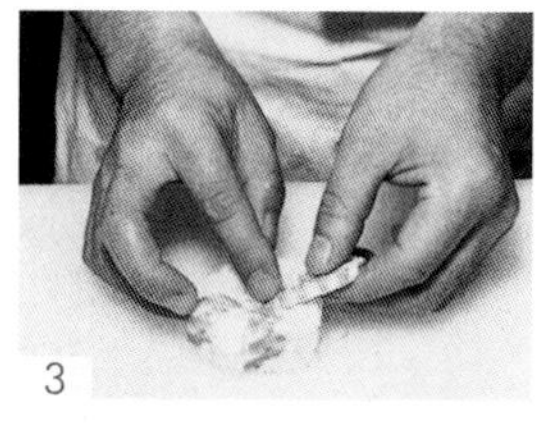

3 将做成绣球花底部的虾肉切成细丝后放上寿司饭。

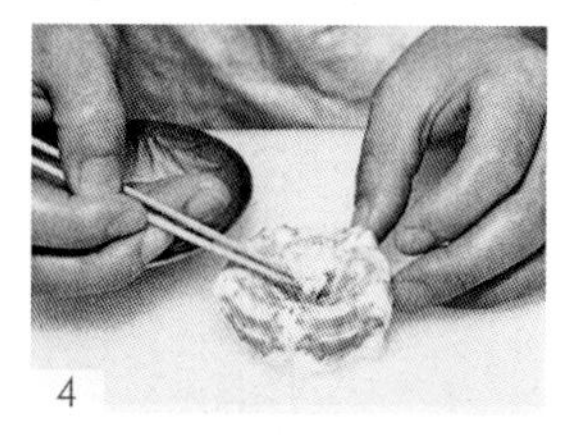

4 将切成细丝的萝卜和乌贼肉作为花蕊，再撒上蛋黄鱼肉松制作的花粉。

桔梗

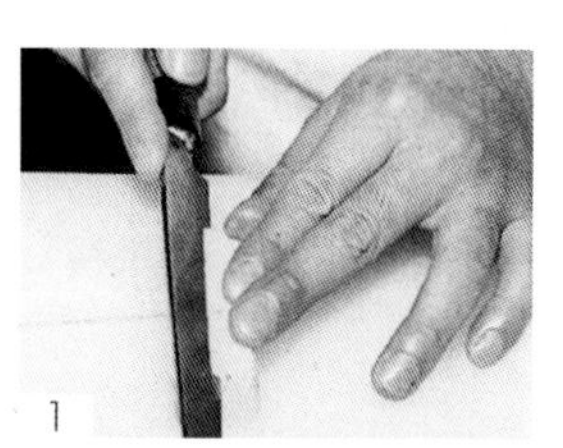

1 将厚蛋烧切成菱形后，再从中间一分为二。

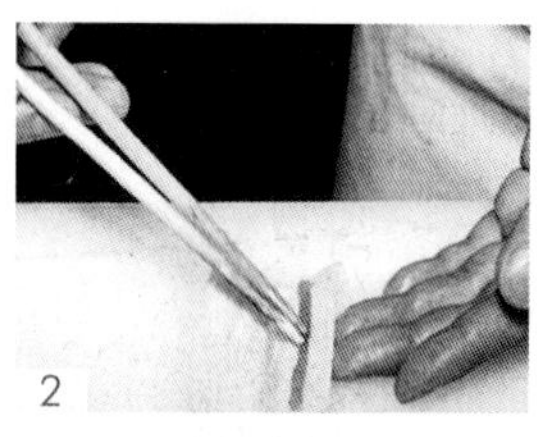

2 在切面的中间挖出一条小沟，用切成细丝的金枪鱼鱼肉填满。

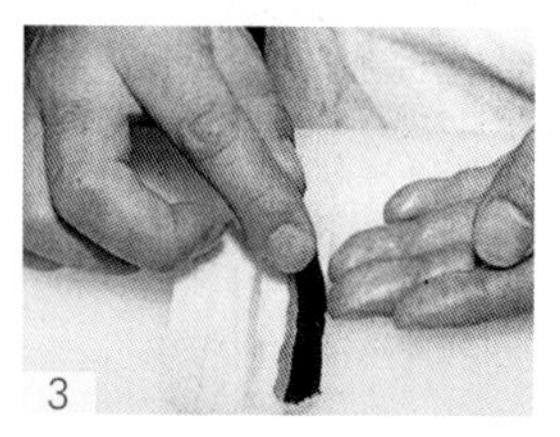

3 以金枪鱼鱼肉为边界，在半面厚蛋烧上贴上紫菜，作为桔梗花的花蕊。

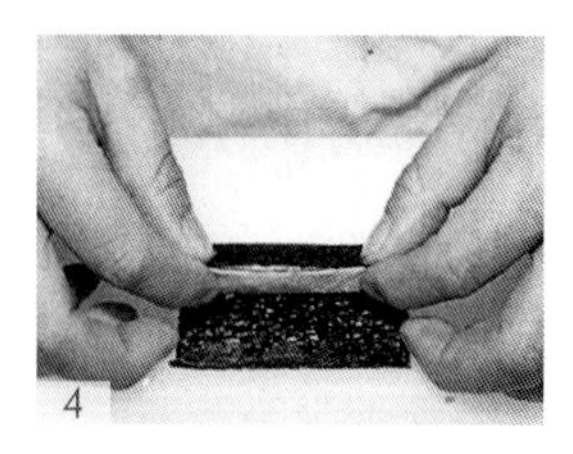

4 将一分为二的菱形厚蛋烧再次恢复原状，再用紫菜卷起。注意不要破坏寿司形状。

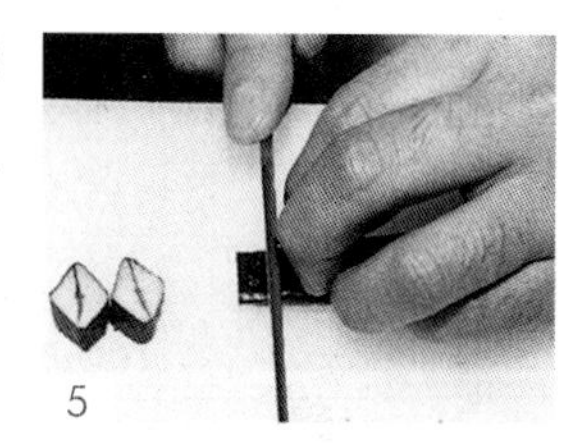

5 将整条厚蛋烧切成五段后，将中间夹着紫菜的一端朝里，做出桔梗花的形状。

波斯菊

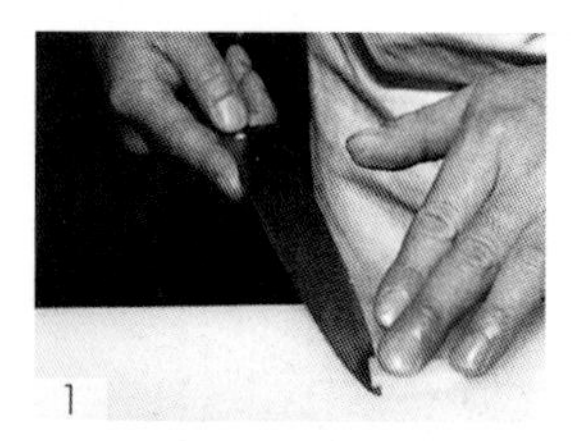

1 将宽度为 3 厘米左右的乌贼肉对半切开后，再将切下的乌贼肉切成 1 厘米宽的乌贼条。

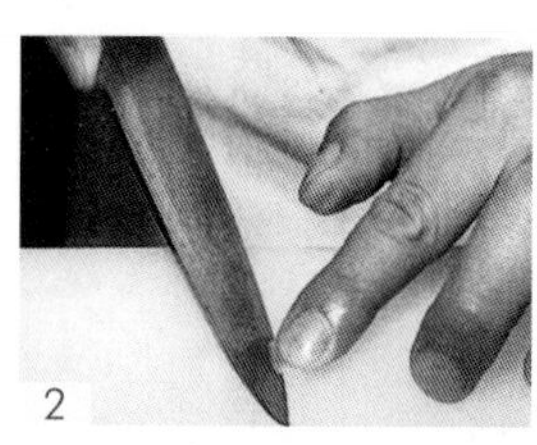

2 将用来作为花瓣的乌贼条前端和末端部位，削得又细又薄。

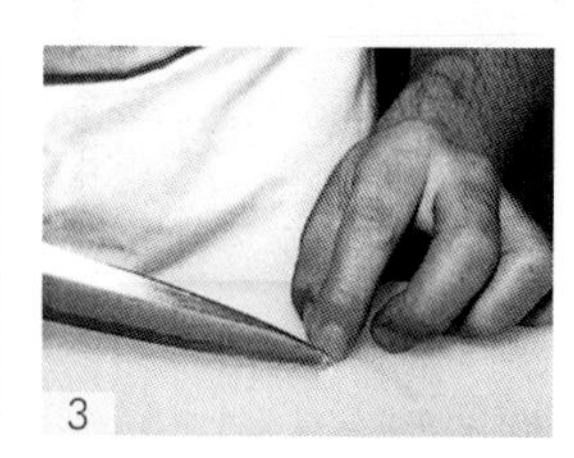

3 将花瓣前端切成锯齿状。

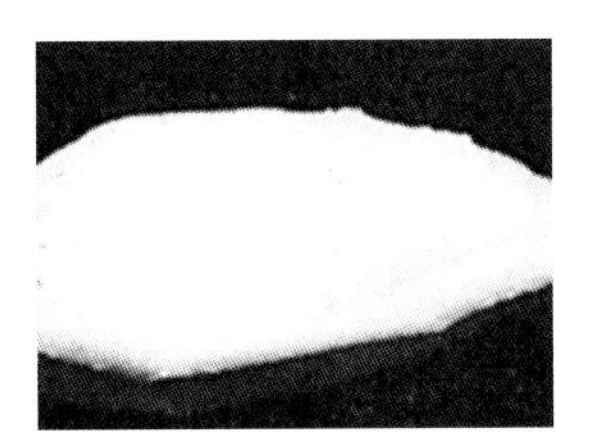

图片上乌贼肉的左侧应有整齐的刀口。

4 将切成形的乌贼肉以梅汁上色后，再放到寿司饭基台上。

5 将8片花瓣以对角线的方式进行排列，中间摆上蛋黄鱼肉松。

菊花

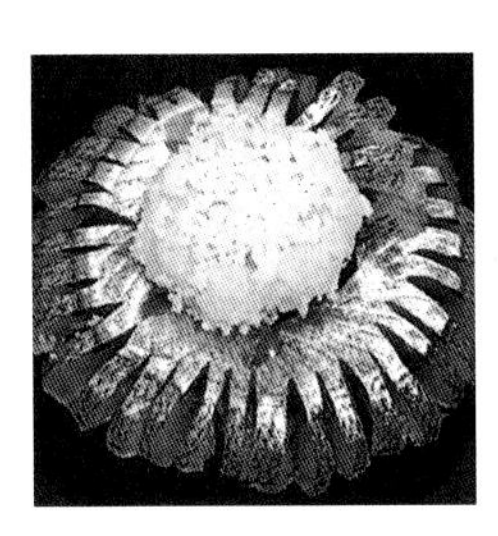

1 用紫菜包住圆柱形的寿司饭。紫菜要包至寿司饭上端。

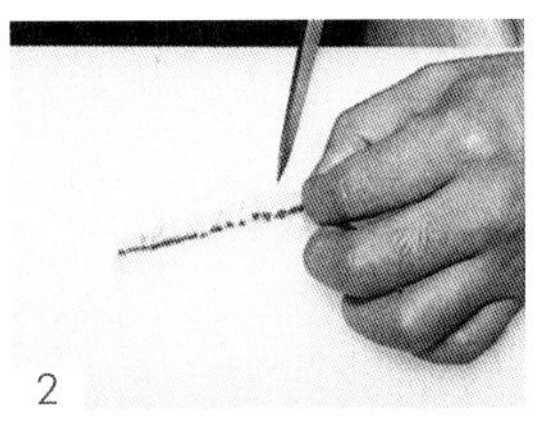

2 用菜刀在半片斑鰶幼鱼的背部（或者腹部）切出间隙为1毫米的刀口，注意只能切在鱼肉的中间部位。

3 将斑鰶幼鱼的刀口朝外缠绕在步骤1中做好的寿司饭上。

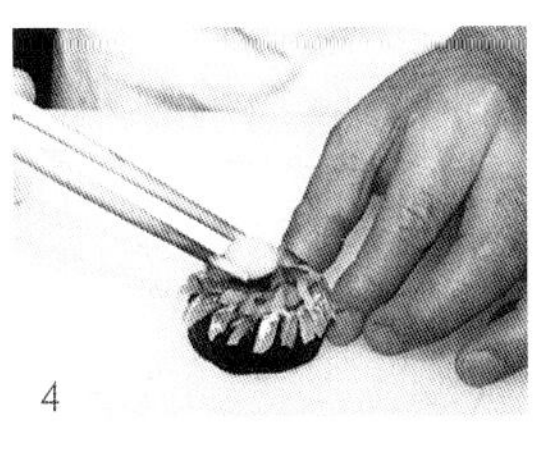

4 调整刀口的开口处，最后在正中央摆上寿司饭和蛋黄鱼肉松混合制成的花蕊。

线菊

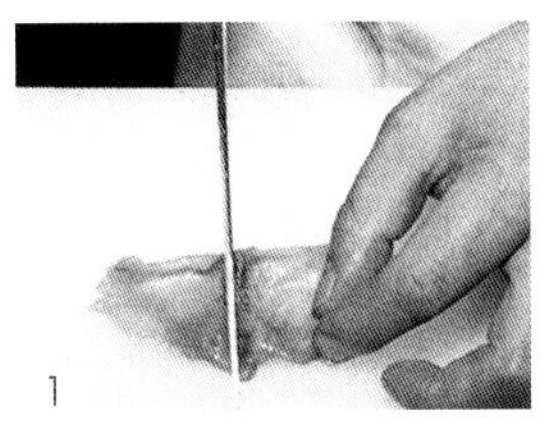

1 将两片赤贝肉切成四等分，再将每块赤贝肉切成细丝。

切丝时，尽量切细。越细的话，寿司就越像线菊。

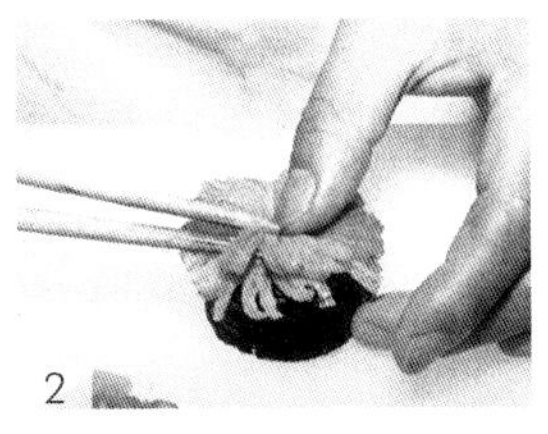

2 将切丝的赤贝肉放在搓圆的寿司饭上。

3 保持切口的凌乱感，上面撒蛋黄鱼肉松制作的花粉即可。

万寿菊

1 取一个握寿司分量大小的寿司饭，用手掌将其搓成圆形。

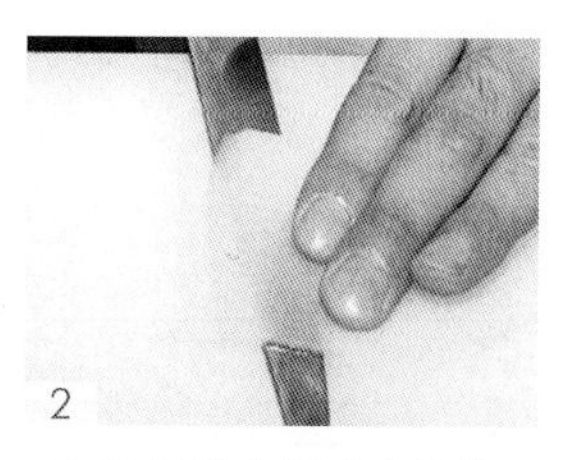

2 将乌贼肉切成宽处为 4 厘米、窄处为 3 厘米的片状。

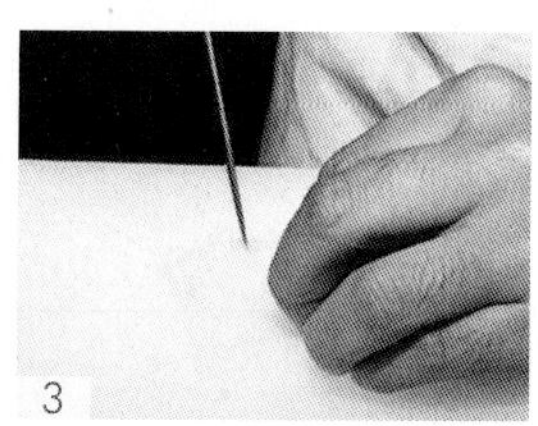

3 将厚度减半的乌贼肉薄片切成极细的丝状。

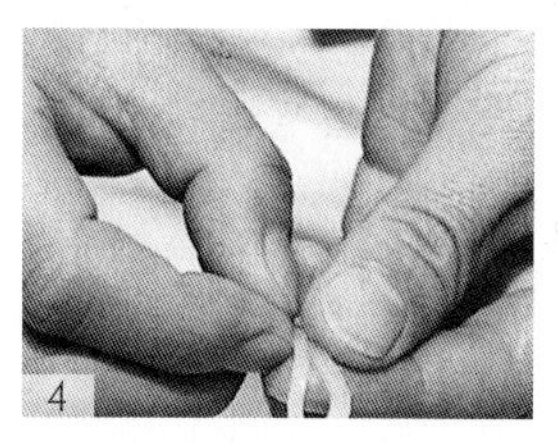

4 将切成细丝的两端连在一起，沿着寿司饭的边缘慢慢摆上去。

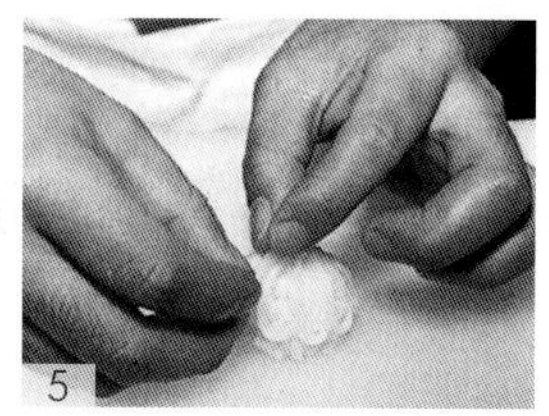

5 按照寿司饭从下往上的顺序，将乌贼丝从长至短依次缠绕着摆上去即可。

石榴

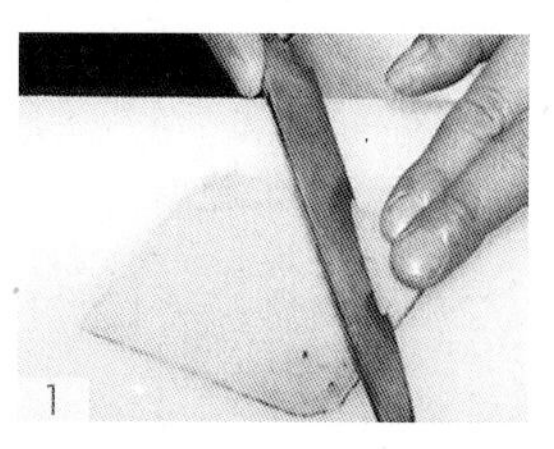

1 将玉子烧一分为二，并将四个边角全部削薄。

2 将紫菜垫在下面，上面放上玉子烧和搓得圆圆的寿司饭。

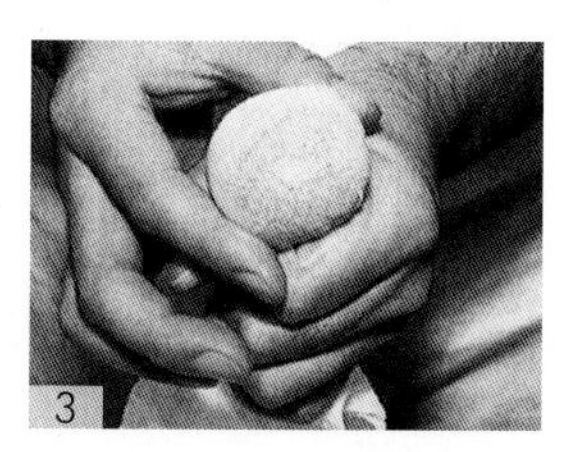

3 用毛巾盖在紫菜上面，紧紧地拧住毛巾，将整个寿司挤成圆球。

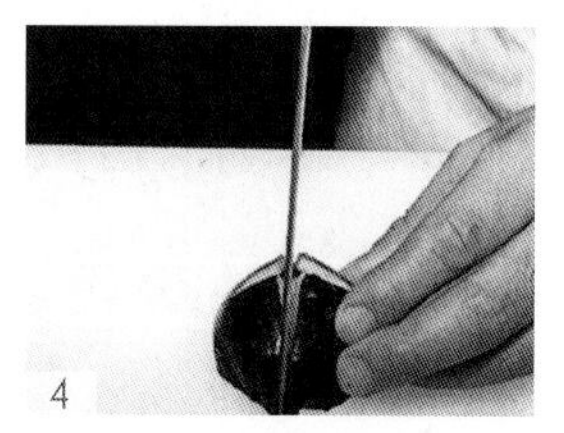

4 将连接紫菜的地方朝下放置，上面用菜刀划出十字形的刀口。

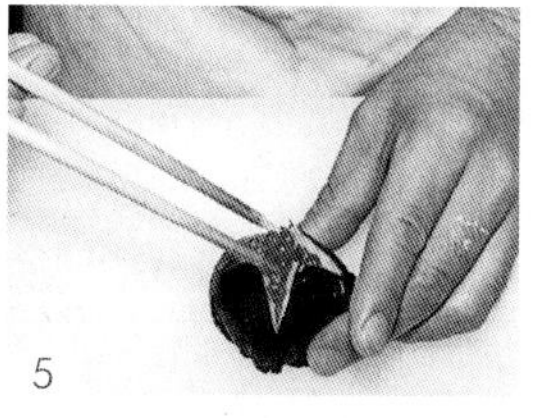

5 将切口稍微拉开一点，之后放入咸鲑鱼子，作为石榴的果实即可。